河南省“十二五”普通高等教育规划教材

经河南省普通高等教育教材建设指导委员会审定

（审定人员：胡 健）

电气控制与PLC应用

张桂香 张桂林 主编

曲素荣 梁明亮 蒋会哲 副主编

罗峰 主审

化学工业出版社

·北京·

本书从应用角度出发，以培养学生职业能力为主线，以美国通用电气（GE）PLC 为样机，以项目为载体，将电气控制技术和 PLC 应用技术中的典型工作任务提炼为教学项目，使理论教学与实践操作训练融为一体，更好地培养职业院校学生的 PLC 应用能力和实践创新能力。

本书可作为高职高专院校的电气自动化、电气化铁道技术、机电一体化等专业的教学用书，也可供工程技术人员自学参考。

图书在版编目（CIP）数据

电气控制与 PLC 应用/张桂香，张桂林主编．—2 版．—北京：化学工业出版社，2017.12（2020.9重印）

河南省“十二五”普通高等教育规划教材　经河南省普通高等教育教材建设指导委员会审定

ISBN 978-7-122-31128-3

Ⅰ.①电…　Ⅱ.①张…②张…　Ⅲ.①电气控制-高等学校-教材②PLC 技术-高等学校-教材　Ⅳ.①TM571.2②TM571.61

中国版本图书馆 CIP 数据核字（2017）第 296447 号

责任编辑：潘新文　　装帧设计：韩　飞

责任校对：王　静

出版发行：化学工业出版社（北京市东城区青年湖南街 13 号　邮政编码 100011）

印　　装：涿州市般润文化传播有限公司

787mm×1092mm　1/16　印张 16　字数 411 千字　2020 年 9 月北京第 2 版第 2 次印刷

购书咨询：010-64518888　　售后服务：010-64518899

网　　址：http：//www.cip.com.cn

凡购买本书，如有缺损质量问题，本社销售中心负责调换。

定　　价：34.00 元

前　言

在工业生产领域和机械设备的控制中，电气控制技术应用十分广泛。随着科学技术日新月异的发展，在很多控制领域，传统的继电器接触器控制系统正逐步被各种智能化控制技术所取代，但其最基础的部分对任何先进的控制系统来说仍是必不可少的。可编程控制器（PLC）是基于继电器逻辑控制系统的原理而设计的，它的出现，使电气控制技术进入了一个崭新的阶段。目前，在工业自动化市场上，PLC控制技术及应用发展迅猛，国内急需大量高水平的PLC技术人员，因此，作为高职高专院校，应大量培养掌握电气控制技术和PLC应用技术的高技能、高素质应用型人才。

本书第一版自出版以来，得到了广大院校师生的一致好评，读者普遍反映本书内容实用，好教好学，容易实现学生毕业后在电气控制和PLC技术应用领域“零距离上岗”的培养目标。为了进一步提高本书的质量，更好地为广大读者服务，编者决定对第一版进行修订。本版继续以理论实训一体化项目教学为基础编写，主要修订内容如下。

1. 由于编程软件（PME）版本已更新，原有内容采用7.0版本，而目前已升级为8.5，相关操作方法和操作界面已发生较大变化，因此对项目8的内容全部修订。

2. 由于编程软件版本升级，因此相应修订部分PLC指令的格式。

3. 增加一个新项目：LED数字电子钟控制，在该项目拓展内容中增加点阵应用。

4. 修订指令列表，对GE VersaMax Micro 64和PAC指令加以区分和标注，使得读者既对GE VersaMax Micro 64的指令有个全面的掌握，同时为后续PAC学习打下基础。

本书共采用16个项目，其中项目1～项目6为继电器接触器控制工作项目，项目7～项目16为PLC控制工作项目，侧重于PLC应用技术的训练。

本书内容和结构上层层深入，前后有机衔接，循序渐进，把电器元件的选型、电路的安装、布线、运行维护，PLC的安装、硬件接线、指令功能和软件编程方法都渗透到具体的工作项目中，既保持了知识体系的完整性，又切合项目教学任务导向的要求。

本课程参考教学时数为60～90学时，其中加*内容为选学内容，各院校各专业在选用本教材时可根据学校具体情况灵活掌握。

本书由张桂香、张桂林主编并负责统稿，曲素荣、梁明亮、蒋会哲任副主编，罗峰主审。张桂香编写项目6、项目9和项目10；张桂林编写项目12～项目14和项目16；曲素荣编写项目3～项目5和附录A；梁明亮编写项目1和附录B、附录C；蒋会哲编写项目8和项目11；王喜燕编写项目2和项目7；范丽婷编写项目15。本书在编写过程中得到了GE智能平台和南京南戈特控制设备有限公司的帮助，在此表示衷心的感谢。

由于笔者水平有限，书中难免有疏漏或不妥之处，恳请读者批评指正。

编者

2017年11月

目　录

项目1　交流接触器的拆装

项目2　三相交流异步电动机直接启动控制线路的安装与调试

项目3　三相交流异步电动机Y-△降压启动控制线路的安装与调试

项目4　三相交流异步电动机正反转控制线路的安装与调试

项目5　车床电气控制系统检修

项目6 铣床电气控制系统检修

项目7 PLC安装与接线

项目8 电动机正反转PLC控制

项目9 电动机星-三角降压启动PLC控制

项目10 流水灯控制

项目11 站台超员报警自动控制

项目 12 多种液体自动混合装置的控制

项目 13 十字路口交通灯控制

项目 14 抢答器控制

*项目 15 LED 数字电子钟的控制

*项目 16 机械手控制

附 录

参考文献

项目1

交流接触器的拆装

1.1 项目目标

① 掌握接触器等常用低压电器的拆装方法，能对其进行简单静态检测、通电检测与器件检修。

② 掌握常用低压电器的工作原理、结构、功能、主要技术参数、产品选用和维护方法。

③ 了解常用低压电器的发展趋势和新型电器产品。

1.2 知识准备

1.2.1 低压电器的电磁机构及执行机构

凡是对电能的生产、输送、分配和使用起控制、调节、检测、转换及保护作用的电工器械均可称为电器。用于交流（50Hz，额定电压1200V以下）和直流（额定电压1500V以下）电路内起通断保护、控制或调节作用的电器称为低压电器。低压电器的品种规格繁多，构造各异，按其用途可分为配电电器和控制电器；按其动作方式可分为自动电器和手动电器；按其执行机构又可分为有触点电器和无触点电器等。综合考虑各种电器的功能和结构特点，通常将低压电器分为刀开关、熔断器、断路器、接触器、主令电器等12大类。

电磁式电器是指以电磁力为驱动力的电器，它在低压电器中占有十分重要的地位，在电气控制系统中应用最为普遍。各种类型的电磁式电器主要由电磁机构和执行机构所组成，电磁机构按其电源种类可分为交流和直流两种，执行机构则可分为触头和灭弧装置两部分。

(1) 电磁机构

电磁机构的主要作用是将电磁能量转换成机械能量，将电磁机构中吸引线圈的电流转换成电磁力，带动触头动作，完成通断电路的控制作用。

电磁机构通常采用电磁铁的形式，由吸引线圈、铁芯（亦称静铁芯或磁轭）和衔铁（也称动铁芯）三部分组成。其作用原理：当线圈中有工作电流通过时，电磁吸力克服弹簧的反作用力，使得衔铁与铁芯闭合，由连接机构带动相应的触头动作。

① 铁芯和衔铁的结构形式。从常用铁芯的衔铁运动形式上看，铁芯主要可分为拍合式和直动式两大类。图1-1(a) 为衔铁沿棱角转动的拍合式铁芯，其铁芯材料由电工软铁制成，它广泛用于直流电器中；图1-1(b) 为衔铁沿轴转动的拍合式铁芯，铁芯形状有E形和U形两种，其铁芯材料由硅钢片叠成，多用于触头容量较大的交流电器中。图1-1(c) 为衔铁直

线运动的双E形直动式铁芯，它也是由硅钢片叠制而成的，多用于触头为中、小容量的交流接触器和继电器中。

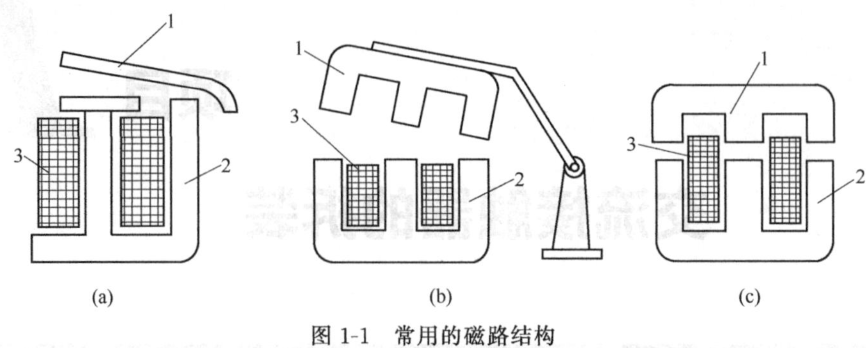

图 1-1　常用的磁路结构

1—衔铁；2—铁芯；3—吸引线圈

② 线圈。电磁线圈由漆包线绕制而成，也分为交、直流两大类，当线圈通过工作电流时产生足够的磁动势，从而在磁路中形成磁通，使衔铁获得足够的电磁力，克服反作用力而吸合。

③ 电磁吸力与吸力特性。电磁铁线圈通电后，铁芯吸引衔铁的力称为电磁吸力，用 F 表示。吸力的大小与气隙的截面积及气隙中的磁感应强度的平方成正比。

直流电磁铁在衔铁被吸合前后，其电磁吸力是不相同的。因为直流电磁铁励磁电流的大小只与所加电源电压 U 及线圈电阻 R 有关。在 U 与 R 均不变时，电流 I 是定值。电磁铁未吸合时，磁路中有空气隙，磁路中的磁阻变大，使得磁通 Φ 减小；电磁铁吸合后，气隙减小，磁路中的磁阻减小，则磁通 Φ 增大。在直流电磁铁吸合过程中，电磁吸力不断增大，完全吸合时的电磁吸力最大。

而交流电磁铁的线圈电压是按正弦规律变化的，因而气隙中的磁感应强度也按正弦规律变化。交流电磁铁电磁吸力的大小是随时间而变化的，如图 1-2 的曲线表示。其中 F' 电磁铁吸力瞬时值，F_m 是电磁吸力的最大值，F 为电磁吸力的平均值。当磁通为零时，电磁吸力也为零；当磁通 Φ 为最大值时，电磁吸力达最大值。当电磁吸力小于作用在衔铁上弹簧的反作用力时，衔铁将从与铁芯闭合处被拉开；当电磁吸力大于弹簧反作用力时，衔铁又被吸合。随着电磁吸力的脉动，使衔铁产生了振动。衔铁频繁振动，既产生了噪声，又使铁芯的接触处有磨损，降低了电磁铁的使用寿命。为了消除衔铁的振动和噪声，在电磁铁铁芯的某一端嵌入一短路铜环，也叫分磁环，如图 1-3 所示。短路环将铁芯中的磁通分成两个部分，即环内磁通 Φ_1 和环外磁通 Φ_2。Φ_1 使铜环产生感应电动势和电流，阻止 Φ_1 变化，使铁芯中的两部分磁通所产生的电磁吸力不会为零，从而消除了衔铁的振动和噪声。

对电磁式电器而言，电磁机构的作用是使触头实现自动化操作。而电磁机构实质上是电磁铁的一种，电磁铁还有很多其他用途。例如牵引电磁铁，有拉动式和推动式两种，可以用于远距离控制和操作各种机构；阀用电磁铁，可以远距离控制各种气动阀、液压阀以实现机械自动控制；制动电磁铁则用来控制自动抱闸装置，实现快速停车；起重电磁铁用于起重搬运磁性货物件等。

(2) 触头系统

触头的作用是接通或分断电路，因此要求触头具有良好的接触性能，电流容量较小的电器（如接触器、继电器等）常采用银质材料作触头，这是因为银的氧化膜电阻率与纯银相似，可以避免触头表面氧化膜电阻率增加而造成接触不良。

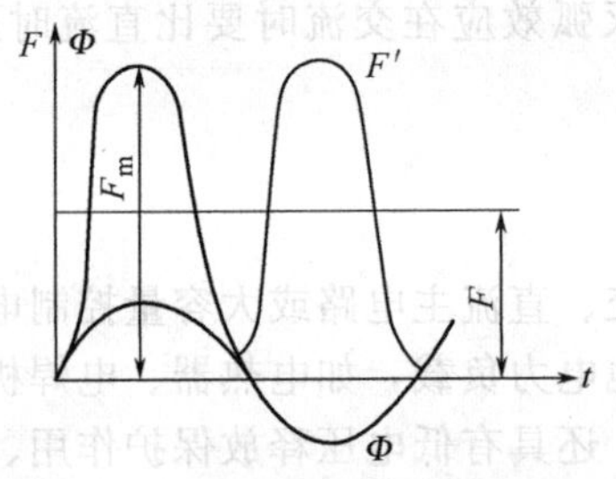

图 1-2 交流电磁铁的电磁吸力曲线

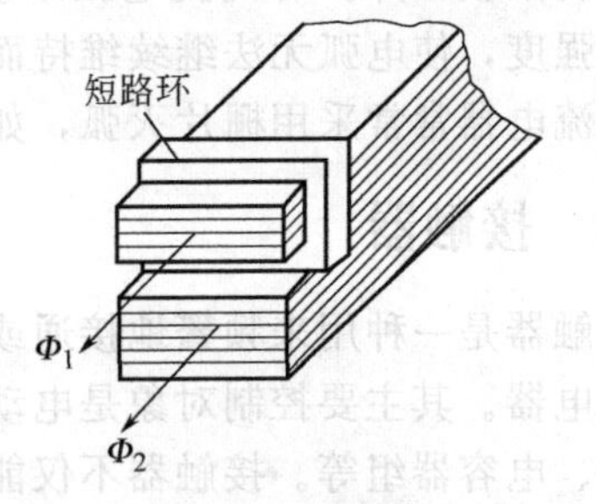

图 1-3 短路环

触头的结构有桥式和指式两类。桥式触头又分为两种，一种为点接触式，见图 1-4(a)，适用于电流不大的场合；另一种为面接触式，见图 1-4(b)，适用于电流较大的场合。图 1-4(c) 为指形触头（也称线接触），指形触头在接通与分断时产生滚动摩擦，可以去掉氧化膜，故其触头可以用紫铜制造，特别适合于触头分合次数多、电流大的场合。

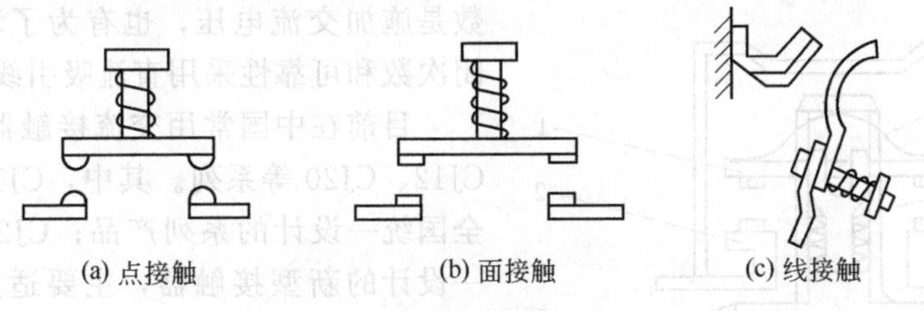

图 1-4 触头的结构形式

(3) 灭弧系统

触头在分断电流瞬间，在触头间的气隙中就会产生电弧，电弧的高温能将触头烧损，并可能造成其他事故，因此，应采用适当措施迅速熄灭电弧。

熄灭电弧的原理有两种：①迅速增加电弧长度（拉长电弧），使得单位长度内维持电弧燃烧的电场强度不够而使电弧熄灭；②使电弧与流体介质或固体介质相接触，加强冷却和去游离作用，令其加快熄灭。电弧有直流电弧和交流电弧两类，交流电流有自然过零点，故其电弧较易熄灭。

低压控制电器常用的具体灭弧方法有以下几种。

① 机械灭弧　通过机械装置将电弧迅速拉长。这种方法多用于开关电器中。

② 磁吹灭弧　在一个与触头串联的磁吹线圈产生的磁场作用下，电弧受电磁力的作用而拉长，被吹入由固体介质构成的灭弧罩内，与固体介质相接触，电弧被冷却而熄灭。

③ 窄缝（纵缝）灭弧　在电弧所形成的磁场电动力的作用下，可使电弧拉长并进入灭弧罩的窄（纵）缝中，几条纵缝可将电弧分割成数段且与固体介质相接触，电弧便迅速熄灭。这种结构多用于交流接触器上。

④ 栅片灭弧　当触头分开时，产生的电弧在电动力的作用下被推入一组金属栅片中而被分割成数段，彼此绝缘的金属栅片的每一片都相当于一个电极，因而就有

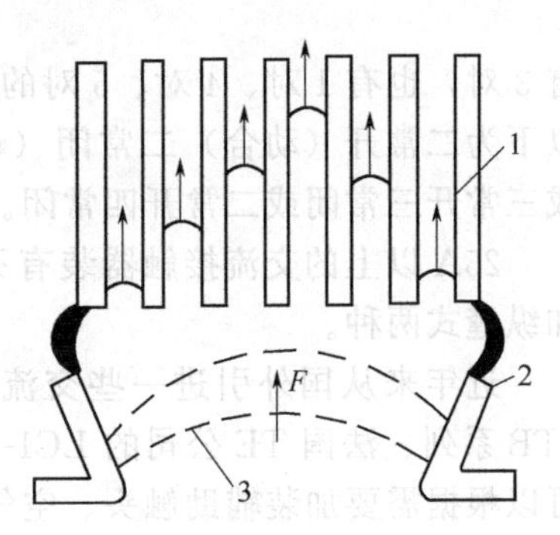

图 1-5 金属栅片灭弧示意图

1—灭弧栅片；2—触头；3—电弧

许多个阴阳极压降。对交流电弧来说，近阴极处，在电弧过零时就会出现一个150～250V的介质强度，使电弧无法继续维持而熄灭。由于栅片灭弧效应在交流时要比直流时强得多，所以交流电器常常采用栅片灭弧，如图1-5所示。

1.2.2 接触器

接触器是一种用来频繁地接通或切断带有负载的交、直流主电路或大容量控制电路的自动切换电器。其主要控制对象是电动机，也可用于其他电力负载，如电热器、电焊机、电炉变压器、电容器组等。接触器不仅能接通和切断电路，还具有低电压释放保护作用、控制容量大、适用于频繁操作和远距离控制、工作可靠、寿命长等特点。接触器的运动部分（动铁芯、触头等），可借助于电磁力、压缩空气、液压力的作用来驱动。在此，只介绍电磁力驱动的电磁式接触器。电磁式接触器主要由电磁机构、触头系统、灭弧装置等部分组成。

接触器按其主触头通过的电流种类可分为交流接触器和直流接触器两种。

(1) 交流接触器

交流接触器的主触头流过交流电流，但对它的吸引线圈的电压并没有硬性规定，通常多数是施加交流电压，也有为了增加接触器的开闭次数和可靠性采用直流吸引线圈的。

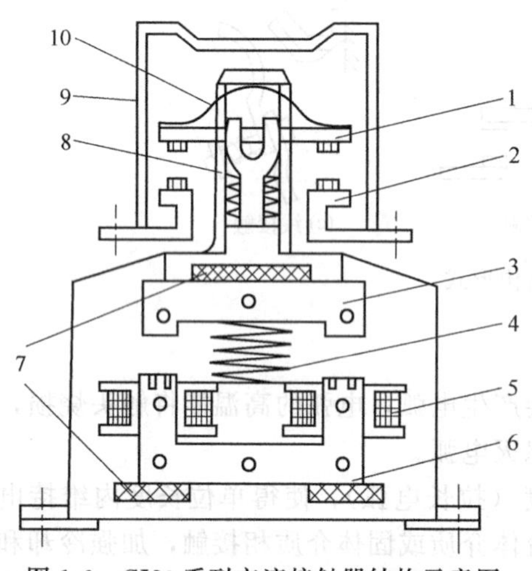

图1-6　CJ20系列交流接触器结构示意图

1—动触桥；2—静触头；3—衔铁；4—缓冲弹簧；5—电磁线圈；6—铁芯；7—垫毡；8—触头弹簧；9—灭弧罩；10—触头压力簧片

目前在中国常用交流接触器主要有：CJ10、CJ12、CJ20等系列。其中，CJ10、CJ12是早期全国统一设计的系列产品；CJ20系列是全国统一设计的新型接触器，主要适用于交流50Hz、电压660V以下（其中部分等级可用于1140V）、电流630A以下的电力线路中。

CJ20为开启式，结构为直动式、主体布置。图1-6为CJ20系列交流接触器结构示意图。

它的磁系统采用双线圈的U形铁芯，吸引线圈一般用铜线绕成。由于交流接触器的吸引线圈电阻较小（主要靠感抗限制线圈电流），故铜损引起的发热不多，为了增加铁芯的散热面积，吸引线圈设有骨架，使铁芯与线圈隔离并将线圈制成粗而短的圆桶状。

触头系统采用双断点结构，动触桥为船形，具有较高的强度和较大的热容量。主触头通常有3对，也有1对、4对、5对的，辅助触点在主触点两侧。辅助触点的组合如下：160A及以下为二常开（动合）二常闭（动断）；250A及以上为四常开二常闭，但可根据需要变换成三常开三常闭或二常开四常闭。

25A以上的交流接触器装有灭弧罩，灭弧罩按其额定电压和额定电流不同分为栅片式和纵缝式两种。

近年来从国外引进一些交流接触器产品，有德国BBC公司的B系列、西门子公司的3TB系列、法国TE公司的LC1-D和LC2-D系列等。这些引进产品大多采用积木式结构，可以根据需要加装辅助触头、空气延时触头、热继电器及机械联锁附件；安装方式有用螺钉安装和快速卡装在标准导轨上两种，外形美观，体积、质量也都大大减小，技术性能显著提高。此外，B系列接触器还有所谓“倒装式”结构，即磁系统在前面而主触点系统则紧靠安装面，这给更换线圈和缩短主触点接线带来了方便。目前国产的 CJX1 和 CJX2 系列小容量交流接触器也具有以上特点。

交流接触器型号意义：

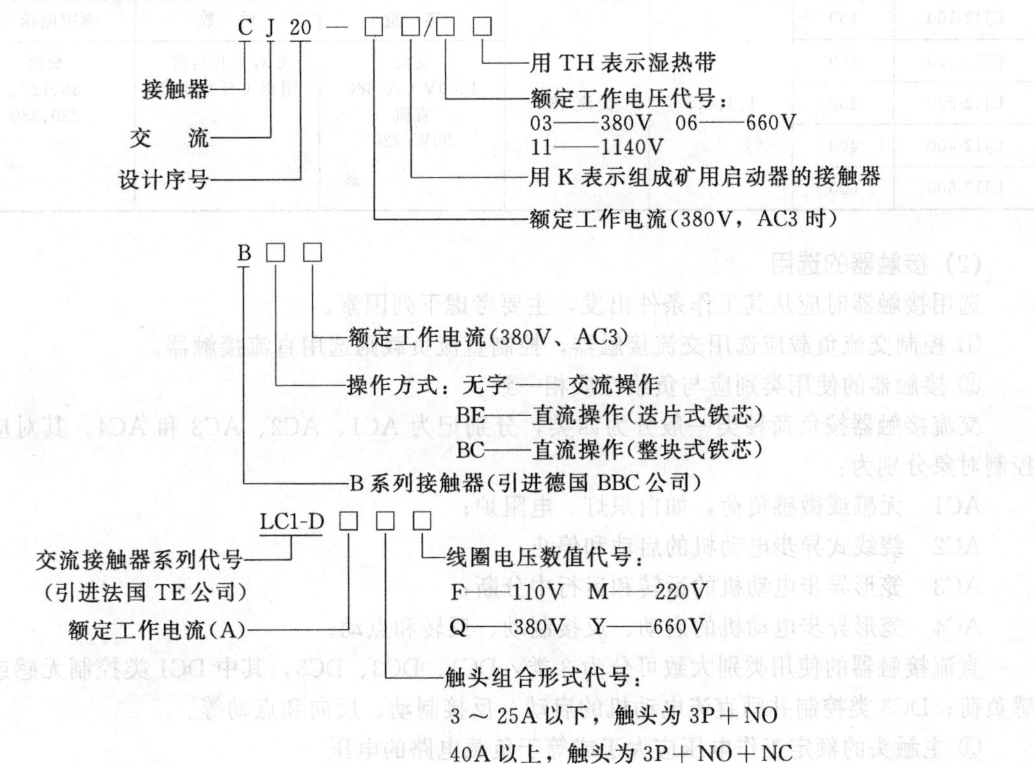

交（直）流接触器的图形符号和文字符号如图 1-7 所示。

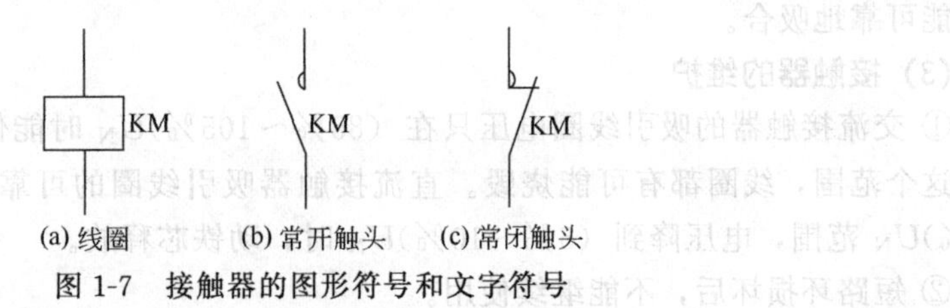

图 1-7 接触器的图形符号和文字符号

部分交流接触器的主要技术参数如表 1-1 和表 1-2。

表 1-1 CJ20 系列部分交流接触器主要技术参数

型 号	频率/Hz	辅助触头额定电流/A	吸引线圈电压/V	主触头额定电流/A	额定电压/V	可控制电动机最大功率/kW
CJ20-10	50	5	交流 36、127、 220、380	10	380/220	4/2.2
CJ20-16				16	380/220	7.5/4.5
CJ20-25				25	380/220	11/5.5
CJ20-40				40	380/220	22/11
CJ20-63				63	380/220	30/18
CJ20-100				100	380/220	50/28
CJ20-160				160	380/220	85/48
CJ20-250				250	380/220	132/80
CJ20-400				400	380/220	220/115

表 1-2 CJ12 系列部分交流接触器主要技术参数

<table>
<tr><th rowspan="2">型　号</th><th rowspan="2">额定电流/A</th><th rowspan="2">极　数</th><th rowspan="2">额定电压/V</th><th colspan="2">辅助触头</th><th>线　圈</th></tr>
<tr><th>容　量</th><th>对　数</th><th>额定电压/V</th></tr>
<tr><td>CJ12-100</td><td>100</td><td rowspan="5">1、3、4、5</td><td rowspan="5">交流 380</td><td rowspan="4">交流
1000V·A/380
直流
90W/220</td><td rowspan="4">6 对常开与常闭点可任意组合</td><td rowspan="4">交流
36、127、
220、380</td></tr>
<tr><td>CJ12-150</td><td>150</td></tr>
<tr><td>CJ12-250</td><td>250</td></tr>
<tr><td>CJ12-400</td><td>400</td></tr>
<tr><td>CJ12-600</td><td>600</td></tr>
</table>

(2) 接触器的选用

选用接触器时应从其工作条件出发，主要考虑下列因素。

① 控制交流负载应选用交流接触器，控制直流负载则选用直流接触器。

② 接触器的使用类别应与负载性质相一致。

交流接触器按负荷种类一般分为四类，分别记为 AC1、AC2、AC3 和 AC4。其对应的控制对象分别为：

AC1　无感或微感负荷，如白炽灯、电阻炉；

AC2　绕线式异步电动机的启动和停止；

AC3　笼形异步电动机的运转和运行中分断；

AC4　笼形异步电动机的启动、反接制动、反转和点动。

直流接触器的使用类别大致可分为 3 类，DC1、DC3、DC5，其中 DC1 类控制无感或微感负荷；DC3 类控制并励直流电动机的启动、反接制动、反向和点动等。

③ 主触头的额定工作电压应大于或等于负载电路的电压。

④ 主触头的额定工作电流应大于或等于负载电路的电流。

⑤ 吸引线圈的额定电压应与控制回路电压相一致，接触器在线圈额定电压 85%及以上时应能可靠地吸合。

(3) 接触器的维护

① 交流接触器的吸引线圈电压只在（85%～105%）U_N 时能保证可靠工作，电压低于、高于这个范围，线圈都有可能烧毁。直流接触器吸引线圈的可靠工作电压也是在（85%～105%）U_N 范围，电压降到（5%～10%）U_N 时，动铁芯释放。

② 短路环损坏后，不能继续使用。

③ 触头表面应保持清洁，但不允许涂油。

④ 触头严重磨损，当厚度只剩下 1/3 时，应及时更换。

⑤ 原来带灭弧罩的接触器，一定要带灭弧罩使用，以免发生短路。

⑥ 可动部分不能卡死，紧固部分不能松脱。

1.3 项目训练——交流接触器的拆装

1.3.1 训练目的

① 熟练拆卸与装配 CJ20-25 型交流接触器。

② 能对其进行简单静态检测与器件检修。

③ 并会对接触器的电磁线圈进行通电，观察各组触头动作情况。

1.3.2 训练器材

① 常用电工组合工具（起子、镊子、钢丝钳、尖嘴钳、小刀等）：1套
② 万用表：1个
③ 零件盒：1个
④ 纱布：1块
⑤ CJ20-25型交流接触器：1个
⑥ 瓶装汽油、酒精：适量

1.3.3 训练内容及操作步骤

(1) 拆卸

① 旋下灭弧罩固定螺钉，取下灭弧罩。

② 先拆下三组桥形主触头：一手拎起桥形主触头弹簧夹，另一手先推出压力弹簧片，再将主触头横向旋转45°后取出。然后再取出两组辅助常开常闭开关的桥形动触头。

③ 将接触器底部朝上，一手按住底板，另一手旋下接触器底座盖板上的两只螺钉，小心取下弹起的盖板。

④ 取下静铁芯及其缓冲垫；取出静铁芯支架和放在静铁芯与线包间的缓冲弹簧。

⑤ 将线包的两个引线端接线卡从两侧的卡槽中取出，然后拿出线圈。

⑥ 取出动铁芯及动铁芯与底座盖板之间的两根反作用弹簧。

⑦ 取出与动铁芯相连的动触头结构支架中的各个触头压力弹簧及其垫片。

⑧ 旋下外壳上各静触头紧固螺钉并取下各静触头。

(2) 检修

① 用万用表电阻挡测量电磁线圈静态电阻值R。若$R=0$或小于正常电阻值，或$R=\infty$，则表明线圈出现短路性或开路性损坏，需进行检修或更换。

② 观察各静、动触头表面是否光洁平整。如有污物质化物，可用纱布蘸少许汽油、酒精等擦除干净，若氧化较严重或表面有颗粒，可用小刀铲除，使表面光洁平整，若严重损伤需要更换触头。

③ 各弹簧有无变形，弹性是否不足，如不正常需进行更换。

④ 各螺钉组是否能旋合到位，螺钉口是否磨损严重，如不能正常使用需更换。

⑤ 各接线柱、孔表面是否有污物、氧化层，如有需进行清洗擦除。

(3) 装配

经检修无误后，可按与拆卸的步骤相反进行装配。

(4) 整体检测

① 进行外观检查：看各部分装配是否到位，有无破损。

② 用万用表电阻挡进行功能静态检测：

- 在静态时测量各常开触头是否其阻值$R=\infty$，各常闭触头间的阻值$R=0$。
- 测量线圈接线柱两端间阻值R，此时应注意是否有短路、开路、接触不良等情况。

③ 通电检测：将接触器的电磁线圈通以$U=380\text{V}$的交流电压，看各常开触头是否可靠闭合，各常闭触头是否均正常断开，并且各触头合、断动作是否一致。

1.3.4 注意事项

① 拆卸前应保持操作台整洁无杂物，并准备好放零件的盒子。

② 拆卸时要注意方法，不能硬撬，并记住每一零件的位置及相互间的配合关系。

③ 装配时要均匀紧固螺钉，以免损坏接触器，在装配辅助常闭触头时，应先按下触头支架，以防将辅助常闭动触头弹簧推出支架。

1.3.5 思考和讨论

① 如何拆装其他型号交流接触器（如 LC1 系列接触器）。

② 观察短路环的安装位置和嵌入方法。

③ 如何理解“可动部分不能卡死，紧固部分不能松脱”。

1.4 项目考评

经过项目训练后，熟练掌握接触器拆装要领，并限时进行训练考核评定，评定标准参考表 1-3。

表 1-3 接触器拆装考核评定参考

训练内容	配分	扣分标准	扣分	得分
外观检查	30 分	①安装不完整，有漏装、错装、松动扣 20 分； ②损坏、丢失紧固件，每件扣 5 分； ③损坏、丢失其他零件，每件扣 10 分		
静态检查	40 分	①触头端面不清洁、不平整，每处扣 5 分； ②静态时，各组动、断触头状态不正常（常开触头不能可靠闭合，常闭触头不能可靠断开），每组扣 5 分； ③按下动触头支架时各触头不能可靠动作，每组扣 5 分		
通电检查	30 分	①接触器无动作扣 30 分； ②接触器各触头动作不到位或不一致，扣 10 分		
总评（注：各项内容中扣分总值不应超过对应各项内容所配分数）				

1.5 项目拓展

低压电器是电气控制系统的基本组成元件。本模块主要介绍在机械设备电气控制系统中，其他常用低压电器的原理、结构、型号、符号、规格和用途，以及低压电器的正确选择、使用与维护。

自改革开放以来，中国低压电器产品发展很快，通过自行设计新产品和从国外著名厂家引进技术，产品品种和质量都有明显的提高，符合新的国家标准、部颁标准和达到国际电工委员会（IEC）标准的产品不断增加。而能耗高、性能差的电器产品逐步被取代。

当前，低压电器继续沿着体积小、重量轻、安全可靠、使用方便的方向发展，主要途径是利用微电子技术提高传统电器的性能；在产品品种方面，大力发展电子化的新型控制电器，如接近开关、光电开关、电子式时间继电器、固态继电器与接触器、漏电继电器、电子式电机保护器和半导体启动器等，以适应控制系统迅速电子化的需要。

1.5.1 继电器

继电器是一种根据外界输入的一定信号（电的或非电的）来控制电路中电流通断的自动切换电器。它具有输入电路（又称感应元件）和输出电路（又称执行元件）。当感应元件中的输入量（如电流、电压、温度、压力等）变化到某一定值时继电器动作，执行元件便接通或断开控制电路。其触点通常接在控制电路中。

电磁式继电器的结构和工作原理与接触器相似，结构上也是由电磁机构和触头系统组成。但是，继电器控制的是小功率信号系统，流过触头的电流很弱，所以不需要灭弧装置；另外，继电器可以对各种输入量做出反应，而接触器只有在一定的电压信号下动作。

继电器种类繁多，常用的有电流继电器、电压继电器、中间继电器、时间继电器、热继电器以及温度、压力、计数、频率继电器、固态继电器、干簧继电器等。

电子元器件的发展应用，推动了各种电子式小型继电器的出现，这类继电器比传统的继电器灵敏度更高，寿命更长，动作更快，体积更小。一般都采用密封式或封闭式结构，用插座与外电路连接，便于迅速替换，能与电子线路配合使用。下面对几种经常使用的继电器作简单介绍。

1.5.1.1 电流、电压继电器

根据输入（线圈）电流大小而动作的继电器称为电流继电器。电流继电器的线圈串接在被测量的电路中，以反应电流的变化。其触点接在控制电路中，用于控制接触器线圈或信号指示灯的通断。为了不影响被测电路的正常工作，电流继电器线圈阻抗应比被测电路的等效阻抗要小得多。因此，电流继电器的线圈匝数少、导线粗。电流继电器按用途还可分为过电流继电器和欠电流继电器，按线圈的电流种类分为交流继电器和直流继电器。过电流继电器的任务是当电路发生短路及过流时立即将电路切断，因此过流继电器线圈通过小于整定电流时继电器不动作，只有超过整定电流时，继电器才动作。过电流继电器的动作电流整定范围，交流过流继电器为（110%～350%）I_N，直流过流继电器为（70%～300%）I_N。欠电流继电器的任务是当电路电流过低时立即将电路切断，因此欠电流继电器线圈通过的电流大于或等于整定电流时，继电器吸合，只有电流低于整定电流时，继电器才释放。欠电流继电器动作电流整定范围，吸合电流为（30%～50%）I_N，释放电流为（10%～20%）I_N，欠电流继电器一般是自动复位的。

与此类似，电压继电器是根据输入电压大小而动作的继电器，其结构与电流继电器相似，不同的是电压继电器的线圈与被测电路并联，以反应电压的变化。因此，它的吸引线圈匝数多、导线细、电阻大。电压继电器按用途也可分为过电压继电器和欠电压继电器。过电压继电器动作电压整定范围为（105%～120%）U_N，欠电压继电器吸合电压调整范围为（30%～50%）U_N，释放电压调整范围为（7%～20%）U_N。

JL18 系列电流继电器的型号意义如下：

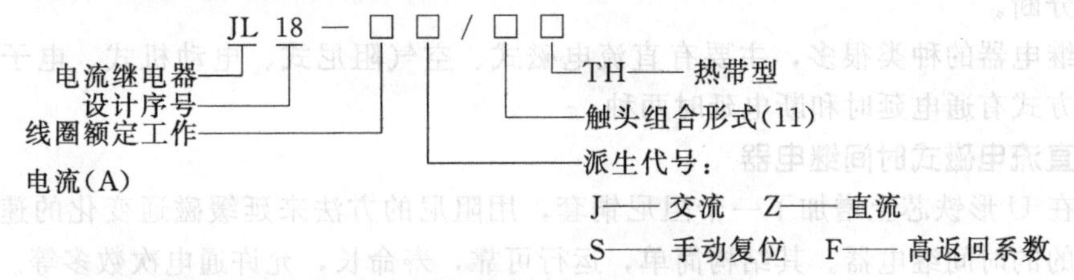

电流、电压继电器的图形符号和文字符号如图 1-8 所示。

1.5.1.2 中间继电器

中间继电器的作用是将一个输入信号变成多个输出信号或将信号放大（即增大触头容量）的继电器。其实质为电压继电器，但它的触头数量较多（可达 8 对），触头容量较大（5～10A），动作灵敏。

中间继电器按电压分为两类：一类是用于交直流电路中的 JZ 系列，另一类是只用于直

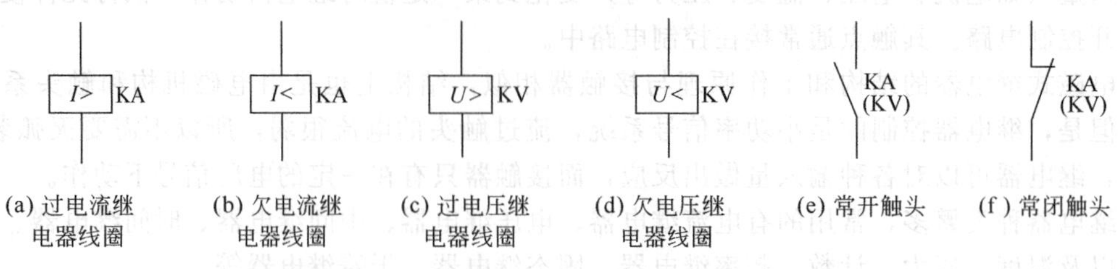

(a) 过电流继电器线圈　(b) 欠电流继电器线圈　(c) 过电压继电器线圈　(d) 欠电压继电器线圈　(e) 常开触头　(f) 常闭触头

图 1-8　电流、电压继电器的图形符号和文字符号

流操作的各种继电保护线路中的DZ系列。

常用的中间继电器有JZ7系列，以JZ7-62为例，JZ为中间继电器的代号，7为设计序号，有6对常开触头，2对常闭触头。表1-4为JZ7系列的主要技术数据。

表 1-4　JZ7系列中间继电器技术数据

型　号	触点额定电压/V	触点额定电流/A	触点对数		吸引线圈电压/V	额定操作频率/(次/h)
			常开	常闭		
JZ7-44	500	5	4	4	交流50Hz时 12、36、127、220、380	1200
JZ7-62			6	2		
JZ7-80			8	0		

新型中间继电器触头闭合过程中动、静触头间有一段滑擦、滚压过程，可以有效地清除触头表面的各种生成膜及尘埃，减小了接触电阻，提高了接触可靠性，有的还装了防尘罩或采用密封结构，也是提高可靠性的措施。有些中间继电器安装在插座上，插座有多种形式可供选择，有些中间继电器可直接安装在导轨上，安装和拆卸均很方便。常用的有JZ18、MA、K、HH5、JQC等系列。

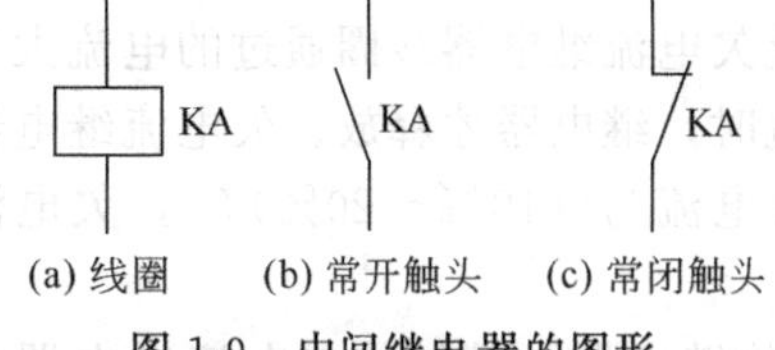

(a) 线圈　(b) 常开触头　(c) 常闭触头

图 1-9　中间继电器的图形符号和文字符号

中间继电器的图形符号和文字符号如图1-9所示。

1.5.1.3　时间继电器

继电器感受部分在感受外界信号后，经过一段时间才能使执行部分动作的继电器，叫做时间继电器。即当吸引线圈通电或断电以后，其触头经过一定延时以后再动作，以控制电路的接通或分断。

时间继电器的种类很多，主要有直流电磁式、空气阻尼式、电动机式、电子式等几大类。延时方式有通电延时和断电延时两种。

(1) 直流电磁式时间继电器

它是在U形铁芯上增加了一个阻尼铜套，用阻尼的方法来延缓磁通变化的速度，以达到延时目的的时间继电器。其结构简单，运行可靠，寿命长，允许通电次数多等。但它仅适用于直流电路，延时时间较短。一般通电延时仅为0.1～0.5s，而断电延时可达0.2～10s。因此，直流电磁式时间继电器主要用于断电延时。

(2) 空气阻尼式时间继电器

它由电磁机构、工作触头及气室三部分组成，它的延时是靠空气的阻尼作用来实现的。常见的型号有JS7-A系列，按其控制原理有通电延时和断电延时两种类型。图1-10为JS7-A空气阻尼式时间继电器的工作原理图。

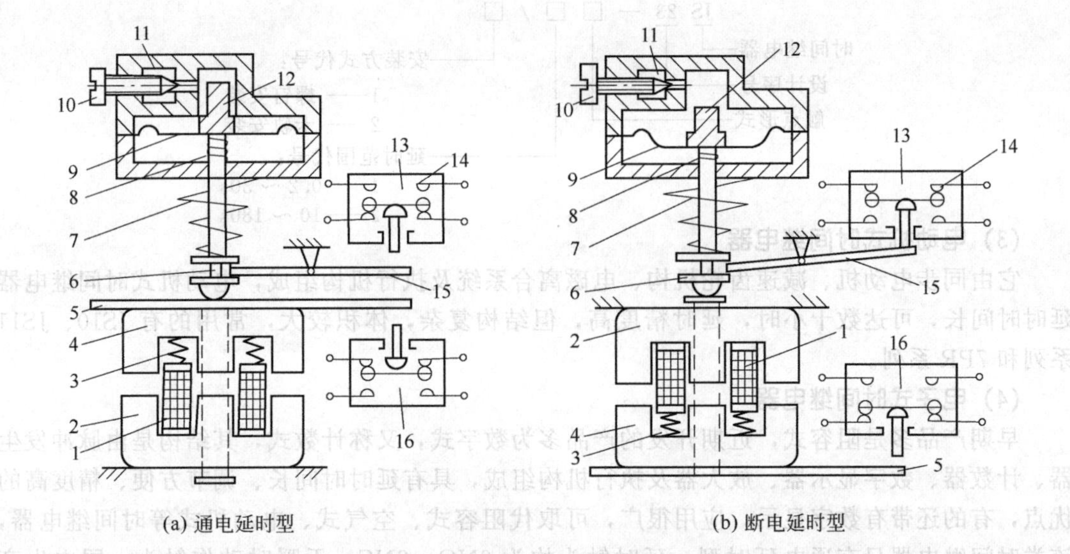

图 1-10 JS7-A 空气阻尼式时间继电器工作原理图

1—线圈；2—静铁芯；3,7,8—弹簧；4—衔铁；5—推板；6—顶杆；9—橡皮膜；10—螺钉；11—进气孔；12—活塞；13,16—微动开关；14—延时触头；15—杠杆

当通电延时型时间继电器电磁铁线圈 1 通电后，将衔铁吸下，于是顶杆 6 与衔铁间出现一个空隙，当与顶杆相连的活塞在弹簧 7 作用下由上向下移动时，在橡皮膜上面形成空气稀薄的空间（气室），空气由进气孔逐渐进入气室，活塞因受到空气的阻力，不能迅速下降，在降到一定位置时，杠杆 15 使触头 14 动作（常开触点闭合，常闭触点断开）。线圈断电时，弹簧使衔铁和活塞等复位，空气经橡皮膜与顶杆 6 之间推开的气隙迅速排出，触点瞬时复位。

断电延时型时间继电器与通电延时型时间继电器的原理与结构均相同，只是将其电磁机构翻转 180°安装，即为断电延时型。

空气阻尼式时间继电器延时时间有 0.4～180s 和 0.4～60s 两种规格，具有延时范围较宽，结构简单，工作可靠，价格低廉，寿命长等优点，是机床交流控制线路中常用的时间继电器。它的缺点是延时精度较低。

表 1-5 为 JS7-A 型空气阻尼式时间继电器技术数据，其中 JS7-2A 型和 JS7-4A 型既带有延时动作触头，又带有瞬时动作触头。

表 1-5 JS7-A 型空气阻尼式时间继电器技术数据

型号	触点额定容量		延时触点对数				瞬时动作触点数量		线圈电压/V	延时范围/s
	电压/V	电流/A	线圈通电延时		断电延时					
			常开	常闭	常开	常闭	常开	常闭		
JS7-1A	380	5	1	1					交流 36、127、220、380	0.4～60 及 0.4～180
JS7-2A			1	1			1	1		
JS7-3A					1	1				
JS7-4A					1	1	1	1		

国内生产的新产品 JS23 系列，可取代 JS7-A、B 及 JS16 等老产品。JS23 系列时间继电器的型号意义：

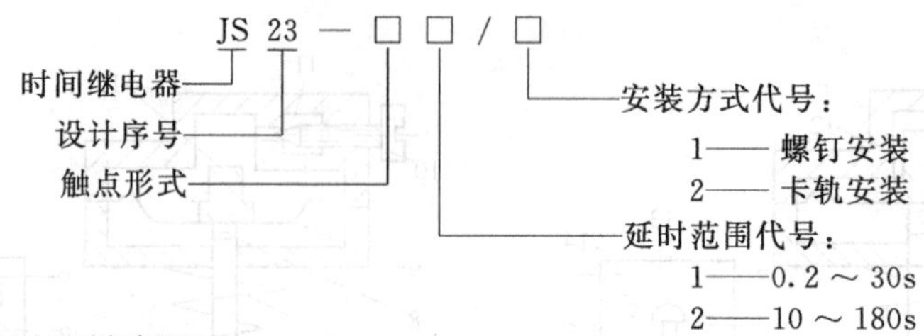

(3) 电动机式时间继电器

它由同步电动机、减速齿轮机构、电磁离合系统及执行机构组成，电动机式时间继电器延时时间长，可达数十小时，延时精度高，但结构复杂，体积较大，常用的有 JS10、JS11 系列和 7PR 系列。

(4) 电子式时间继电器

早期产品多是阻容式，近期开发的产品多为数字式，又称计数式，其结构是由脉冲发生器、计数器、数字显示器、放大器及执行机构组成，具有延时时间长、调节方便、精度高的优点，有的还带有数字显示，应用很广，可取代阻容式、空气式、电动机式等时间继电器，该类时间继电器只有通电延时型，延时触头均为 2NO、2NC，无瞬时动作触头。国内生产的产品有 JSS1 系列。

时间继电器的图形符号和文字符号如图 1-11 所示。

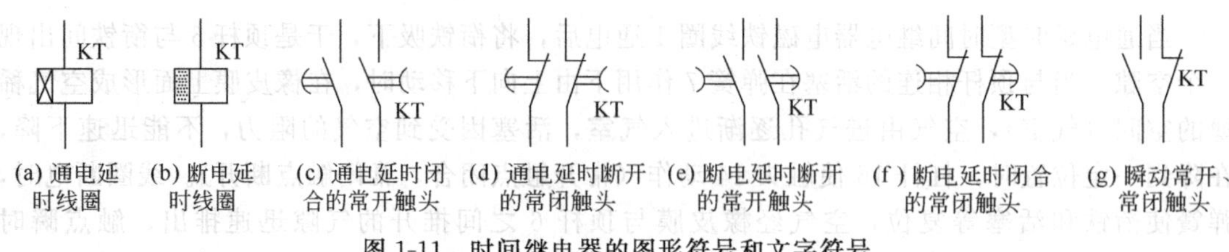

图 1-11　时间继电器的图形符号和文字符号

1.5.1.4　热继电器

电动机在实际运行中常遇到过载情况，若电动机过载不大，时间较短，只要电动机绕组不超过允许温升，这种过载是允许的。但是长时间过载，绕组超过允许温升时，将会加剧绕组绝缘的老化，缩短电动机的使用年限，严重时会将电动机烧毁。因此，应采用热继电器作电动机的过载保护和断相保护。

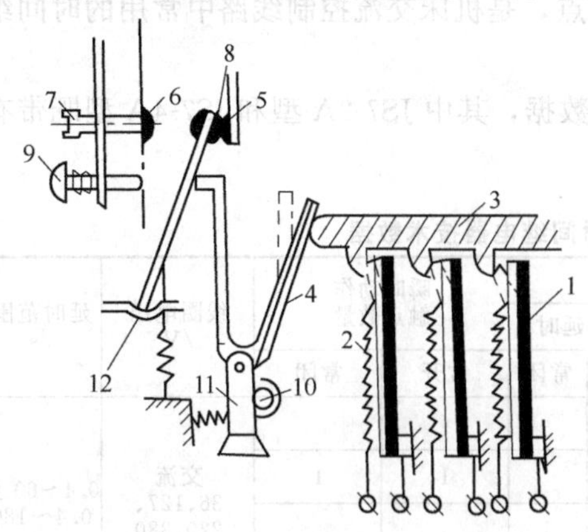

图 1-12　热继电器的结构原理图

1—双金属片；2—热元件；3—导板；4—补偿双金属片；5,6—静触头；7—复位螺钉；8—动触头；9—复位按钮；10—调节旋钮；11—支撑件；12—推杆

(1) 热继电器的结构及工作原理

热继电器是利用电流通过元件所产生的热效应原理而反时限动作的继电器，是专门用来对连续运行的电动机进行过载及断相保护，以防止电动机过热而烧毁的保护电器。它主要由加热元件、双金属片、触头组成。双金属片是它的测量元件，由两种具有不同线膨胀系数的金属通过机械辗压而制成，线膨胀系数大的称为主动层，小的称为被动层。加热双金属片的方式有四种：双金属片直接加热；热元件间接加热；复合式加热和电流互感器加热。

图 1-12 是热继电器的结构原理图。热元件 2

串接在电动机定子绕组中，电动机绕组电流即为流过热元件的电流。当电动机正常运行时，热元件产生的热量虽能使双金属片1弯曲，但还不足以使继电器动作，当电动机过载时，热元件产生的热量增大，使双金属片弯曲位移增大，经过一定时间后，双金属片弯曲到推动导板3，并通过补偿双金属片4与推杆12将触头8和5分开，触头8和5为热继电器串于接触器线圈回路的常闭触头，断开后使接触器失电，接触器的常开触头断开电动机的电源以保护电动机。

调节旋钮10是一个偏心轮，它与支撑件11构成一个杠杆，转动偏心轮，改变它的半径即可改变补偿双金属片4与导板3的接触距离，因而达到调节整定动作电流的目的。此外，靠调节复位螺钉7来改变常开触头6的位置使热继电器能工作在手动复位和自动复位两种工作状态。手动复位时，在故障排除后要按下按钮9才能使触头恢复与静触头5相接触的位置。

(2) 带断相保护的热继电器

三相电动机的一根接线松开或一相熔丝熔断，是造成三相异步电动机烧坏的主要原因之一。如果热继电器所保护的电动机是星形接法时，当线路发生一相断电时，另外两相电流增大很多，由于线电流等于相电流，流过电动机绕组的电流和流过热继电器的电流增加比例相同，因此普通的两相或三相热继电器可以对此做出保护。如果电动机是三角形接法，发生断相时，由于电动机的相电流与线电流不等，流过电动机绕组的电流和流过热继电器的电流增加比例不相同，而热元件又串接在电动机的电源进线中，按电动机的额定电流即线电流来整定，整定值较大。当故障线电流达到额定电流时，在电动机绕组内部，电流较大的那一相绕组的故障电流将超过额定相电流，便有过热烧毁的危险。所以三角接法必须采用带断相保护的热继电器。带有断相保护的热继电器是在普通热继电器的基础上增加一个差动机构，对三个电流进行比较。带断相保护热继电器的部分结构示意如图1-13所示。

当一相（设U相）断路时，U相（右侧）热元件温度由原正常热状态下降，双金属片由弯曲状态伸直，推动导板2右移；同时由于V、W相电流较大，推动导板3向左移，使杠杆扭转，继电器动作起到断相保护作用。

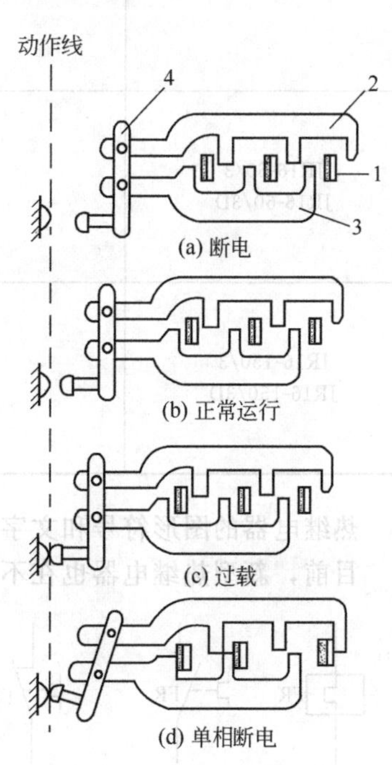

图1-13　带断相保护的热继电器结构图
1—双金属片剖面；2—上导板；
3—下导板；4—杠杆

热继电器采用发热元件，其反时限动作特性能比较准确地模拟电机的发热过程与电动机温升，确保了电动机的安全。值得一提的是，由于热继电器具有热惯性，不能瞬时动作，故不能用作短路保护。

(3) 热继电器主要参数及常用型号

热继电器主要参数有：热继电器额定电流、相数，热元件额定电流，整定电流及调节范围等。

热继电器的额定电流是指热继电器中可以安装的热元件的最大整定电流值。

热元件的额定电流是指热元件的最大整定电流值。

热继电器的整定电流是指热元件能够长期通过而不致引起热继电器动作的最大电流值。通常热继电器的整定电流是按电动机的额定电流整定的。对于某一热元件的热继电器，可手动调节整定电流旋钮，通过偏心轮机构，调整双金属片与导板的距离，能在一定范围内调节其电流的整定值，使热继电器更好地保护电动机。

JR16、JR20系列是目前广泛应用的热继电器，其型号意义如下：

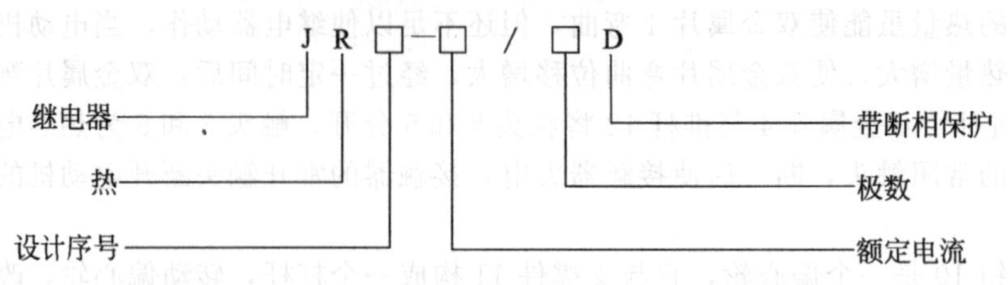

表1-6为JR16系列的主要参数。

表1-6 JR16系列热继电器的主要规格参数

型号	额定电流/A	热元件规格	
		额定电流/A	电流调节范围/A
JR16-20/3 JR16-20/3D	20	0.35	0.25～0.35
		0.5	0.32～0.5
		0.72	0.45～0.72
		1.1	0.68～1.1
		1.6	1.0～1.6
		2.4	1.5～2.4
		3.5	2.2～3.5
		5.0	3.2～5.0
		7.2	4.5～7.2
		11.0	6.8～11
		16.0	10.0～16
		22	14～22
JR16-60/3 JR16-60/3D	60	22	14～22
		32	20～32
		45	28～45
		63	45～63
JR16-150/3 JR16-150/3D	150	63	40～63
		85	53～85
		120	75～120
		160	100～160

热继电器的图形符号和文字符号如图1-14所示。

目前，新型热继电器也在不断推广使用。3UA5、6系列热继电器是引进德国西门子公司技术生产的，适用于交流至660V、电流从0.1～630A的电路中，而且热元件的整定电流各编号之间重复交叉，便于选用。其中3UA5系列热继电器可安装在3TB系列接触器上组成电磁启动器。

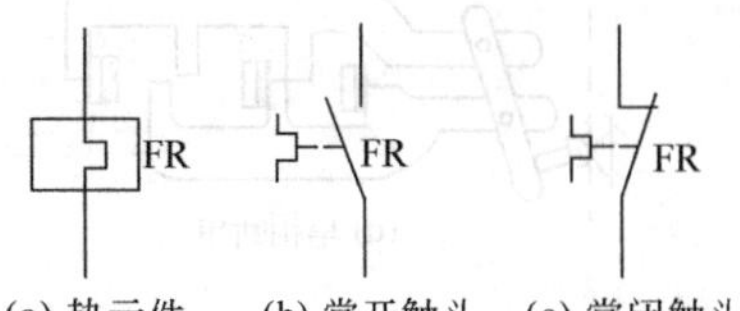

图1-14 热继电器的图形符号和文字符号

LR1-D系列热继电器是引进法国专有技术生产的产品，具有体积小、寿命长等特点。适用于交流50Hz或60Hz、电压至660V、电流至80A以下的电路中通断主电路，与LC1系列接触器可插接组合在一起使用。引进德国BBC公司技术生产的T系列热继电器，适用于交流50～60Hz、电压660V以下和电流500A及以下的电力线路中。

(4) 热继电器的正确使用及维护

① 热继电器的额定电流等级不多，但其发热元件编号很多，每一种编号都有一定的电流整定范围。在使用时应使发热元件的电流整定范围中间值与保护电动机的额定电流值相等，再根据电动机运行情况通过调节旋钮去调节整定值。

② 对于重要设备，一旦热继电器动作后，必须待故障排除后方可重新启动电动机，应采用手动复位方式；若电气控制柜距操作地点较远，且从工艺上又易于看清过载情况，则可采用自动复位方式。

③ 热继电器和被保护电动机的周围介质温度尽量相同，否则会破坏已调整好的配合情况。

④ 热继电器必须按照产品说明书中规定的方式安装。当与其他电器装在一起时，应将热继电器置于其他电器下方，以免其动作特性受其他电器发热的影响。

⑤ 使用中应定期去除尘埃和污垢并定期进行通电校验其动作特性。

1.5.1.5 速度继电器

速度继电器又称为反接制动继电器。它的主要作用是与接触器配合，实现对电动机的制动。也就是说，在三相交流异步电动机反接制动转速过零时，速度继电器动作，从而自动切除反相序电源。

感应式速度继电器是根据电磁感应原理制成的，图1-15为其结构原理图。

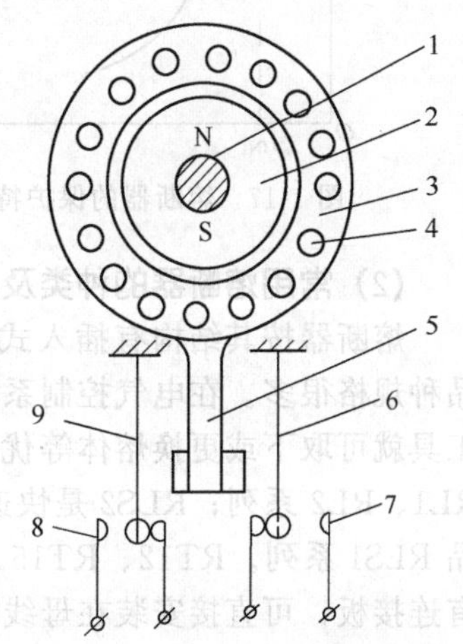

图1-15 速度继电器结构原理图

1—转轴；2—转子；3—定子；4—绕组；5—摆锤；6,9—簧片；7,8—静触点

据图知，速度继电器主要有转子、圆环（笼型空芯绕组）和触点三部分组成。转子由一块永久磁铁制成，与电动机同轴相连，用以接受转动信号。当转子（磁铁）旋转时，笼型绕组切割转子磁场产生感应电动势，形成环内电流。转子转速越高，这一电流就越大。此电流与磁铁磁场相作用，产生电磁转矩，圆环在此力矩的作用下带动摆杆，克服弹簧力而顺转子转动的方向摆动，并拨动触点改变其通断状态（在摆杆左右各设一组切换触点，分别在速度继电器正转和反转时发生作用）。当调节弹簧弹性力时，可使速度继电器在不同转速时切换触点改变通断状态。

速度继电器的动作速度一般不低于120r/min，复位转速约在100r/min以下，该数值可以调整。工作时，允许的转速高达1000～3600r/min。由速度继电器的正转和反转切换触点的动作，来反映电动机转向和速度的变化。常用的型号有JY1和JFZ0型。

速度继电器的图形符号和文字符号如图1-16所示。

1.5.2 熔断器

(1) 熔断器的工作原理

熔断器是一种结构简单、使用方便、价格低廉的保护电器，广泛用于供电线路和电气设备的短路保护。熔断器由熔体和安装熔体的外壳两部分组成，熔体是熔断器的核心，通常用低熔点的铅锡合金、锌、铜、银的丝状或片状材料制成，新型的熔体通常设计成灭弧栅状和具有变截面片状结构。当通过熔断器的电流超过一定数值并经过一定的时间后，电流在熔体

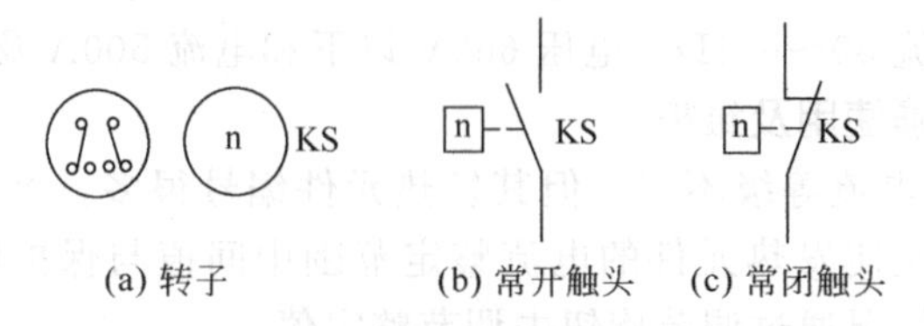

(a) 转子　　(b) 常开触头　　(c) 常闭触头

图 1-16　速度继电器的图形符号和文字符号

上产生的热量使熔体某处熔化而分断电路，从而保护了电路和设备。

使熔断器熔体熔断的电流值与熔断时间的关系称为熔断器的保护特性曲线，也称为熔断器的安-秒特性，如图 1-17 所示，由特性曲线可以看出，流过熔体的电流越大，熔断所需的时间越短。熔体的额定电流 I_{fN} 是熔体长期工作而不致熔断的电流。

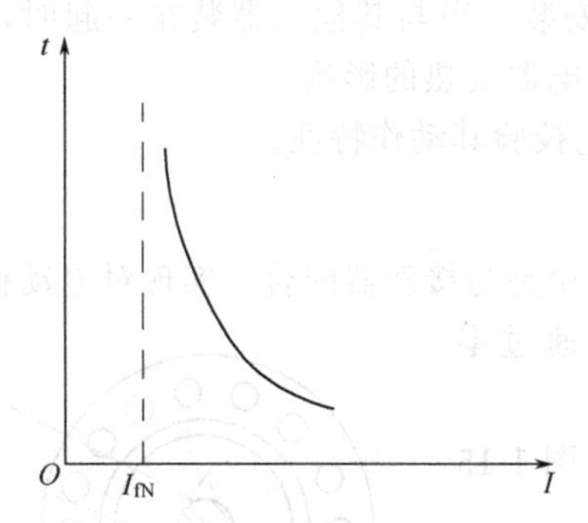

图 1-17　熔断器的保护特性曲线

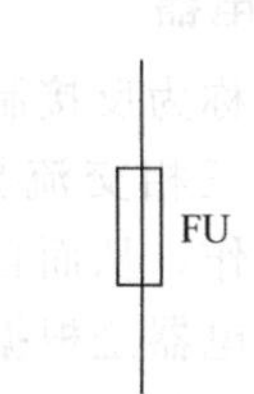

图 1-18　熔断器的图形符号和文字符号

(2) 常用熔断器的种类及技术数据

熔断器按其结构有插入式（瓷插式）、螺旋式、有填料密封管式、无填料密封管式等，品种规格很多。在电气控制系统中经常选用螺旋式熔断器，它有明显的分断指示和不用任何工具就可取下或更换熔体等优点。最近推出的新产品有 RL6、RL7 系列，可以取代老产品 RL1、RL2 系列；RLS2 是快速熔断器，用以保护半导体硅整流元件及晶闸管，可取代老产品 RLS1 系列。RT12、RT15、NGT 等系列是有填料封闭管式熔断器，瓷管两端铜帽上焊有连接板，可直接安装在母线排上，RT12、RT5 系列带有熔断指示器，熔断时红色指示器弹出。RT14 系列熔断器带有撞击器，熔断时撞击器弹出，既可作熔断信号指示，也可触动微动开关以切断接触器线圈电路，使接触器断电，实现三相电动机的断相保护。

熔断器的图形符号和文字符号如图 1-18 所示。

(3) 新型熔断器

前面介绍的熔断器，熔体一旦熔断，需要更换后才能使电路重新接通，在某种意义上来说，既不方便，又不能迅速恢复供电。有一种新型限流元件叫做自复式熔断器可以解决这一矛盾，它是应用非线性电阻元件——金属钠在高温下电阻特性突变的原理制成的。

自复式熔断器用金属钠制成熔丝，它在常温下具有高电导率（略次于铜），短路电流产生的高温能使钠汽化，气压增高，高温高压下气态钠的电阻迅速增大呈现高电阻状态，从而限制了短路电流。当短路电流消失后，温度下降，气态钠又变为固态钠，恢复原来良好的导电性能，故自复式熔断器能多次使用。由于自复式熔断器只能限流，不能分断电路，故常与断路器串联使用，以提高分断能力。

(4) 熔断器的选择

熔断器的选择主要是选择熔断器的种类、额定电压、熔断器额定电流和熔体额定电流等。

熔断器的种类主要由电控系统整体设计时确定，熔断器的额定电压应大于或等于实际电路的工作电压，因此确定熔体电流是选择熔断器的主要任务，具体有下列几条原则。

① 电路上、下两级都装设熔断器时，为使两级保护相互配合良好，两级熔体额定电流的比值不小于1.6∶1。

② 对于照明线路或电阻炉等没有冲击性电流的负载，熔体的额定电流应大于或等于电路的工作电流，即 $I_{fN} \geqslant I_e$，式中 I_{fN} 为熔体的额定电流，I_e 为电路的工作电流。

③ 保护一台异步电动机时，考虑电动机冲击电流的影响，熔体的额定电流按下式计算：

$$I_{fN} \geqslant (1.5 \sim 2.5) I_N$$

式中　I_N——电动机的额定电流。

④ 保护多台异步电动机时，若各台电动机不同时启动，则应按下式计算：

$$I_{fN} \geqslant (1.5 \sim 2.5) I_{Nmax} + \sum I_N$$

式中　I_{Nmax}——容量最大的一台电动机的额定电流；

$\sum I_N$——其余电动机额定电流的总和。

1.5.3　低压隔离器

低压隔离器是低压电器中结构比较简单，应用十分广泛的一类手动操作电器。其主要作用是隔离作用，即在电源切除后，将线路与电源明显地隔开，以保障检修人员的安全。也可用于不频繁地接通与分断额定电流以下的负载。

低压隔离器品种较多，按其结构形式分为两大类：刀开关和组合开关。

1.5.3.1　刀开关

低压刀开关由操纵手柄、触刀、触头插座和绝缘底板等组成，图1-19为其结构简图。

刀开关按极数可分为单极、双极与三极。按转换方式分有单投、双投。常用型号有HD11～HD14和HS11～HS13。

为了使用方便和减小体积，在刀开关上再安装熔丝或熔断器，便组成兼有通、断电路和短路保护作用的开关电器。如胶盖闸刀开关、铁壳开关、熔断器式刀开关等。

(1) 胶盖闸刀开关

胶盖闸刀开关又称开启式负荷开关，由瓷底板、熔丝、胶盖及触头、触刀等组成。主要用于50Hz，电压至380V、电流60A的电力线路中，作为一般照明、电热等回路的控制开关；也可作分支线路的配电开关。三极胶盖刀开关适当降低容量时可直接用于不频繁地控制小型电动机。

与刀开关相比，结构上多了熔丝和胶盖两部分，因此具有短路保护功能和一定的防护能力。常用型号有HK1、HK2系列。

(2) 铁壳开关

铁壳开关又称为封闭式负荷开关，交流50Hz、380V、60A及以下的开关，可作为异步电动机的非频繁全电压启动的控制开关。

这种开关主要由触头及灭弧系统、熔断器及操作机构组

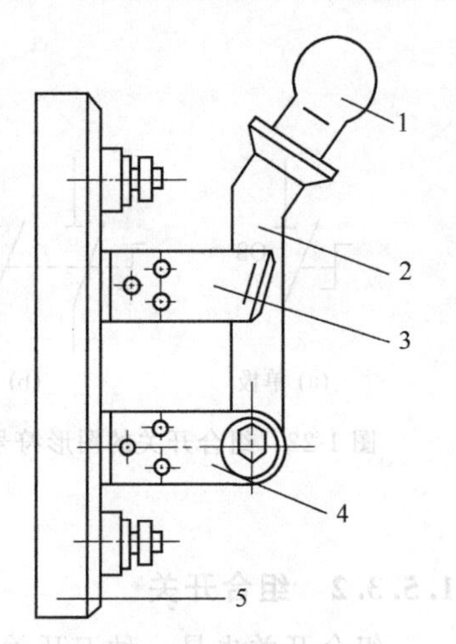

图1-19　低压刀开关结构

1—操纵手柄；2—触刀；3—静插座；4—支座；5—绝缘底板

成，它们共装于同一防护铁盒之内。常用型号有 HH3 和 HH4 等系列。它所配用的熔断器，60A 以下者为瓷插式熔断器；100A 以上者为无填料封闭管式熔断器。

操作机构采用储能合闸方式，使开关的闭合和分断速度都同操作速度无关。另外，操作联锁装置可以保证开关合闸时不能打开防护铁盖，而当防护铁盖打开时，不能将开关合闸。

(3) 熔断器式刀开关

熔断器式刀开关用于 50Hz，电压至 660V 的有高短路电流的配电电路和电动机电路中，做电动机保护和电源开关、隔离开关及应急开关，但一般不用于直接通、断电动机。常用型号有 HR5、HR11 等系列。其结构特点：

① 触刀是具有高分断能力的有填料熔断器（如 NT)；

② 装有灭弧室；

③ 当熔断器带有撞击器时，则任一极熔断体熔断后，撞击器弹出，通过横杆触动装在底板的微动开关，发出信号或切断电动机控制回路，以实现断相保护。

刀开关的主要技术参数有额定电压、额定电流、分断能力、使用场合和极数等。在选用刀开关时，刀开关的额定电压应大于或等于电路的额定电压，额定电流亦然。

低压刀开关的图形符号和文字符号如图 1-20 所示。

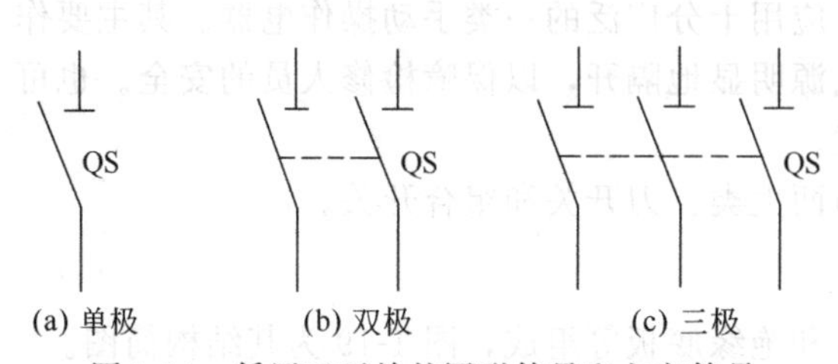

图 1-20　低压刀开关的图形符号和文字符号

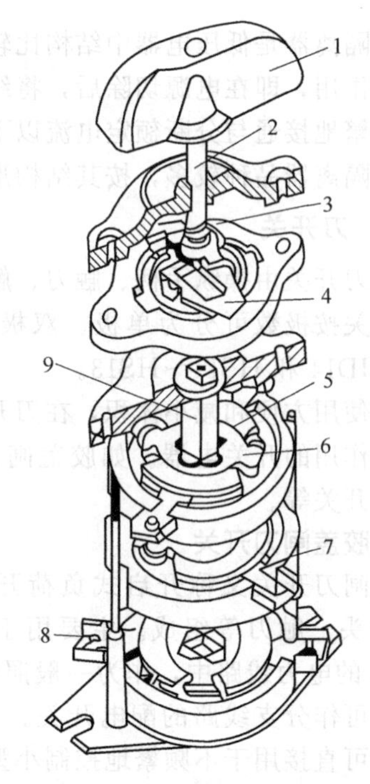

图 1-21　HZ10 型组合开关结构

1—手柄；2—转轴；3—弹簧；4—凸轮；5—绝缘底板；6—动触头；7—静触头；8—接线柱；9—绝缘方轴

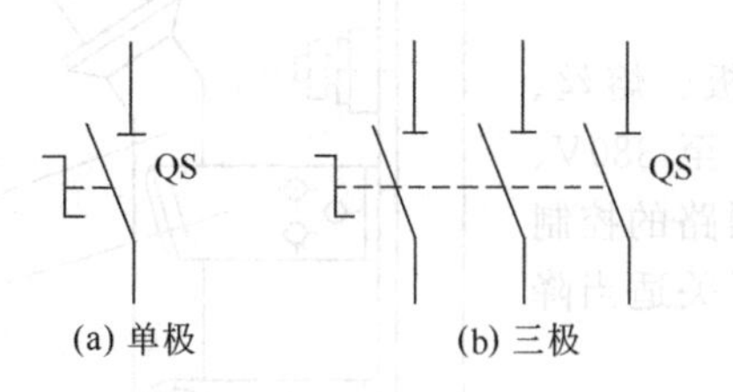

图 1-22　组合开关的图形符号和文字符号

1.5.3.2　组合开关

组合开关也是一种刀开关，不过它的刀片是转动式的，操作比较轻巧，它的动触头（刀片）和静触头装在封闭的绝缘件内，采用叠装式结构，其层数由动触头数量决定，动触头装在操作手柄的转轴上，随转轴旋转而改变各对触头的通断状态，组合开关的结构如图 1-21 所示。

由于采用了扭簧储能，可使开关快速接通及分断电路而与手柄旋转速度无关，因此不仅可用于不频繁地接通、分断及转换交、直流电阻性负载电路，而且降低容量使用时可直接启动和分断运转中的小型异步电动机。

组合开关的主要参数有额定电压、额定电流、极数等。其中额定电流有 10A、25A、60A 等几级。在中国全国统一设计的常用产品有 HZ5、HZ10 系列和新型组合开关 HZ15 等系列。

组合开关的图形符号和文字符号如图 1-22 所示。

1.5.4　低压断路器

低压断路器过去称为自动开关，为了和 IEC 标准一致，故改用此名。

低压断路器是一种既有手动开关作用，又能自动进行失压和欠压、过载和短路保护的电器。可用来分配电能，不频繁地启动异步电动机，对电源线路及电动机等实行保护，当它们发生严重的过载或短路及欠电压等故障时能自动切断电路，其功能相当于熔断器式开关与过流、欠压、热继电器等的组合，而且在分断故障电流后一般不需要更换零部件，因而获得了广泛的应用。

断路器的结构有框架式（又称万能式）和塑料外壳式（又称装置式）两大类。框架式断路器为敞开式结构，适用于大容量配电装置；塑料外壳式断路器的特点是外壳用绝缘材料制作，具有良好的安全性，广泛用于电气控制设备及建筑物内作电源线路保护，以及对电动机进行过载和短路保护。

低压断路器主要由触头和灭弧装置、各种可供选择的脱扣器与操作机构、自由脱扣机构三部分组成。各种脱扣器包括分励、过流、欠压（及失压）脱扣器和热脱扣器。但不是每种断路器都具有上述四种脱扣器，在使用时应根据体积和具体使用场合的不同来选择。工作原理如图 1-23 所示。图中选用了过载和欠压两种脱扣器。开关的主触点靠操作机构手动或电动合闸，在正常工作状态下能接通和分断工作电流，当电路发生短路或过流故障时，过流脱扣器的衔铁 4 被吸合，使自由脱扣机构的钩子脱开，自动开关触头分离，及时有效地切除高达数十倍额定电流的故障电流。若电网电压过低或为零时，衔铁 5 被释放，自由脱扣机构动作，使断路器触头分离，从而在过流与欠压（及零压）时保证了电路及电路中设备的安全。

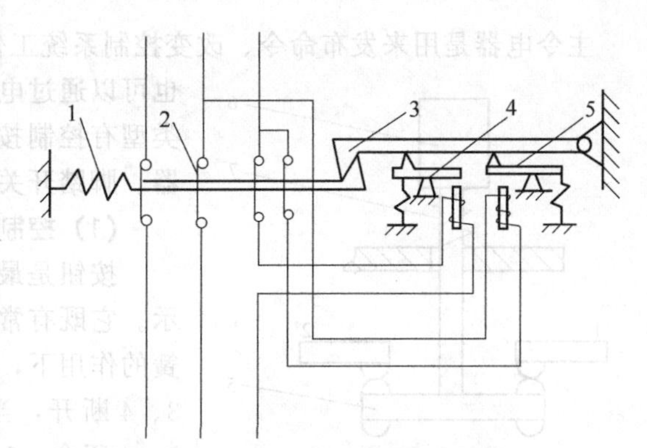

图 1-23　低压断路器工作原理图

1—释放弹簧；2—主触头；3—钩子；
4—过流脱扣器；5—失压脱扣器

塑料外壳断路器的主要参数有：额定工作电压、壳架额定电流等级、极数、脱扣器类型及额定电流、短路分断能力等。

塑壳式断路器的主要产品有 DZ15、DZ20、DZL25 系列，以及 DZ5、DZ10、DZX10、DZX19 等系列。其中 DZ5 的壳架电流为 10～50A，DZ10 为 100～600A。

DZ20 系列断路器按其极限分断故障电流的能力分为一般型（Y 型）、较高型（J 型）、最高型（G 型）。J 型是利用短路电流的巨大电动斥力使触头分开，紧接着脱扣器动作，故分断时间在 14ms 以内，G 型可在 8～10ms 以内分断短路电流。

DZ20 系列低压断路器型号意义如下。

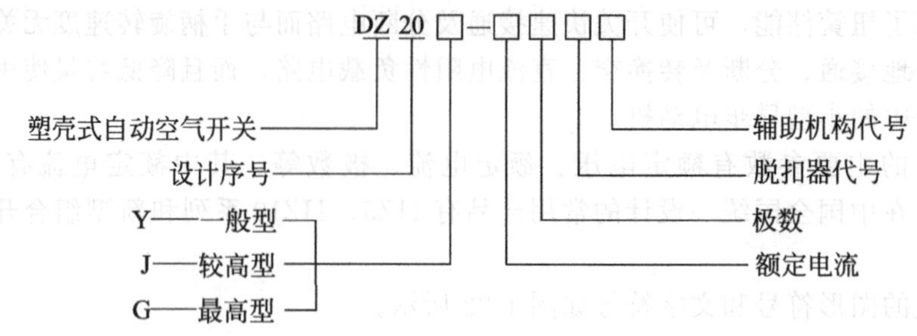

低压断路器的图形符号和文字符号如图 1-24 所示。

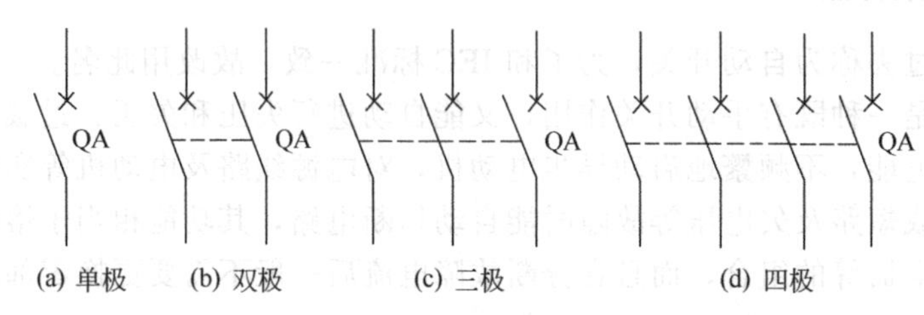

图 1-24　低压断路器的图形符号和文字符号

1.5.5　主令电器

主令电器是用来发布命令、改变控制系统工作状态的电器，它可以直接作用于控制电路也可以通过电磁式电器的转换对电路实现控制，其主要类型有控制按钮、行程开关、万能转换开关、主令控制器、脚踏开关等。

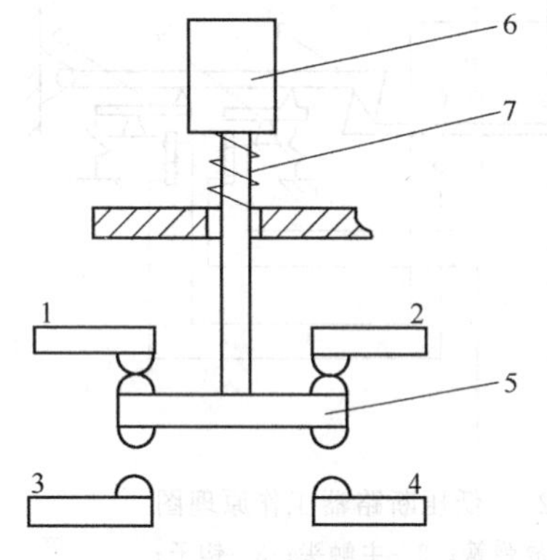

图 1-25　按钮开关结构示意图
1,2—常闭触头；3,4—常开触头；
5—桥式触头；6—按钮帽；
7—复位弹簧

(1) 控制按钮

按钮是最常用的主令电器，其典型结构如图 1-25 所示。它既有常开触头，也有常闭触头。常态时在复位弹簧的作用下，由桥式动触头将静触头 1、2 闭合，静触头 3、4 断开，当按下按钮时，桥式动触头将 1、2 分断，3、4 闭合。1、2 被称为常闭触头或动断触头，3、4 被称为常开或动合触头。

为了适应控制系统的要求，按钮的结构型式很多，如表 1-7 所示。

常用的按钮型号有 LA2、LA18、LA19、LA20 及新型号 LA25 等系列。引进生产的有瑞士 EAO 系列、德国 LAZ 系列等产品。其中 LA2 系列有一对常开和一对常闭触头，具有结构简单、动作可靠、坚固耐用的优点。LA18 系列按钮采用积木式结构，触头数量可按需要进行拼装。LA19 系列为按钮开关与信号灯的组合，按钮兼作信号灯灯罩，用透明塑料制成。

LA 系列按钮的型号意义：

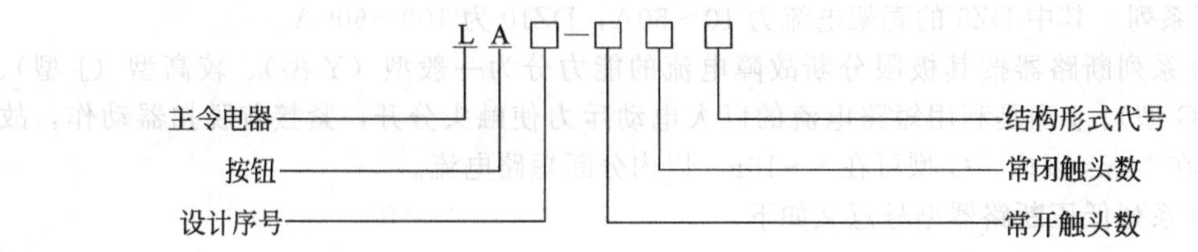

表 1-7　控制按钮主要结构

分类			代号	特点
安装方式	面板安装按钮			供开关板、控制台上安装固定用
	固定安装按钮			底部有安装固定孔
防护式	开启式按钮		K	无防护外壳适于嵌装在柜、台面板上
	保护式按钮		H	有防护外壳,可防止偶然触及带电部分
	防水式按钮		S	具有密封外壳,可防止雨水的侵入
	防腐式按钮		F	具有密封外壳,可防止腐蚀性气体侵入
操作方式	按压操作			按压操作
	旋转操作	手柄式	X	用手柄做旋转操作,有两位置或三位置
		钥匙式	Y	用钥匙插入后做旋转操作,可防止误操作
操作方式	拉式		L	用拉杆操作,有自锁和自动复位两种
	万向操纵杆式		W	操纵杆能以任何方向进行操作
复位性	自复按钮			外力释放后,按钮依靠弹簧作用恢复原位
	自持按钮			按钮内装有自持用电磁机构或机械机构,主要用作互通信号,一般为面板安装式
结构特征	一般式按钮			一般结构
	带灯按钮		D	按钮内装有信号灯,兼作信号指示
	紧急式按钮		J	一般有蘑菇头突出于外面,作紧急时切断电源用

为标明按钮的作用，避免误操作，通常将按钮帽做成红、绿、黑、黄、蓝、白、灰等颜色。国标 GB 5226—85 对按钮颜色做了如下规定。

①“停止”和“急停”按钮必须是红色。当按下红色按钮时，必须使设备停止工作或断电。

②“启动”按钮的颜色是绿色。

③“启动”与“停止”交替动作的按钮必须是黑色、白色或灰色，不得用红色和绿色。

④“点动”按钮必须是黑色。

⑤“复位”（如保护继电器的复位按钮）必须是蓝色。当复位按钮还有停止的作用时，则必须是红色。

按钮的图形符号和文字符号如图 1-26 所示。

(2) 行程开关与接近开关

行程开关又名限位开关、位置开关，它主要用于检测工作机械的位置，发出命令，以控制其运动方向或行程长短。

行程开关按结构分为机械结构的接触式有触点行程开关和电气结构的非接触式的接近开关。接触式行程开关靠移动物体碰撞行程开关的操动头而使行程开关的常开触头接通和常闭触头分断，从而实现对电路的控制作用，其结构如图 1-27 所示。

行程开关主要由三部分组成：操作机构、触头系统和外壳。行程开关种类很多，行程开关按外壳防护形式分为开启式、防护式及防尘式；按动作速度分为瞬动和慢动（蠕动）；按复位方式分为自动复位和非自动复位；按操作型式分为直杆式（柱塞式）、直杆滚轮式（滚轮柱塞式）、转臂式、方向式、叉式、铰链杠杆式等；按用途分为一般用途行程开关、起重设备用行程开关及微动开关等多种。

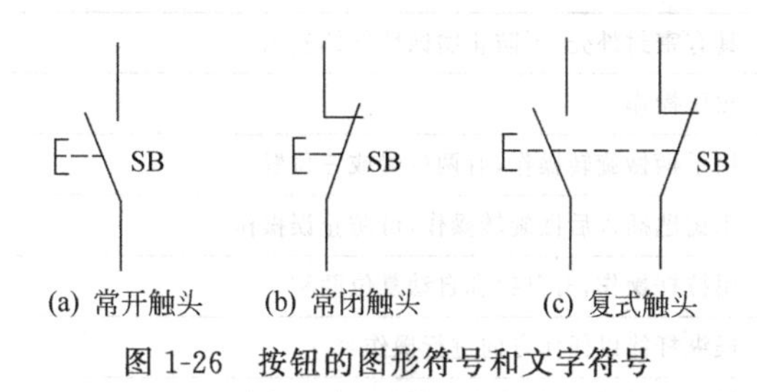

图 1-26 按钮的图形符号和文字符号

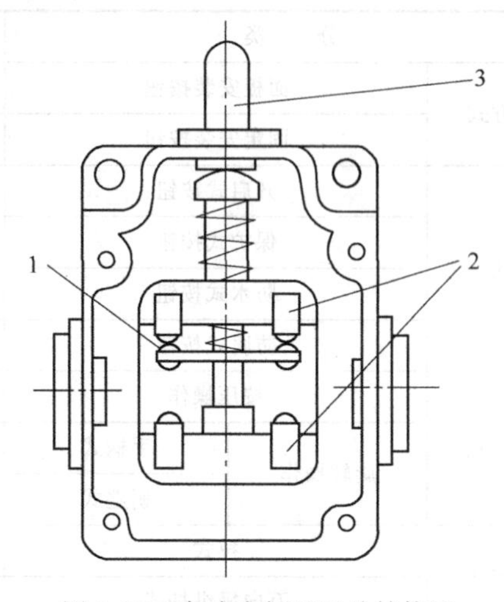

图 1-27 直动式行程开关结构图

1—动触头；2—静触头；3—推杆

常用行程开关的型号有 LX19 系列、新产品 LXK3 系列和 LXW5 系列微动开关等。行程开关的图形符号和文字符号如图 1-28 所示。

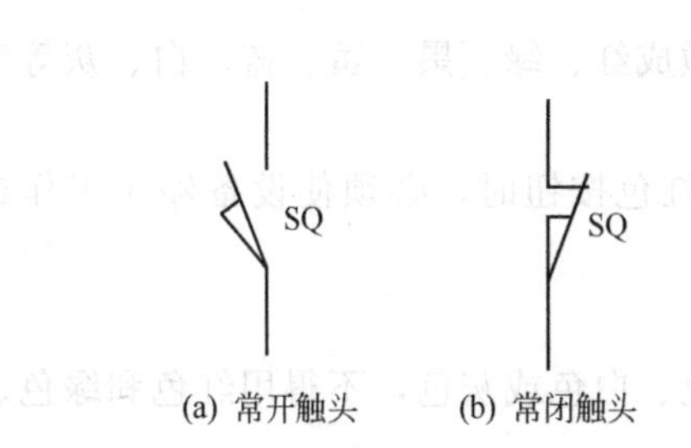

图 1-28 行程开关的图形符号和文字符号

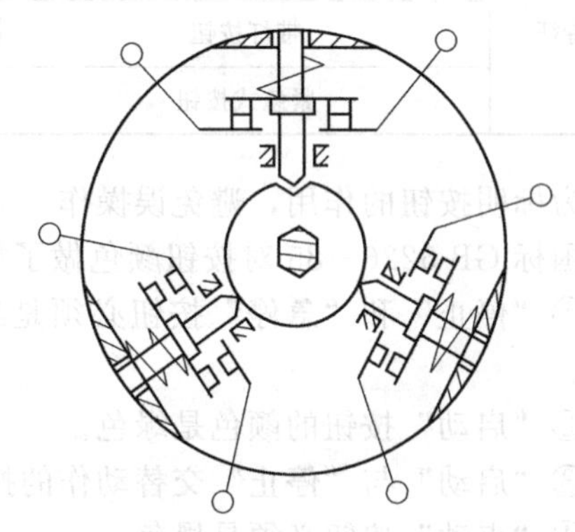

图 1-29 万能转换开关单层结构示意图

接近开关近年来获得广泛的应用，它是靠移动物体与接近开关的感应头接近时，使其输出一个电信号，故又称为无触头开关。在继电接触器控制系统中应用时，接近开关输出电路要驱动一个中间继电器，由其触头对继电接触器电路进行控制。

接近开关分为电容式和电感式两种，电感式的感应头是一个具有铁氧体磁芯的电感线圈，故只能检测金属物体的接近。常用的型号有 LJ1、LJ2 等系列。接近开关采用非接触型感应输入和晶体管作无触头输出及放大开关构成的开关，线路具有可靠性高、寿命长、操作频率高等优点。

电容式接近开关的感应头只是一个圆形平板电极，这个电极与振荡电路的地线形成一个分布电容，当有导体或介质接近感应头时，电容量增大而使振荡器停振，输出电路发出电信号。由于电容式接近开关既能检测金属，又能检测非金属及液体，因而应用得十分广泛，中国也有 LXJ15 系列和 TC 系列等产品。

(3) 万能转换开关

万能转换开关是一种多挡位、多段式、控制多回路的主令电器，当操作手柄转动时，带动开关内部的凸轮转动，从而使触头按规定顺序闭合或断开。万能转换开关一般用于交流500V、直流440V、约定发热电流20A以下的电路中，作为电气控制线路的转换和配电设备的远距离控制、电气测量仪表转换，也可用于小容量异步电动机、伺服电动机、微电动机的直接控制。常用的万能转换开关有LW5、LW6系列。

图1-29为LW6系列万能转换开关单层的结构示意图，它主要由触头座、操作定位机构、凸轮、手柄等部分组成，其操作位置有0～12个，触头底座有1～10层，每层底座均可装三对触头。每层凸轮均可做成不同形状，当操作手柄带动凸轮转到不同位置时，可使各对触头按设置的规律接通和分断，因而这种开关可以组成数百种线路方案，以适应各种复杂要求，故被称之为“万能”转换开关。

万能转换开关的手柄操作位置是以角度表示的。图1-30为转换开关的图形符号和文字符号。但由于其触点的分合状态与操作手柄的位置有关，所以，除在电路图中画出触点图形符号外，还应画出操作手柄与触点分合状态的关系。图中当万能转换开关打向左45°时，触点1-2、3-4、5-6闭合，触点7-8打开；打向0°时，只有触点5-6闭合，右45°时，触点7-8闭合，其余打开。

SA

45° 0° 45°

LW5-15D0403/2				
	触头编号	45°	0°	45°
	1–2	×		
	3–4	×		
	5–6	×	×	
	7–8			×

图1-30　转换开关的图形符号和文字符号

1.6 思考题与习题

1-1　试述单相交流电磁铁短路环的作用。

1-2　常用的灭弧方法有哪些？

1-3　从结构特征上怎样区分交流电磁机构和直流电磁机构？怎样区分电压线圈和电流线圈？电压线圈和电流线圈应如何接入电源电路？

1-4　两个110V的交流接触器同时动作时，能否将其两个线圈串联接到220V电路上？

1-5　试比较交流接触器线圈通电瞬间和稳定导通电流的大小，并分析其原因。

1-6　中间继电器与交流接触器有什么差异？在什么条件下中间继电器也可以用来启动电动机？

1-7　常用的低压刀开关有几种？

1-8　两台电动机不同时启动，一台电动机额定电流为14.8A，另一台电动机额定电流为6.47A，试选择用作短路保护熔断器的额定电流及熔体的额定电流。

1-9　在电动机主回路装有DZ20系列断路器，是否可以不装熔断器？分析断路器与刀开关及熔断器控制、保护方式的特点。

1-10 空气式时间继电器如何调节延时时间？JS7-A型时间继电器触头有哪几类？画出它们的图形符号。

1-11 电动机的启动电流很大，在电动机启动时，能否使按电动机额定电流整定的热继电器动作？为什么？

1-12 一台长期工作的三相交流异步电动机的额定功率13kW，额定电压380V，额定电流25.5A，试按电动机需要选择热继电器型号、规格。

1-13 说明熔断器和热继电器保护功能的不同之处。

1-14 按照国家标准规定，启动按钮与停止按钮是什么颜色？

1.7 课业

(1) 课业题目

我所认识的新型低压电器元件（电气设备）。

(2) 课业目标

了解新型低压电器的结构、实物、图片、工作原理、选用、拆装和维修技术。

(3) 课业实施

① 学生选题、分组阶段。学生分组查阅资料，确定拟详细了解和学习的新型低压电器元件（电气设备），并进行任务分解。

② 资料查询、学习阶段。资料查询或市场调研，然后小组成员对资料进行汇总、分析、讨论、整理，并形成总结报告，最后制作PPT，准备课业汇报与交流。

③ 课业交流讨论阶段。以课业小组为单位组织课业成果交流讨论，指导教师最后总结讲评。

④ 课业评价：课业成绩＝学生考评组评价(40%)＋ 教师考评(60%)。

项目2

三相交流异步电动机直接启动控制线路的安装与调试

2.1 项目目标

① 初步了解电气图的绘制方法，学会把电气原理图接成实际操作电路。
② 掌握电气元件的布置、安装及接线工艺。
③ 掌握电路的检查方法和通电试车的安全操作要求。
④ 了解分析和处理电路故障的方法。
⑤ 了解设计和分析简单电路的方法。

2.2 知识准备

2.2.1 电气制图及电气图

电气图是电气技术人员统一使用的工程语言。电气制图应根据国家标准，用规定的图形符号、文字符号以及规定的画法绘制。

2.2.1.1 电气图中的图形符号和文字符号

(1) 图形符号

国家标准中规定的图形符号基本与国际电工委员会（IEC）发布的有关标准相同。图形符号由符号要素、限定符号、一般符号以及常用的非电操作控制的动作符号（如机械控制符号等），根据不同的具体器件情况组合构成，国家标准除给出各类电气元件的符号要素、限定符号和一般符号以外，也给出了部分常用图形符号及组合图形符号示例。由于国家标准中给出的图形符号例子有限，实际使用中可通过已规定的图形符号适当组合进行派生。

(2) 文字符号

电气图基本文字符号有单字母符号和双字母符号，单字母符号表示电气设备、装置和元器件的大类，例如K为继电器类元件这一大类；双字母符号由一个表示大类的单字母与另一表示器件某些特性的字母组成，例如KA即表示继电器类器件中的中间继电器（或电流继电器），KM表示继电器类元件中控制电动机的接触器。

辅助文字符号用来进一步表示电气设备、装置和元器件的功能、状态和特征。

(3) 三相电气设备各接点标记

如图2-1所示的某机床电控系统电路图中：三相交流电源引入线采用L1、L2、L3标记，中性线采用N标记，保护接地用PE标记。

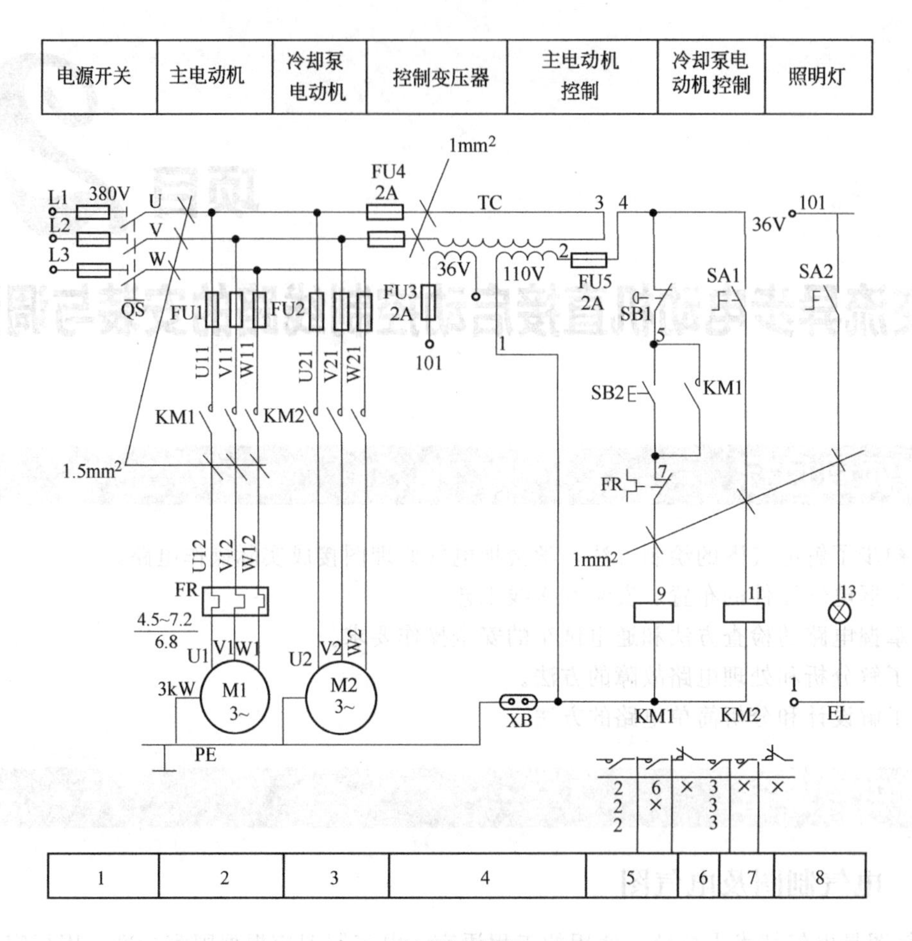

(a) 控制电路图

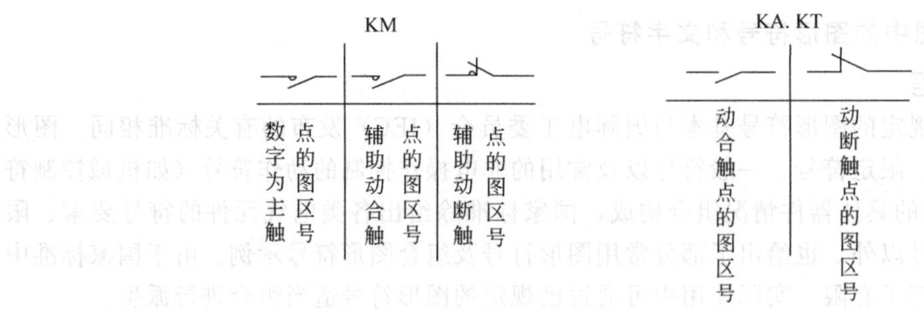

(b) 触点位置表示

图 2-1　某机床电控系统电路图

电源开关之后的三相交流电源主电路分别按 U、V、W 顺序标记。分级三相交流电源主电路采用 U1、V1、W1；U2、V2、W2 标记。

各电动机分支电路各接点标记，采用三相文字代号后面加数字来表示，数字中的十位数表示电动机代号，个位数字表示该支路各接点的代号，从上到下按数值大小顺序标记。

电动机绕组首端分别用 U、V、W 标记，尾端分别用 U′、V′、W′标记，双绕组的中点用 U″、V″、W″标记。

控制电路采用阿拉伯数字进行编号，一般由三位或三位以下的数字组成。标注方法按“等电位”原则进行，在垂直绘制的电路中，一般由上而下编号，凡是被触点、电路元件等隔离的线段，都应标以不同的电路标记。

2.2.1.2 电气图

按用途和表达方式的不同，电气图可分为以下几种。

(1) 电气系统图和框图

电气系统图和框图是用符号或带注释的框，概略表示系统的组成、各组成部分相互关系及其主要特征的图样，它比较集中地反映了所描述工程对象的规模。

(2) 电气原理图

① 绘制规则。电气原理图习惯上也称电路图，它是指用图形符号和项目代号表示电路和各个电器元件连接关系和电气工作原理的图。通过原理图，可详细地了解电路和设备电气控制系统的组成及工作原理，并可在测试和寻找故障时提供足够的信息，同时它也是编制接线图的重要依据。

原理图中的所有电气元件不画出实际外形图，而采用国家标准规定的图形符号和文字符号。原理图注重表示电气电路各电气元件间的连接关系，而不考虑其实际位置，甚至可以将一个元件分成几个部分绘于不同图纸的不同位置，但必须用相同的文字符号标注。

一般工厂设备的电路图绘制规则可简述如下。

- 电路绘制电路图中，一般主电路和控制电路分为两部分画出。主电路是设备的驱动电路，即从电源到电动机大电流通过的路径。控制电路由接触器和继电器线圈、各种电器的动合、动断触点组合构成控制逻辑，实现需要的控制功能。主电路、控制电路和其他辅助的信号照明电路和保护电路一起构成电控系统。
- 原理图中，各个电气元件和部件应根据便于阅读的原则安排。同一电气元件的各个部件可以不画在一起。
- 电路图中的电路可水平布置或者垂直布置。水平布置时电源线垂直画，其他电路水平画，控制电路中的耗能元件画在电路的最右端。垂直布置时，电源线水平画，其他电路垂直画，控制电路中的耗能元件画在电路的最下端。
- 图中元器件和设备的可动部分，都按没有通电和没有外力作用时的开闭状态画出。如继电器触点按吸引线圈不通电的状态画；主令控制器、万能转换开关按手柄处于零位时的状态画；按钮、行程开关的触点按不受外力作用时的状态画。
- 电气原理图中，有直接联系的交叉导线连接点，要用黑圆点表示。
- 电路图中技术数据的标注电路图中元器件的数据和型号，一般用小号字体标注在电器代号的下面，如图 2-1 中热继电器动作电流和整定值的标注。电路图中导线截面积也可如图标注。

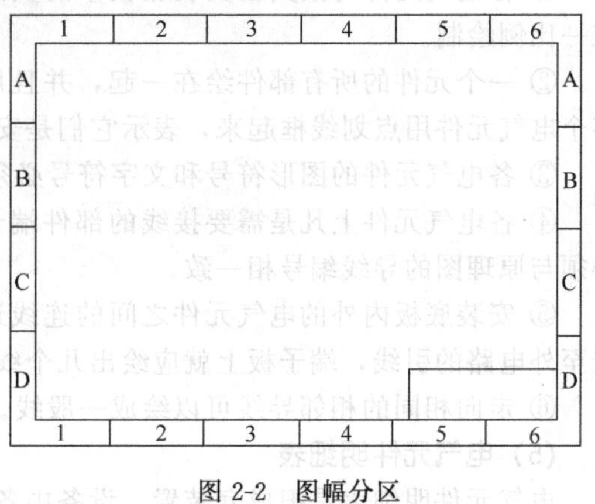

图 2-2　图幅分区

② 图幅分区和触点索引。为了便于确定图上的内容及各组成部分的位置以方便查找、补充和更改，可以在各种幅面的图纸上分区，见图 2-2。分区数应该是偶数。每一分区的长度一般不小于 25mm，不大于 75mm。每个分区内竖边方向用大写拉丁字

母，横边方向用阿拉伯数字分别编号。编号的顺序应从标题栏相对的左上角开始。分区代号用该区域的字母和数字表示，如B3、C5。

图幅分区后，相当于在图上建立了一个坐标。电路图常采用在图的下方沿横坐标方向划分的方式，并用数字标明图区，如图2-1所示，同时在图的上方沿横坐标方向划区，分别标明该区电路的功能。

元件的相关触点位置的索引用图号、页次和区号组合表示如下：

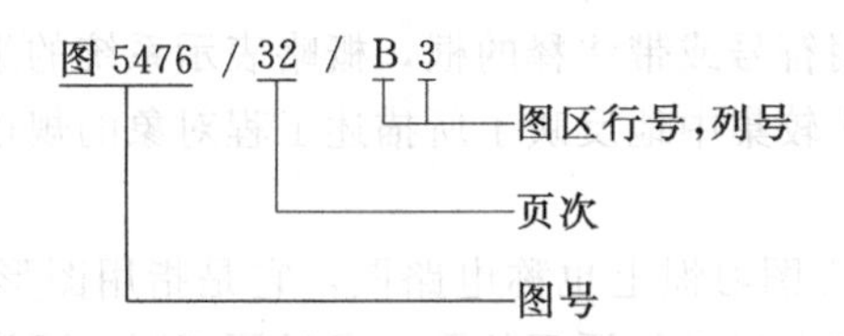

当某图号仅有一页图样时，只写图号和图区的行、列号（无行号时，只写列号），在只有一个图号多页图样时，则图号可省略，而元件的相关触点只出现在一张图样上时，只标出图区号（或列号）。

继电器和接触器的触点位置采用附图的方式表示，附图可画在电路图中相应线圈的下方，此时，可只标出触点的位置索引，也可画在电路图上其他地方。附图上的触点表示方法如图2-1(b)所示，其中触点图形符号可省略不画。

(3) 电气元件布置图

电气布置图中绘出机械设备上所有电气设备和电气元件的实际位置，是生产机械电气控制设备制造、安装和维修必不可少的技术文件。布置图根据设备的复杂程度可集中绘制在一张图上，或将控制柜、操作台的电气元件布置图分别绘出。绘制布置图时机械设备轮廓用双点划线画出，所有可见的和需要表达清楚的电气元件及设备，用粗实线绘出其简单的外形轮廓。

(4) 接线图

接线图中画出设备电控系统各单元和各元器件间的接线关系，并标注出所需数据，如接线端子号、连接导线参数等。接线图主要用于安装接线、线路检查、线路维护和故障处理，实际应用中通常与电路图和布置图一起使用。图2-3是根据图2-1机床电路图绘制的接线图。

图中标明了该机床电气控制系统的电源进线、用电设备和各电气元件之间的接线关系，并用虚线分别框出电气柜、操作台等接线板上的电气元件，画出虚线框之间的连接关系，同时还标出了连接导线的根数、截面积和颜色，以及导线保护外管的直径和长度。绘制安装接线图的绘制规则简述如下。

① 各电气元件均按其在安装底板中的实际安装位置绘出。元件所占图面按实际尺寸以统一比例绘制。

② 一个元件的所有部件绘在一起，并且用点画线框起来，即采用集中表示法。有时将多个电气元件用点划线框起来，表示它们是安装在同一安装底板上的。

③ 各电气元件的图形符号和文字符号必须与原理图一致，并符合国家标准。

④ 各电气元件上凡是需要接线的部件端子都应绘出，并予以编号，各接线端子的编号必须与原理图的导线编号相一致。

⑤ 安装底板内外的电气元件之间的连线通过接线端子板进行连接。安装底板上有几个接至外电路的引线，端子板上就应绘出几个线的接点。

⑥ 走向相同的相邻导线可以绘成一股线。

(5) 电气元件明细表

电气元件明细表是把成套装置、设备中各组成元件（包括电动机）的名称、型号、规格

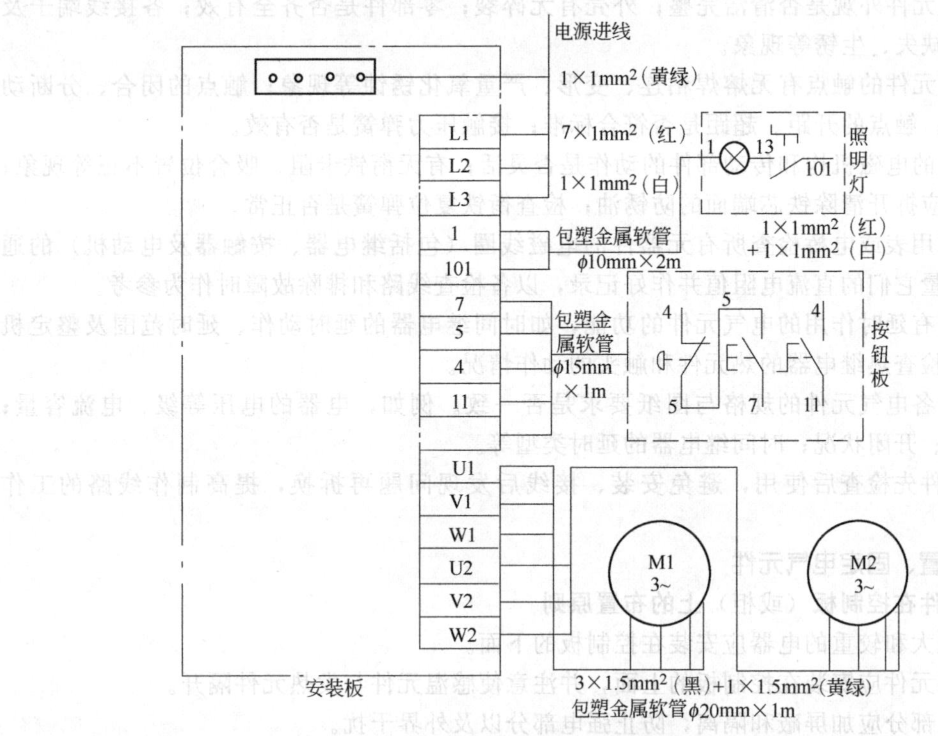

图 2-3　某机床电控系统接线图

和数量等列成表格，供准备材料及维修使用。

2.2.1.3　电气控制线路的制作步骤

根据电气原理图制作电动机控制线路，一般应按下面所述的步骤进行。

（1）绘制电气原理图

为了能顺利地安装接线、检查调试和排除线路故障，必须认真设计原理图。要弄清线路中各电气元件之间的控制关系及连接顺序；分析线路控制动作，以便确定检查线路的步骤方法；明确电气元件的数目、种类和规格；对于比较复杂的线路，应弄懂是由哪些基本环节组成的，并分析这些环节之间的逻辑关系。

为了方便线路投入运行后的日常维修和排除故障，必须按规定给原理图标注线号。应将主电路与辅助电路分开标注，各自从电源端起，各相线分开，依次标注到负荷端。标注时应做到：各段导线均有线号，并且一线一号、不得重复。

（2）绘制安装接线图

绘制安装接线图要注意不得违反安装规程。绘制好的接线图应对照原理图仔细核对，防止错画、漏画。避免给制作线路和试车过程造成麻烦。

（3）绘制元件明细表

对原理图中的电气元件按照技术要求进行选择，然后用表格的形式直观地表明控制线路所用的元件名称与电气符号、元件型号与规格、元件数量、在电路中的作用等，作为备料、维护之用。

（4）检查电气元件

安装接线前应对所使用的电气元件逐个进行检查，避免电气元件故障与线路错接、漏接造成的故障混在一起。对电气元件的检查主要包括以下几个方面。

① 电气元件外观是否清洁完整；外壳有无碎裂；零部件是否齐全有效；各接线端子及紧固件有无缺失、生锈等现象。

② 电气元件的触点有无熔焊粘连、变形、严重氧化锈蚀等现象；触点的闭合、分断动作是否灵活；触点的开距、超距是否符合标准；接触压力弹簧是否有效。

③ 电气的电磁机构和传动部件的动作是否灵活；有无衔铁卡阻、吸合位置不正等现象；新品使用前应拆开清除铁芯端面的防锈油；检查衔铁复位弹簧是否正常。

④ 用万用表或电桥检查所有元器件的电磁线圈（包括继电器、按触器及电动机）的通断情况，测量它们的直流电阻值并作好记录，以备检查线路和排除故障时作为参考。

⑤ 检查有延时作用的电气元件的功能，如时间继电器的延时动作、延时范围及整定机构的作用；检查热继电器的热元件和触头的动作情况。

⑥ 核对各电气元件的规格与图纸要求是否一致。例如，电器的电压等级、电流容量；触点的数目、开闭状况；时间继电器的延时类型等。

电气元件先检查后使用，避免安装、接线后发现问题再拆换，提高制作线路的工作效率。

(5) 布置、固定电气元件

电气元件在控制板（或柜）上的布置原则

① 体积大和较重的电器应安装在控制板的下面。

② 发热元件应安装在控制板的上面，并注意使感温元件与发热元件隔开。

③ 弱电部分应加屏蔽和隔离，防止强电部分以及外界干扰。

④ 需要经常维护检修、操作调整用的电器（例如，可调电阻、熔断器等），安装位置不宜过高或过低。

⑤ 应尽量把外形及结构尺寸相同的电气元件安装在一排，以利于安装和补充加工，而且宜于布置整齐美观。

⑥ 考虑电气维修，电气元件的布置和安装不宜过密，应留有一定的空间位置，以利于操作。

⑦ 电器布置应适当考虑对称，可从整个安装面板考虑对称，也可从某一部分布置考虑对称。

电气元件的相互位置

各电气元件在控制板上的大体安装位置确定之后，就可着手具体确定各电器之间的距离，它们之间的距离应从以下几方面考虑。

① 电器之间的距离应便于操作和检修。

② 应保证各电器的电气距离，包括漏电距离和电气间隙。这些数据可从各标准中查阅。

③ 应考虑有些电器的飞弧距离，例如断路器、接触器等在断开负载时形成电弧将使空气电离，所以在这些地方其电气距离应增加。

固定电气元件

① 定位。将电气元件摆放在确定好的位置后，用尖锥在安装孔中心作好记号。元件应排列整齐，以保证连接导线做得横平竖直、整齐美观，同时尽量减少弯折。

② 打孔。用手钻在作好的记号处打孔，孔径应略大于固定螺钉的直径。

③ 固定。板上所有的安装孔均打好后，用螺钉将电气元件固定在安装底板上。

固定元器件时，应注意在螺钉上加装平垫圈和弹簧垫圈。紧固螺钉时将弹簧垫圈压平即可，不要过分用力。防止用力过大将元件的塑料底板压裂造成损失。

若用不锈钢万能网孔板，则无需打孔，用螺钉将电气元件固定在安装底板上即可。

（6）照图接线

接线时，必须按照接线图规定的走线方位进行。一般从电源端起按线号顺序布线，先做主电路，然后做辅助电路。

接线前应做好准备工作：按主电路、辅助电路的电流容量选好规定截面的导线；准备适当的线号管；使用多股线时应准备烫锡工具或压接钳。

接线应按以下的步骤进行。

① 选适当截面的导线，按接线图规定的方位，在固定好的电气元件之间测量所需要的长度，截取适当长短的导线，剥去两端绝缘外皮。为保证导线与端子接触良好，要用电工刀将芯线表面的氧化物刮掉；使用多股芯线时要将线头绞紧，必要时应烫锡处理。

② 走线时应尽量避免导线交叉。先将导线校直，把同一走向的导线汇成一束，依次弯向所需的方向。走线应做到横平竖直、拐直角弯。做线时要将拐角做成90°的“慢弯”，导线的弯曲半径为导线直径的3～4倍，不要将导线做成“死弯”，以免损坏绝缘层和损伤线芯。做好的导线束用铝线卡（钢精轧头）垫上绝缘物卡好。

③ 将成型好的导线套上写好的线号管，根据接线端子的情况，将芯线煨成圆环或直接压进接线端子。

④ 接线端子应紧固好，必要时加装弹簧垫圈紧固，防止电器动作时因振动而松脱。

接线过程中注意对照图纸核对，防止错接。必要时用试灯、蜂鸣器或万用表校线。同一接线端子内压接两根以上导线时，可以只套一个线号管；导线截面不同时，应将截面大的放在下层，截面小的放在上层。所使用的线号要用不易退色的墨水（可用环乙酮与龙胆紫调合），用印刷体工整地书写，防止检查线路时误读。

（7）检查线路

制作好的控制线路必须经过认真的检查后才能通电试车，以防止错接、漏接及电器故障引起线路动作不正常，甚至造成短路事故。检查线路应按以下步骤进行。

① 核对接线。对照原理图、接线图，从电源端开始逐段核对端子接线的线号，排除漏接、错接现象。重点检查辅助电路中易错接处的线号，还应核对同一根导线的两端是否错号。同时，还应检查异步电动机绕组的联接方式是否正确。

② 检查端子接线是否牢固。检查所有端子上接线的接触情况，用手一一摇动、拉拔端子上的接线，不允许有松脱现象，避免通电试车时因虚接造成麻烦，将故障排除在通电之前。

③ 万用表导通法检查。这是在控制线路不通电时，用手动来模拟电器的操作动作，用万用表测量线路通断情况的检查方法。应根据线路控制动作来确定检查步骤和内容；根据原理图和接线图选择测量点。先断开辅助电路，以便检查主电路的情况，然后再断开主电路，以便检查辅助电路的情况。主要检查下述内容。

• 主电路不带负荷（电动机）时相间绝缘情况；接触器主触点接触的可靠性；正反转控制线路的电源换相线路及热继电器热元件是否良好、动作是否正常等。

• 辅助电路的各个控制环节的动作情况及可靠性；与设备的运动部件联动的元件（如行程开关、速度继电器等）动作的正确性和可靠性；保护电器（如热继电器触点）动作的准确性等情况。

（8）试车与调整

为保证初学者的安全，通电试车必须在指导老师的监护下进行。试车前应做好准备工作，包括：清点工具；清除安装底板上的线头杂物；装好接触器的灭弧罩；检查各组熔断器的熔体；分断各开关，使按钮处于未操作前的状态；检查三相电源是否对称等。然后按下述的步骤通电试车。

① 空操作试验　先切除主电路（一般可断开主电路熔断器），装好辅助电路熔断器，接通三相电源，使线路不带负荷（电动机）通电操作，以检查辅助电路工作是否正常。操作各按钮检查它们对接触器、继电器的控制作用；检查接触器的自锁等控制作用。还要观察各电器操作动作的灵活性，注意有无卡住或阻滞等不正常现象；细听电器动作时有无过大的振动噪声；检查有无线圈过热等现象。

② 带负荷试车　控制线路经过数次空操作试验动作无误，即可切断电源，接通主电路，带负荷试车。电动机启动前应先作好停车准备，启动后要注意它的运行情况。如果发现电动机启动困难、发出噪声及线圈过热等异常现象，应立即停车，切断电源后进行检查。

试车运转正常后，可投入正常运行。

2.2.2　三相异步电动机直接启动控制

(1) 点动控制

机械设备手动控制间断工作，即按下启动按钮，电动机转动，松开按钮，电动机停转，这种控制方式称为点动。电动机的点动控制线路是最简单的控制线路，图 2-4 为电动机的点动控制线路。图中 SB 为启动按钮，主电路刀开关 QS 起隔离作用，熔断器 FU 起短路保护作用，接触器 KM 的主触点控制电动机启动、运行和停车。

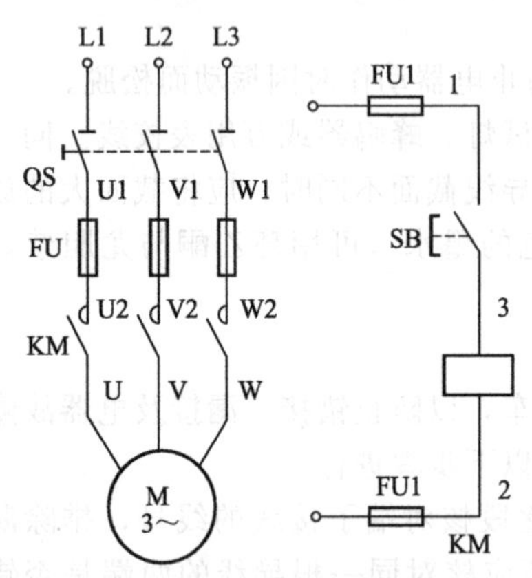

图 2-4　电动机的点动控制线路

合上电源开关 QS，当按下启动按钮 SB 时，接触器 KM 线圈通电吸合，接触器 KM 主触点闭合，电动机 M 启动运转。松开按钮 SB 时，接触器 KM 线圈断电释放，接触器 KM 主触点断开，电动机 M 停止运转。

(2) 长动控制（自锁控制）

机械设备长时间运转，即电动机持续工作，称为长动，即需采用电动机的自锁控制方式。图 2-5 为电动机的自锁控制线路，也是最简单的电动机启、停控制线路。图中热继电器 FR 用作过载保护。

合上电源开关 QS，当按下启动按钮 SB2 时，接触器 KM 线圈通电吸合，接触器 KM 主触点闭合，电动机 M 启动运转。松开按钮 SB2 时，SB2 自动复位，接触器 KM 仍可通过其动合辅助触点继续供电，从而保证电动机的连续运行。这种依靠接触器自身辅助触点而使其线圈保持通电的现象，称为自锁或自保持，也叫做电动机的长动控制。这个起自锁作用的辅助触点，称为自锁触点。

当电动机需要停止时，按下停止按钮 SB1，KM 线圈断电，KM 主触点、动合辅助触点都断开，切断主电路和控制电路，电动机停止运转。

该电路中设置的保护环节有：

① 由熔断器实现的短路保护；

② 由热继电器实现的过载保护；

③ 由接触器对电路实现欠压和失压保护。当电源电压降低或失压时，接触器电磁吸力急剧下降或消失，衔铁释放，其主触点和常开触点断开，电动机停止运转；而当电源电压恢复正常时，电动机不会自行启动，避免事故的发生。因此，具有自锁的控制电路具有欠压和失压保护。

当机械设备要求既能正常持续工作，又能点动控制时，电路必须同时具有自锁和点动的

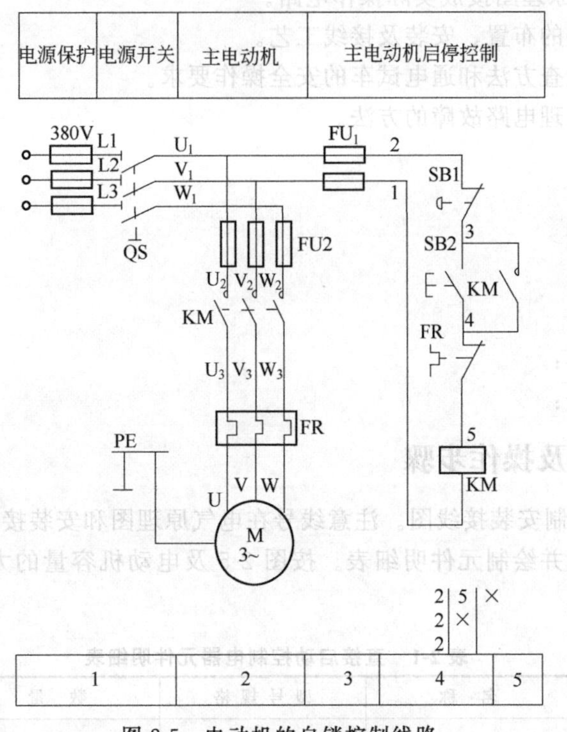

图 2-5　电动机的自锁控制线路

控制功能。具有自锁与点动控制功能的电路如图 2-6 所示。

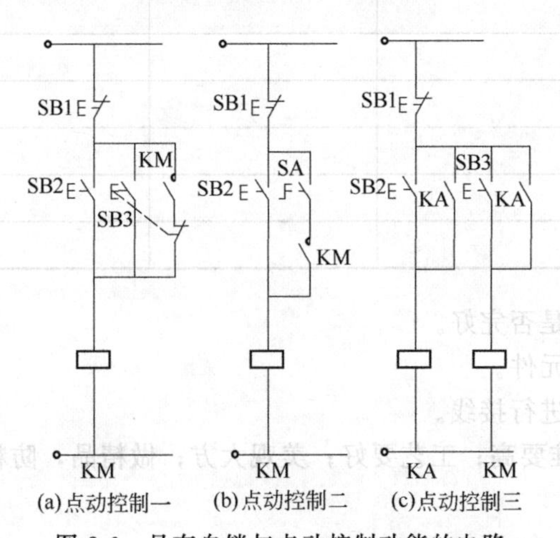

图 2-6　具有自锁与点动控制功能的电路

图 2-6(a) 是用复合按钮 SB3 实现点动控制，SB2 实现自锁控制。图（b）是用选择开关 SA 选择点动控制或者自锁控制。图（c）是用中间继电器 KA 实现的自锁控制。

2.3 项目训练——三相交流异步电动机直接启动控制线路的安装与调试

2.3.1　训练目的

① 通过对三相交流异步电动机直接启动控制线路的安装与接线，初步了解电气图的绘

制方法，学会把电气原理图接成实际操作电路。

② 掌握电气元件的布置、安装及接线工艺。

③ 掌握电路的检查方法和通电试车的安全操作要求。

④ 了解分析和处理电路故障的方法。

2.3.2 训练器材

① 网孔板：1块

② 电气元件：1套

③ 导线：若干

④ 常用电工工具：1套

⑤ 数字式万用表：1个

2.3.3 训练内容及操作步骤

① 依据图2-5绘制安装接线图。注意线号在电气原理图和安装接线图中要一致。

② 电气元件选型并绘制元件明细表。按图2-5及电动机容量的大小选择电器元件，并填写在表2-1中。

表2-1 直接启动控制电器元件明细表

电气符号	名 称	型号规格	数 量	作 用

③ 检查各电气元件是否完好。

④ 布置、固定电气元件。

⑤ 依照安装接线图进行接线。

布线总体要求：标准要高；工艺要好；美观大方；做精品，防粗制滥造。

⑥ 检查线路。

⑦ 试车与调整。

- 空操作试验。
- 带负荷试车。

2.3.4 注意事项

① 通电试车过程中，必须保证学生的人身和设备的安全，在教师指导下规范操作，学生不得私自通电。

② 熟悉操作过程，明确每个操作的目的和正确的控制效果。

③ 试车结束后，应先切断电源，再拆除接线及负载。

2.3.5 思考和讨论

① 如果热继电器动作后没有复位，会出现什么情况？为什么？

② 按下启动按钮 SB2，电动机发出嗡嗡声，不能正常启动。分析可能的故障原因，给出故障处理办法。

2.4 项目考评

控制线路安装与调试考核配分及评分标准如表 2-2 所示。

表 2-2 控制线路安装与调试考核配分及评分标准

项目	技术要求	配分	评分标准	扣分	得分
元件选择	合理选择电器元件	10 分	每错选一件扣 1 分		
	正确填写元件明细表		每错填一件扣 1 分		
元件安装	元件质量检查	15 分	因元件质量问题影响通电一次不成功扣 5 分		
	按元件布置图安装		不按元件布置图安装扣 5 分		
	元件固定牢固、整齐		元件松动、不整齐，每处扣 1 分		
	保持元件完好无损		损坏元件，每件扣 5 分		
线路敷设	按接线图布线	35 分	不按接线图布线扣 15 分		
	线路敷设整齐、横平竖直，尽量不交叉、不跨接		每处不合格扣 2 分		
	导线压接紧固、规范，不伤线芯		导线压接松动、线芯裸露过长、压绝缘层、伤线芯，每处扣 1 分		
	编码套管齐全		每处缺一个扣 0.5 分		
通电试车	正确整定热继电器整定值	40 分	不会或未整定扣 5 分		
	正确选配熔芯		配错熔芯扣 5 分		
	通电前电源线和电动机线的接线、通电后的拆线顺序规范正确		每错一次扣 5 分		
	通电一次成功		一次不成功扣 15 分 二次不成功扣 30 分 三次不成功本项不得分		
	安全文明操作		违反安全操作规程扣 10～40 分		
时限	在规定时间内完成		每超时 10min 扣 5 分		
合计		100 分			

2.5 项目拓展

(1) 多地点与多条件控制

在大型设备上，为了操作方便，常要求能多个地点进行控制操作；在某些机械设备上，为保证操作安全，需要多个条件满足，设备才能开始工作，这样的控制要求可通过在电路中串联或并联电器的动断触点和动合触点来实现。

图 2-7(a) 为多地点操作控制线路。SB2、SB3、SB4 的动合触点任一个闭合，可接通

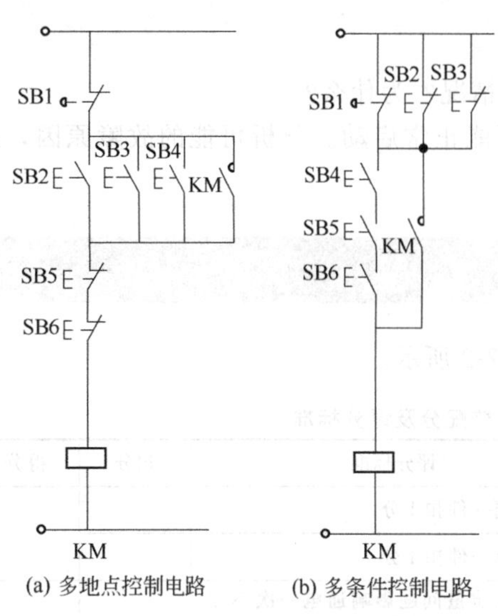

(a) 多地点控制电路 (b) 多条件控制电路

图 2-7 多地点和多条件控制电路

KM线圈；SB1、SB5、SB6的动断触点任一个打开，即可切断电路。

图 2-7(b) 为多条件操作控制线路。SB4、SB5、SB6的动合触点全部闭合，才能接通KM线圈；SB1、SB2、SB3的动断触点全部打开，才可切断电路。

(2) 顺序控制

实际生产中，有些设备常要求电动机按一定的顺序启动或停止，如铣床工作台的进给电动机必须在主轴电动机已启动工作的条件下才能启动工作，自动加工设备必须在前一工步已完成或转换控制条件已具备，方可进入新的工步。控制设备完成这样顺序起停控制电动机的电路，称为顺序联锁控制，顺序联锁控制也叫条件控制。

图 2-8为两台电动机顺序启动的控制线路。KM1是液压泵电动机M1的启动控制接触器，KM2控制主轴电动机M2。工作时，KM1线圈得电，其主触点闭合，液压泵电动机启动以后，满足KM2线圈通电工作的条件，KM2可控制主轴电动机启动工作。在图 2-8(a) 中，KM2线圈电路由KM1线圈电路起停控制环节之后接出。当启动按钮SB2压下，KM1线圈得电，其辅助动合触点闭合自锁，使KM2线圈通电工作条件满足，此时通过主轴电动机的

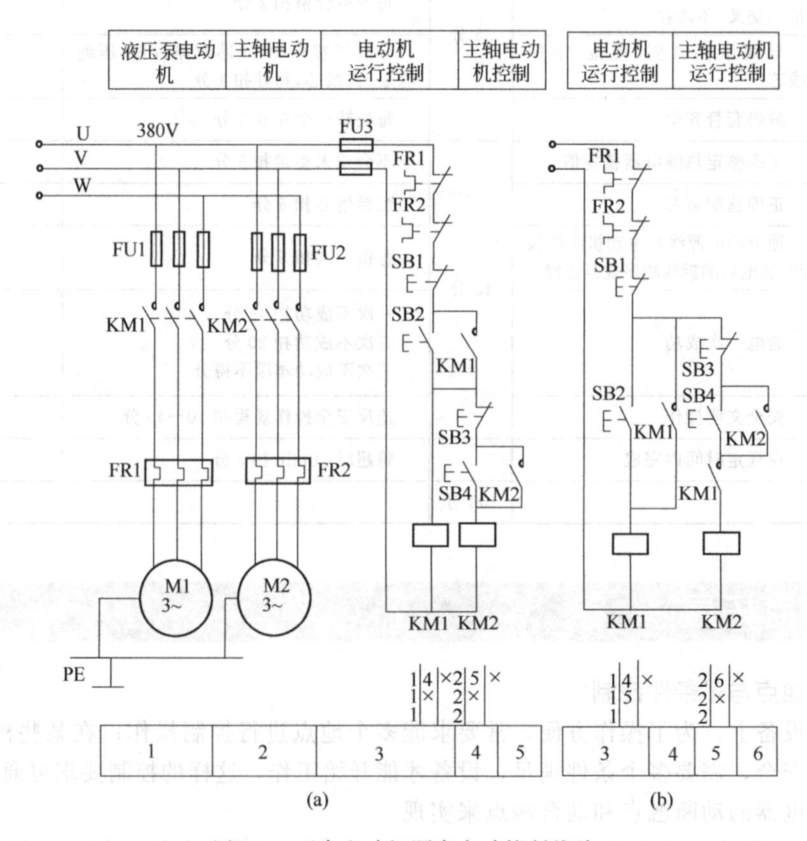

(a) (b)

图 2-8 两台电动机顺序启动控制线路

启、停控制按钮 SB4 与 SB3 控制 KM2 线圈电路的通断电，从而控制主轴电动机启动和停车。

在图 2-8(b) 中，KM1 线圈电路与 KM2 线圈电路单独构成，KM1 的辅助动合触点作为控制条件串接在 KM2 线圈电路中，只有 KM1 线圈得电，该辅助动合触点闭合，液压泵 M1 电动机已启动工作的条件满足后，KM2 线圈方可启动。

2.6 思考题与习题

2-1 长动与点动的区别是什么？

2-2 动合触点串联或并联，在电路中起什么样的控制作用？动断触点串联或并联起什么控制作用？

2-3 设计一个控制电路，要求第一台电动机启动后，第二台电动机才能够启动。停车时，第二台电动机停车后，第一台电动机才能够停车。画出主电路和控制电路，并设置必要的保护环节。

项目3

三相交流异步电动机Y-△降压启动控制线路的安装与调试

3.1 项目目标

① 熟练掌握各种降压启动控制线路的工作原理、动作过程、控制特点及其应用。
② 掌握电气图的绘制方法，学会把电气原理图接成实际操作电路。
③ 熟练掌握电气元件的布置、安装及接线工艺。
④ 熟练掌握电路的检查方法和通电试车的安全操作要求。
⑤ 掌握分析和处理电路故障的方法。
⑥ 具备设计和分析简单电路的能力。

3.2 知识准备

(1) 笼型异步电动机的启动控制

电动机启动是指电动机的转子由静止状态变为正常运转状态的过程。笼型异步电动机有两种启动方式，即直接启动和降压启动。直接启动也叫全压启动。电动机直接启动时的启动电流很大，约为额定值的4～7倍，过大的启动电流一方面会引起供电线路上很大的压降，影响线路上其他用电设备的正常运行，另一方面电动机频繁启动会严重发热，加速线圈老化，缩短电动机的寿命。因而对容量较大的电动机，采用减压（降压）启动，以减小启动电流。采用何种启动方式，可由经验公式判别，若满足下式即可直接启动。

$$\frac{I_{st}}{I_N} \leqslant \frac{3}{4} + \frac{P_s}{4P_N}$$

式中 I_{st}——电动机启动电流，A；
I_N——电动机额定电流，A；
P_s——电源容量，kV·A；
P_N——电动机额定功率，kW。

有时为了减小和限制启动时对机械设备的冲击，即使允许直接启动，也往往采用降压启动。

(2) 笼型异步电动机直接启动控制

对容量较小，满足上式给出的条件，并且工作要求简单的电动机，如小型台钻、砂轮机、冷却泵的电动机，可用手动开关在主电路中接通电源直接启动。一般中小型机床的主电机采用接触器直接启动，如图2-5所示控制电路。

(3) 笼型异步电动机降压启动控制

降压启动是指在启动时，在电源电压不变的情况下，通过某种方法（改变连接方式或增加启动设备），降低加在电动机定子绕组上的电压，待电动机启动后，再将电压恢复到额定值。因为电动机的启动电流与电压成正比，所以降低启动电压可以减小启动电流。但电动机的转矩与电压的平方成正比，所以启动转矩也大为降低，因而降压启动只适用于对启动转矩要求不高或空载、轻载下启动的设备。笼型异步电动机常用的降压启动方式有Y-△（星形-三角形）降压启动、定子串电阻降压启动、定子串自耦变压器降压启动和延边三角形降压启动。

(4) 星形-三角形降压启动控制电路

中国采用的电网供电电压为380V，因此，电动机启动时接成Y连接，电压降为额定电压的1/3，正常运转时换接成△连接。由电工知识可知：

$$I_{\triangle L}=3I_{YL}$$

因此，连接时，启动电流仅为△连接时的1/3，相应的启动转矩也是△连接时的1/3。因此，Y-△仅适用于空载或轻载下的启动。现在生产的笼型异步电动机功率在4.0kW以上者均为380V/660V，△/Y连接，在需要降压启动时均可采用Y-△启动。

Y-△降压启动用于定子绕组在正常运行时接为三角形的电动机，在电动机启动时，定子绕组首先接成星形，至启动即将完成时再换接成三角形。图3-1是Y-△降压启动的控制电路，图中主电路由三组接触器主触点分别将电动机的定子绕组接成三角形和星形，即KM1、KM3线圈得电，主触点闭合时，绕组接成星形；KM1、KM2主触点闭合时，接为三角形。两种接线方式的切换需在极短的时间内完成，在控制电路中是采用时间继电器按时间原则，定时自动切换。

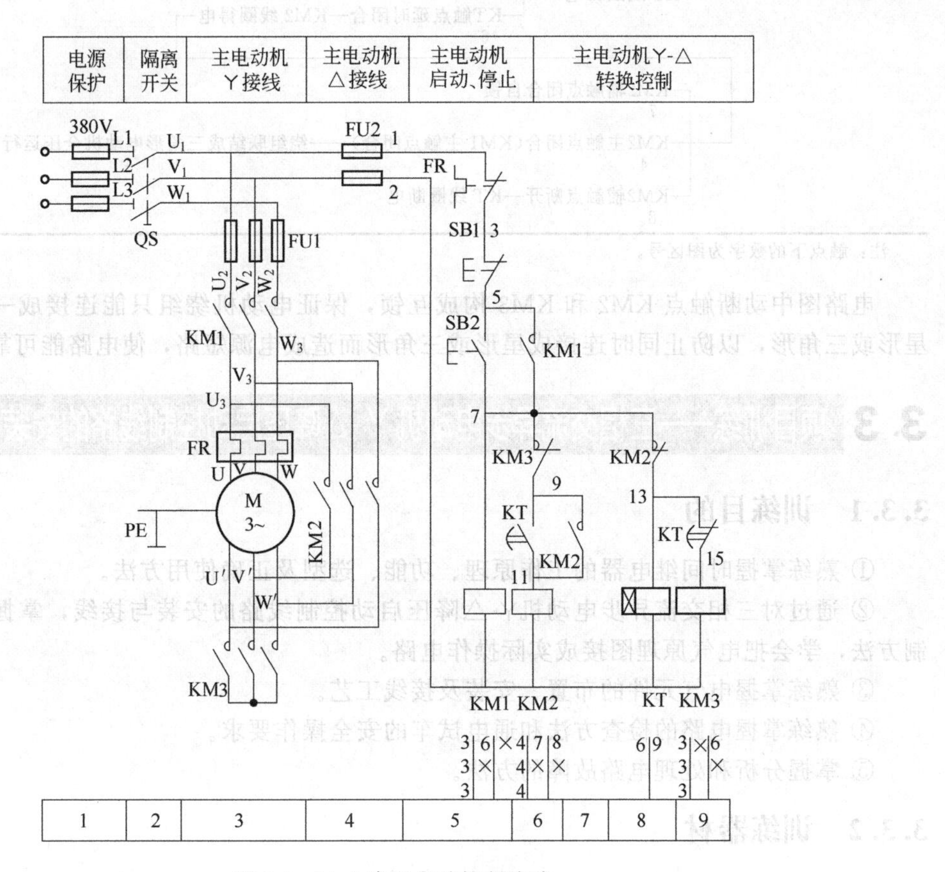

图3-1 Y-△降压启动控制线路

控制电路的逻辑表达式为

$$KM1=\overline{FR}\cdot\overline{SB1}\cdot(SB2+KM1)$$

$$KM2=\overline{FR}\cdot\overline{SB1}\cdot(SB2+KM1)\cdot\overline{KM3}\cdot(KT+KM2)$$

$$KM3=\overline{FR}\cdot\overline{SB1}\cdot(SB2+KM1)\cdot\overline{KM2}\cdot KT$$

$$KT=\overline{FR}\cdot\overline{SB1}\cdot(SB2+KM1)\cdot\overline{KM2}$$

由逻辑函数表达式可看出各个线圈通断电的控制条件，例如KM1线圈的切断条件有两个，即当电动机超载时热继电器的动断触点断开，切断电路或者是停车时按下停车按钮SB1，接通条件是启动按钮SB2压下，或者自锁触点KM1闭合。

控制电路的逻辑表达式用于分析电路的控制条件，电路的工作过程可通过电器动作顺序表来描述。表3-1描述了星形-三角形降压启动控制电路的工作过程，当启动按钮SB2压下时，电器的动作顺序如表3-1所示。

表3-1 Y-△降压启动控制电路电器动作顺序表

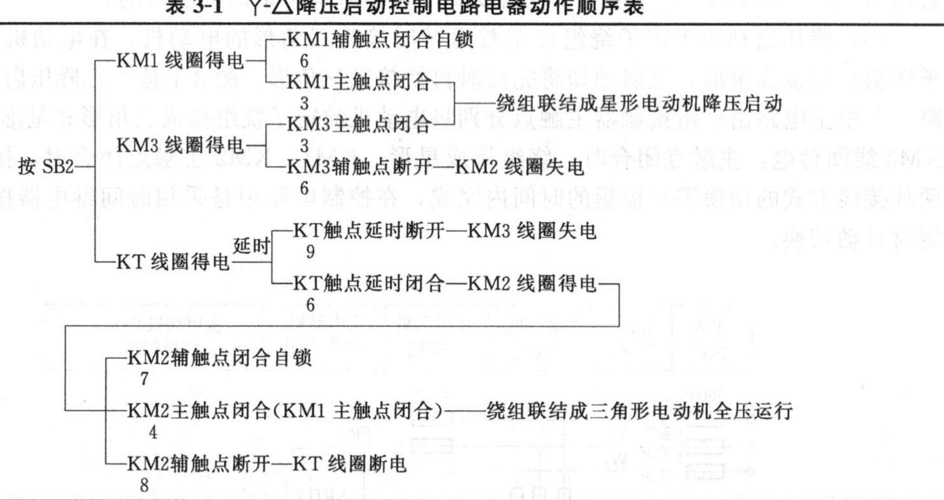

注：触点下的数字为图区号。

电路图中动断触点KM2和KM3构成互锁，保证电动机绕组只能连接成一种形式，即星形或三角形，以防止同时连接成星形或三角形而造成电源短路，使电路能可靠工作。

3.3 项目训练——三相交流异步电动机Y-△降压启动控制线路的安装与调试

3.3.1 训练目的

① 熟练掌握时间继电器的工作原理、功能、选型及正确使用方法。

② 通过对三相交流异步电动机Y-△降压启动控制线路的安装与接线，掌握电气图的绘制方法，学会把电气原理图接成实际操作电路。

③ 熟练掌握电气元件的布置、安装及接线工艺。

④ 熟练掌握电路的检查方法和通电试车的安全操作要求。

⑤ 掌握分析和处理电路故障的方法。

3.3.2 训练器材

① 网孔板： 1块

② 电气元件：1套

③ 导线：若干

④ 常用电工工具：1套

⑤ 数字式万用表：1个

3.3.3 训练内容及操作步骤

① 依据图3-1绘制安装接线图。注意线号在电气原理图和安装接线图中要一致。

② 电气元件选型并绘制元件明细表。按图3-1及电动机容量的大小选择电器元件，并填写在表3-2中。

表3-2 Y-△降压启动控制电器元件明细表

电气符号	名 称	型号规格	数 量	作 用

③ 检查各电气元件是否完好。

④ 布置、固定电气元件。

⑤ 依照安装接线图进行接线。布线总体要求：标准要高；工艺要好；美观大方；做精品，防粗制滥造。

⑥ 检查线路。

⑦ 试车与调整。

- 调节KT的延时螺钉，以调整使电动机平稳启动的整定时间。
- 空操作试验。
- 带负荷试车。

3.3.4 注意事项

① 接线前应查看电动机的铭牌，确认所使用电动机可以采用Y-D降压启动方式。

② 控制电路中的电气联锁触头不能接错或漏接，以免主回路发生相间短路。应特别注意KM3的主触头与电动机引出线间的连接。应先核查电动机引出线并做好标记，再按图接线，以免因接线错误而使电动机损坏。

③ 接线和调整时间继电器前，应了解所用时间继电器的结构、接线规定和调整方法。时间继电器动作时间应按电动机的启动时间整定。实际运行时，Y-D降压启动线路的转换时间需要根据电动机工作电流的情况和转速进行调试。

④ 通电试车过程中，必须保证学生的人身和设备的安全，在教师指导下规范操作，学生不得私自通电。

⑤ 熟悉操作过程，明确每个操作的目的和正确的控制效果。

⑥ 试车结束后，应先切断电源，再拆除接线及负载。

3.3.5 思考和讨论

① 指出控制电路中时间继电器起何作用？该电路采用的是通电延时继电器还是断电延时继电器？

② 调节时间继电器的动作时间，观察时间继电器动作时间对电动机启动过程的影响。

③ 若在训练中发生故障，写出故障现象，并分析可能的故障原因及故障排除方法。

3.4 项目考评

控制线路安装与调试考核配分及评分标准同表 2-2。

3.5 项目拓展

3.5.1 定子串电阻（电抗器）降压启动

控制电路电动机串电阻降压启动是电动机启动时，在三相定子绕组中串接电阻分压，使定子绕组上的压降降低，启动后再将电阻短接，电动机即可在全压下运行。但是，串电阻启动时，一般允许启动电流为额定电流的 2～3 倍，降压启动时加在定子绕组上的电压为全电压的 1/2，启动转矩为额定转矩的 1/4，启动转矩小。因此，串接电阻降压启动仅适用于对启动转矩要求不高的生产机械上。另外，由于存在启动电阻，将使控制柜体积增大，电能损耗大。对于大容量电动机，往往采用串接电抗器来实现降压启动。

图 3-2 给出了串电阻降压启动的控制电路。图中主电路由 KM1、KM2 两组接触器主触点构成串电阻接线和短接电阻接线，并由控制电路按时间原则实现从启动状态到正常工作状

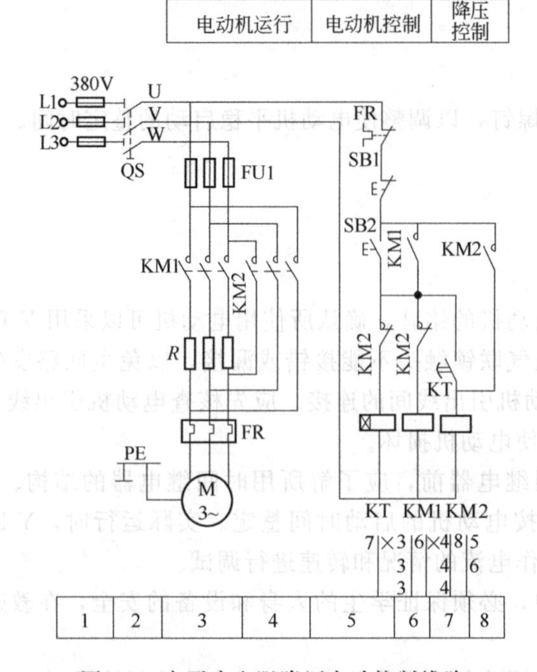

图 3-2 定子串电阻降压启动控制线路

态的自动切换。工作过程如电器动作顺序表 3-3 所示。

表 3-3　电器动作顺序表

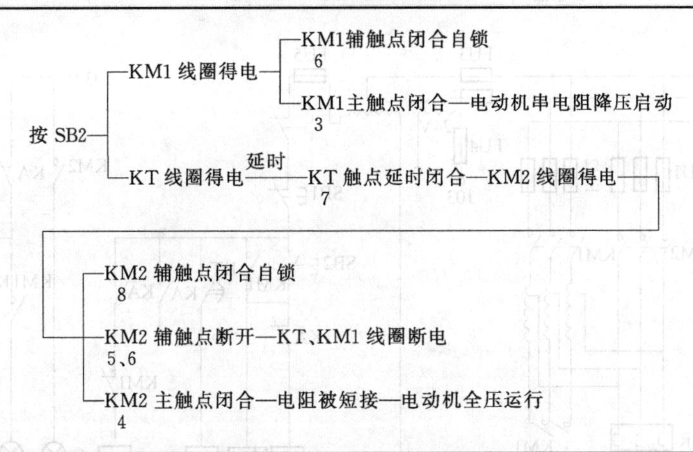

这种启动方式不受接线方式的限制，设备简单，常用于中小型设备和用于限制机床点动调整时的启动电流。

3.5.2　自耦变压器（补偿器）降压启动控制线路

自耦变压器一次侧电压、电流和二次侧电压、电流的关系为：

$$\frac{U_1}{U_2}=\frac{I_2}{I_1}=K$$

式中，K 为自耦变压器的变压比。启动转矩正比于电压的平方，定子每相绕组上的电压降低到直接启动的 $1/K$，启动转矩也将降低为直接启动的 $1/K^2$。因此，启动转矩的大小可通过改变变压比 K 得到改变。

补偿器降压启动是利用自耦变压器来降低启动时的电压，达到限制启动电流的目的。启动时，电源电压加在自耦变压器的高压绕组上，电动机的定子绕组与自耦变压器的低压绕组连接，当电动机的转速达到一定值时，将自耦变压器切除，电动机直接与电源相接，在正常电压下运行。

自耦变压器降压启动分手动控制和自动控制两种。工厂常采用 XJ01 系列自动补偿器实现降压启动的自动控制，其控制线路如图 3-3 所示。

控制电路可分为三个部分：主电路、控制电路和指示灯电路。

补偿器降压启动适用于负载容量较大，正常运行时定子绕组连接成 形而不能采用星形-三角形启动方式的笼型异步电动机。但这种启动方式设备费用大，通常用于启动大型的和特殊用途的电动机。

3.5.3　延边△形降压启动控制电路

采用Y-△降压启动时，可以在不增加专用启动设备的条件下实现降压启动，但启动转矩只有额定电压下启动转矩的 1/3，仅适用于空载或轻载下启动。而延边△形降压启动是既不增加启动设备，又能适当提高启动转矩的一种降压启动方法，它适用于定子绕组为特别设计的异步电动机，这种电动机共有九个出线端，图 3-4 为延边△形电动机定子绕组抽头连接方式。

延边△形启动是在电动机启动过程中将定子绕组一部分接成Y形，一部分接成△形，如

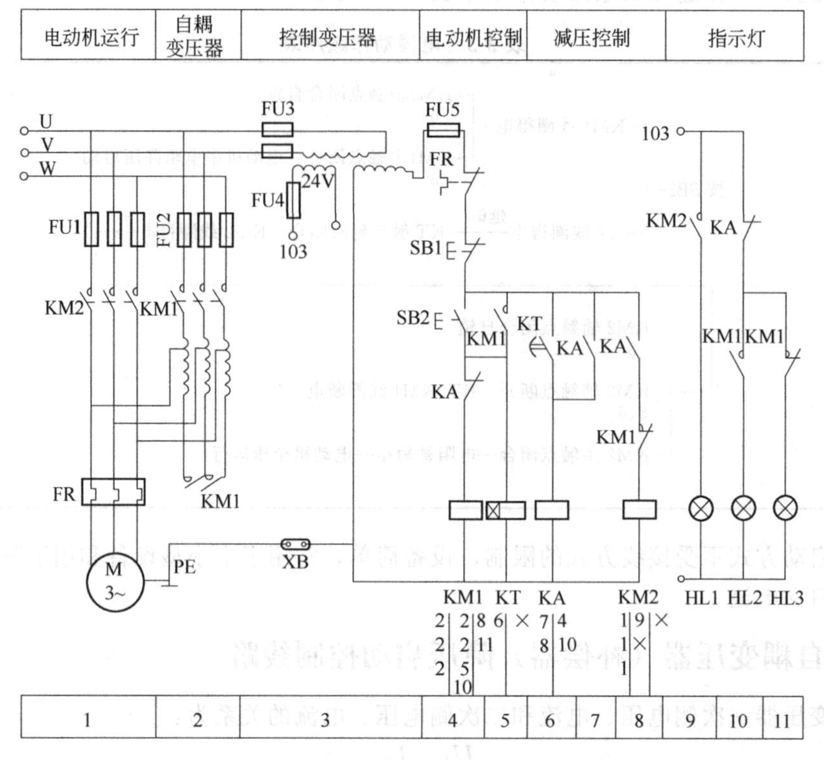

图 3-3 定子串自耦变压器降压启动控制线路

图 3-4(b) 所示。待启动完毕，再将定子绕组接成△形进入正常运行，如图 3-4(c) 所示。

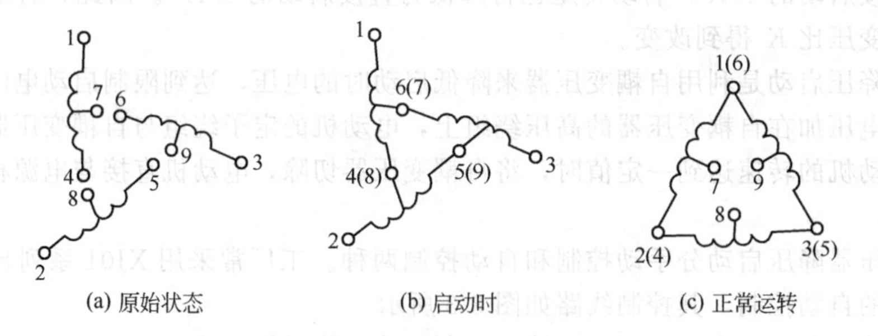

图 3-4 延边△形定子绕组接线

电动机定子绕组作延边△形接线时，每相绕组承受的电压比△形接法时低，又比Y形接法时高，介于二者之间。这样既可实现降压启动，又可提高启动转矩。

延边△形降压启动的自动控制线路如图 3-5 所示。

图中 KM1 为线路接触器，KM2 为△形连接接触器，KM3 为延边△形连接接触器。

线路工作情况：

启动时，按下启动按钮 SB2 后，KM1 及 KM3 通电且自锁，把电动机定子接成延边△形启动，同时 KT 通电延时，经过一段延时后，KT 动作使 KM3 断电，电动机接成△形连接正常运转。

延边△形降压启动要求电动机有 9 个出线端，使电机制造工艺复杂，同时给控制系统的安装和接线也增加了麻烦。因此尚未被广泛使用。

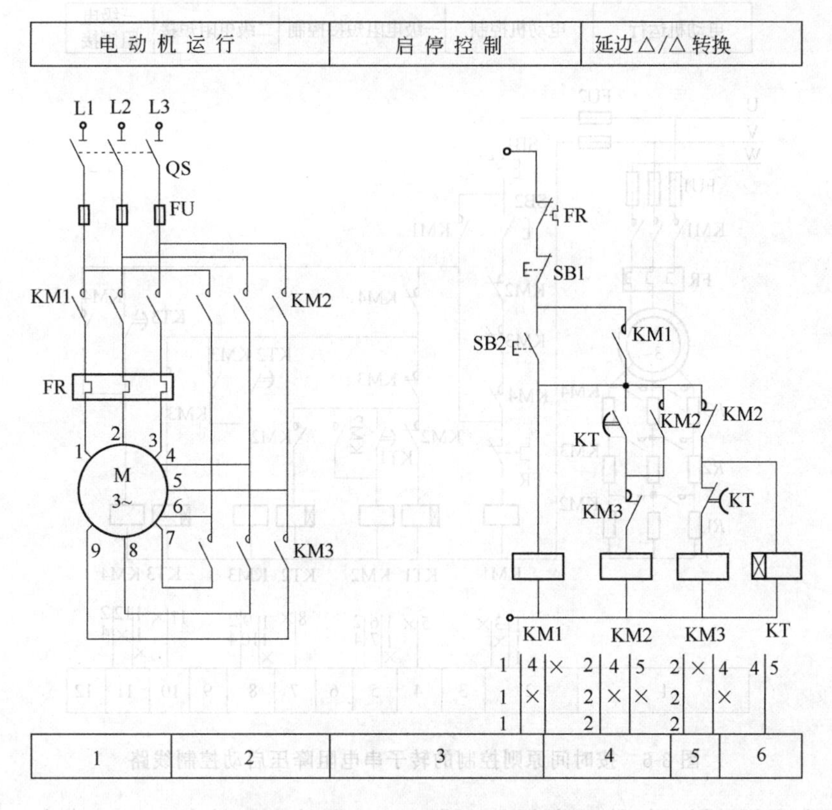

图 3-5 延边△形降压启动控制线路

3.5.4 绕线转子异步电动机的启动控制

异步电动机的转子绕组，除了笼型的外还有绕线转子式，故称绕线转子异步电动机。绕线转子线圈可连接成星形或三角形，转子上装有集电环，通过电刷装置将内部和外部联系起来，绕线转子的特点即是通过集电环和电刷，在转子电路中串接几级启动电阻，用于限制启动电流，提高启动转矩。绕线转子异步电动机启动有电阻分级启动和频敏变阻器启动两种方式。

(1) 转子回路串电阻启动控制

转子回路串电阻启动控制是在三相转子绕组中分别串接几级电阻，并按星形方式接线。启动前，启动电阻全部接入电路限流启动，启动过程中，随转速升高启动电流下降，启动电阻逐级短接，至启动完成时，全部电阻短接，电动机在正常全压下工作。

启动电阻短接方式有两种：三相电阻不平衡短接法和三相电阻平衡短接法。不平衡短接法是由凸轮控制器控制，每相电阻顺序被短接；平衡短接法是由接触器控制，三相电阻同时被短接。

图 3-6 是依靠时间继电器按时间原则自动短接启动电阻的控制电路。图中转子回路上的三组启动电阻由接触器 KM2、KM3、KM4 在时间继电器 KT1、KT2、KT3 的控制下顺序被短接，正常工作时，只有 KM1 和 KM4 两个接触器的主触点闭合。

图 3-7 是由电动机转子电流大小的变化来控制电阻短接的启动控制电路，图中主电路转子绕组中除串接启动电阻外，还串接有电流继电器 KA2、KA3 和 KA4 的线圈，三个电流继

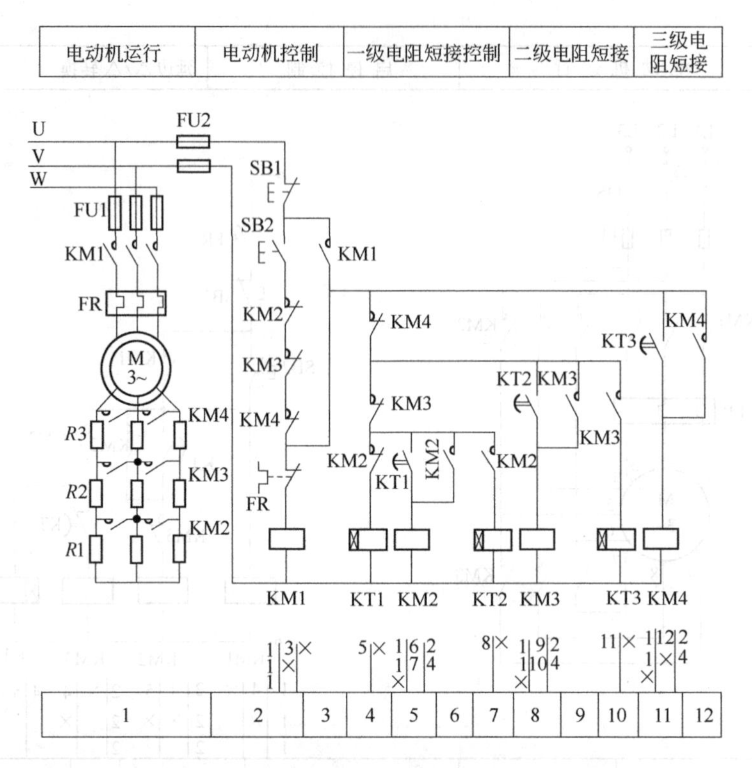

图 3-6　按时间原则控制的转子串电阻降压启动控制线路

电器的吸合电流都一样，但是释放电流不同，KA2 释放电流最大，KA3 次之，KA4 最小。当刚启动时，启动电流很大，电流继电器全部吸合，控制电路中的动断触点打开，接触器 KM2、KM3、KM4 的线圈不能得电吸合，因此全部启动电阻接入，随着电动机转速升高，电流变小，电流继电器根据释放电流的大小等级依次释放，使接触器线圈依次得电，主触点闭合，逐级短接电阻，直到全部电阻都被短接，电动机启动完毕，进入正常运行。

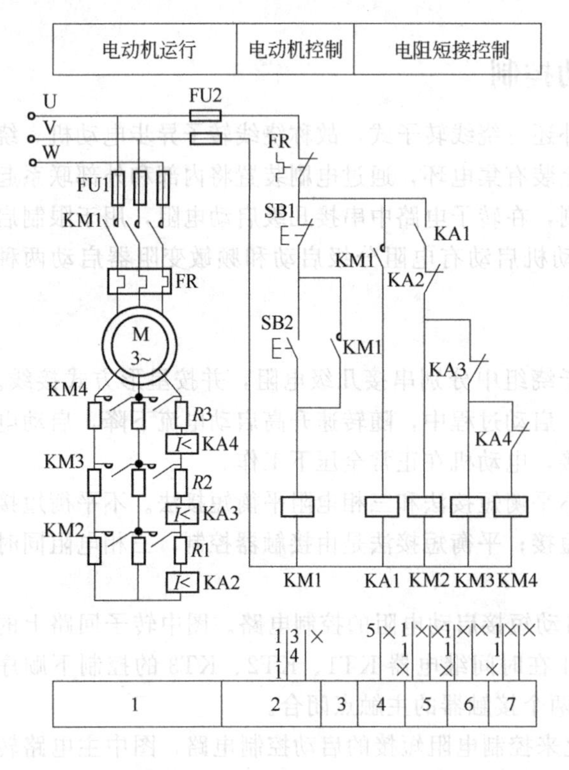

图 3-7　按电流原则控制的转子串电阻降压启动控制线路

转子串电阻启动控制电路的控制方式是在电动机启动的过程中分级切除启动电阻，其结果造成电流和转矩存在突然变化，因而将会产生机械冲击。

(2) 转子电路串频敏变阻器启动控制

转子电路串电阻启动时，由于在启动过程中逐级切除电阻，因此电流及转矩的突然变化存在机械冲击，并且其控制电路较复杂，启动电阻体积较大，能耗大，维修麻烦，故实际生产中，常采用其他的启动方式，但是串电阻启动具有启动转矩大的优点，因而对有低速运行要求，并且初始启动转矩大的传动装置仍是一种常用的启动方式。

绕线转子异步电动机启动的另一方法是转子电路串频敏变阻器启动，这种启动方法具有恒转矩的启、制动特性，又是静止的、无触点的电子元件，很少需要维修，因而常用于绕线转子异步电动机的启动，特别是大容量绕线转子异步电动机的启动控制。

频敏变阻器是一种由铸铁片或钢板叠成铁芯，外面再套上绕组的三相电抗器，接在转子绕组的电路中，其绕组电抗和铁芯损耗决定的等效阻抗随着转子电流的频率而变化。在电动机的启动过程中，当电动机转速增高时，频敏变阻器的阻抗值自动地平滑减小，这一方面限制了启动电流；另一方面又可得到大致恒定的启动转矩。图 3-8 是采用频敏变阻器的启动控制电路，该电路可用选择开关 SA 选择手动或自动控制。当选择自动控制时，按下启动按钮 SB2，由时间继电器控制切换过程；选择手动控制时，时间继电器不起作用，手动控制按钮 SB2 控制中间继电器 KA 和接触器 KM2 通电工作。

启动过程中，KA 的动断触点将继电器发热元件短接，以免启动时间过长而使热继电器产生误动作。

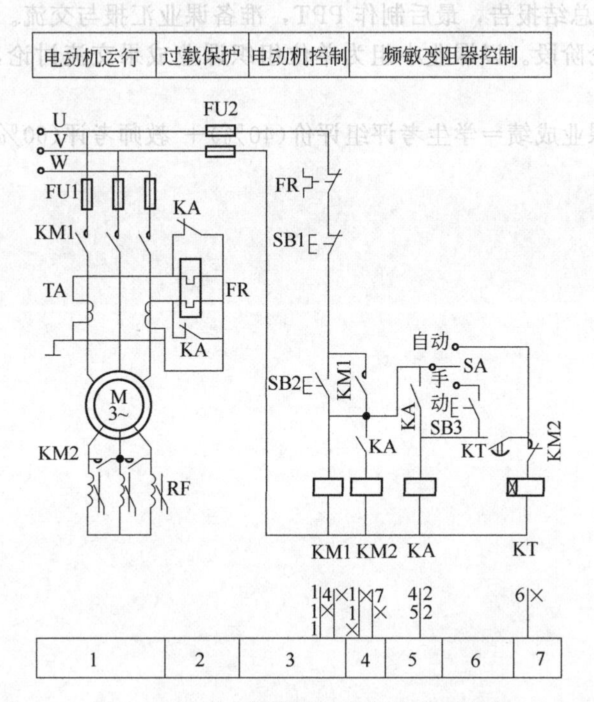

图 3-8 转子串频敏变阻器启动控制线路

3.6 思考题与习题

3-1 如何决定笼型异步电动机是否可采用直接启动法？

3-2 笼型异步电动机降压启动方法有哪几种？绕线转子异步电动机降压启动方法有哪几种？

3-3 如果将图 3-1 主电路中的 FR 上移到 KM1 的主触点的下方，控制功能有何不同？

3-4 图 3-1 中用三个接触器实现了星-三角降压启动控制，能否用两个接触器实现？主电路和控制电路如何设计？

3-5 设计一个控制电路，要求第一台电动机启动 10s 以后，第二台电动机自动启动，运行

5s 以后，第一台电动机停止转动，同时第三台电动机启动，再运转 15s 后，电动机全部停止。

3.7 课业

(1) 课业题目

我来分析一个典型基本控制线路（如某单机设备的控制线路、现场控制系统中实现某一功能的局部控制线路等）。

(2) 课业目标

掌握基本控制线路的分析方法及其灵活应用。

(3) 课业实施

① 学生选题、分组阶段。学生分组查阅资料，确定拟详细了解和学习的基本控制线路，并进行任务分解。

② 资料查询、学习阶段。资料查询或市场调研，然后小组成员对资料进行汇总、分析、讨论、整理，并形成总结报告，最后制作 PPT，准备课业汇报与交流。

③ 课业交流讨论阶段。以课业小组为单位组织课业成果交流讨论，指导教师最后总结讲评。

④ 课业评价：课业成绩＝学生考评组评价(40%)＋ 教师考评(60%)。

项目4 三相交流异步电动机正反转控制线路的安装与调试

4.1 项目目标

① 熟练掌握正反转控制线路的工作原理、动作过程、控制特点及其应用。
② 掌握电气图的绘制方法，学会把电气原理图接成实际操作电路。
③ 熟练掌握电器元件的布置、安装及接线工艺。
④ 熟练掌握电路的检查方法和通电试车的安全操作要求。
⑤ 掌握分析和处理电路故障的方法。
⑥ 具备设计和分析简单电路的能力。

4.2 知识准备

生产实践中，很多设备需要两个相反的运行方向，例如主轴的正向和反向转动，机床工作台的前进后退，起重机吊钩的上升和下降等，这些两个相反方向的运动均可通过电动机的正转和反转来实现。从电工学课程可知，只要将电动机定子绕组相序改变，电动机就可改变转动方向。实际电路构成时，可在主电路中用两组接触器主触点构成正转相序接线和反转相序接线，控制电路中，控制正转接触器线圈得电，其主触点闭合，电动机正转，或者反转接触器线圈通电，主触点闭合，电动机反转。

图 4-1 是按钮控制正反转的控制线路，主电路中接触器 KM1 和 KM2 构成正反转相序接线，图 4-1(a) 控制电路中，按下正向启动按钮 SB2，正向控制接触器 KM1 线圈得电动作，其主触点闭合，电动机正向转动，按下停止按钮 SB1，电动机停转。按下反向启动按钮 SB3，反向接触器 KM2 线圈得电动作，其主触点闭合，主电路定子绕组变正转相序为反转相序，电动机反转。

由主电路知，若 KM1 与 KM2 的主触点同时闭合，将会造成电源短路，因此任何时候，只能允许一个接触器通电工作。实现这样的控制要求，通常是在控制电路中，将正反转控制接触器的动断触点分别串接在对方的工作线圈电路里，构成互相制约关系，以保证电路安全正常的工作，这种互相制约的关系称为“联锁”，也称为“互锁”。

图 4-1(a) 控制电路中，当变换电动机转向时，必须先按下停止按钮，停止正转，再按动反向启动按钮，方可反向启动，操作不便。图 4-1(b) 控制电路利用复合按钮 SB3、SB2 可直接实现由正转变为反转的控制（反之亦然）。

复合按钮具有联锁功能，但工作不可靠，因为在实际使用中，由于短路或大电流的长期

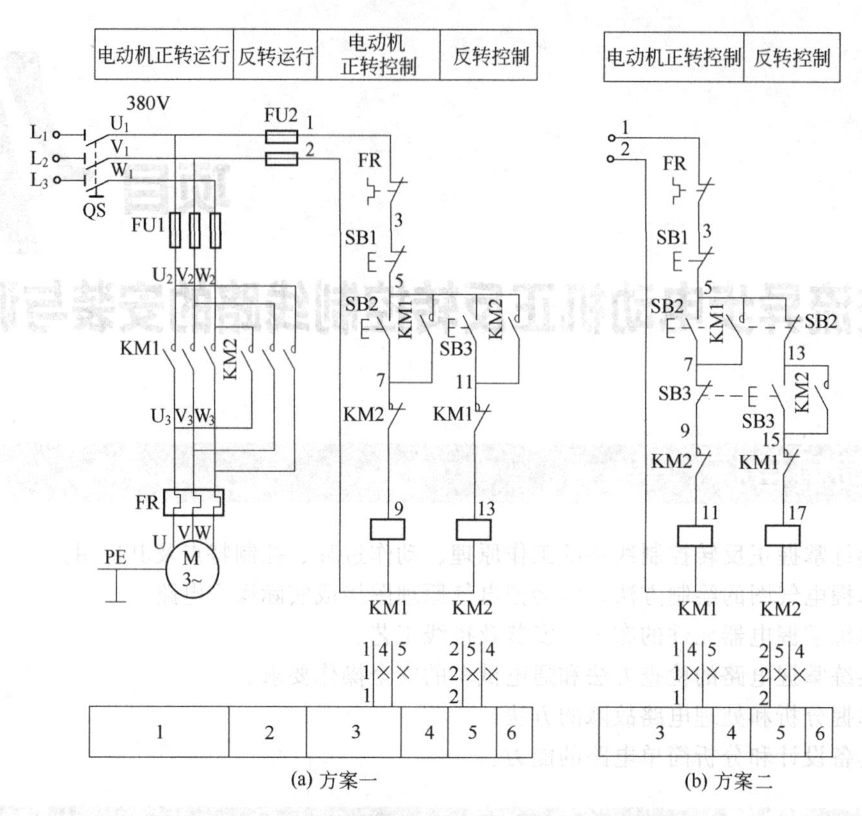

图 4-1　三相交流异步电动机正反转控制线路

作用，接触器主触点会被强烈的电弧“烧焊”在一起，或者当接触器的机构失灵，使主触点不能断开，这时若另一接触器动作，将会造成电源短路事故。如果采用接触器的动断触点进行联锁，不论什么原因，当一个接触器处于吸合状态，它的联锁动断触点必将另一接触器的线圈电路切断，从而避免事故的发生。

4.3 项目训练——三相交流异步电动机正反转控制线路的安装与调试

4.3.1　训练目的

① 通过对三相异步电动机正反转控制线路的安装与接线，熟练掌握电气图的绘制方法，学会把电气原理图接成实际操作电路。

② 熟练掌握机械联锁和电气联锁的优缺点。

③ 熟练掌握电器元件的布置、安装及接线工艺。

④ 熟练掌握电路的检查方法和通电试车的安全操作要求。

⑤ 掌握分析和处理电路故障的方法。

4.3.2　训练器材

① 网孔板：　1块

② 电器元件：　1套

③ 导线：　若干

④ 常用电工工具： 1套

⑤ 数字式万用表： 1个

4.3.3 训练内容及操作步骤

① 依据图 4-1（任选方案一或方案二）绘制安装接线图。注意线号在电气原理图和安装接线图中要一致。

② 电器元件选型并绘制元件明细表。按图 4-1 及电动机容量的大小选择电器元件，并填写在表 4-1 中。

表 4-1 正反转控制电器元件明细表

电气符号	名 称	型号规格	数 量	作 用

③ 检查各电器元件是否完好。

④ 布置、固定电器元件。

⑤ 依照安装接线图进行接线。

布线总体要求：标准要高；工艺要好；美观大方；做精品，防粗制滥造。

⑥ 检查线路。

⑦ 试车与调整。

- 空操作试验。
- 带负荷试车。

4.3.4 注意事项

① 控制电路中的电气联锁触头不能接错或漏接，以免主回路发生相间短路。通电前检查方法如下：将万用表置 $R\times100\Omega$ 挡，两表笔接于控制电源上，按下 SB2 按钮，万用表应指示出一个接触器的线圈直流电阻值。人为压下接触器 KM2，使 KM2 常闭触点断开，这时万用表指针应指向“∞”；再按下 SB3，观察万用表指示值，压下 KM1，断开其常闭触点，万用表指针应指向“∞”。检查完毕，确认互锁正确。

② 通电试车过程中，必须保证学生的人身和设备的安全，在教师指导下规范操作，学生不得私自通电。

③ 熟悉操作过程，明确每个操作的目的和正确的控制效果。

④ 试车结束后，应先切断电源，再拆除接线及负载。

4.3.5 思考和讨论

① 试比较机械联锁和电气联锁的优缺点。

② 若在训练中发生故障，写出故障现象，并分析可能的故障原因及故障排除方法。

4.4 项目考评

控制线路安装与调试考核配分及评分标准同表 2-2。

4.5 项目拓展

4.5.1 行程开关控制的电动机正反转控制电路

按钮控制电动机正反转是手动控制，行程开关控制正反转则是机动控制，是由机床的运动部件在工作过程中压动行程开关，实现电动机正反转的自动切换。机床工作台往返循环工作的自动控制即用这样的电路实现。

图 4-2 是机床工作台往返循环的控制电路。电动机的正反转可通过 SB1、SB2、SB3 手动控制，也可用行程开关实现机动控制。

图 4-2 中 SQ3 和 SQ4 为限位开关，安装在工作台运动的极限位置，起限位保护作用，当由于某种故障，工作台到达 SQ1 和 SQ2 给定的位置时，未能切断 KM1（或 KM2）线圈电路，继续运行达到 SQ3（或 SQ4）所处的极限位置时，将会压下限位保护开关，切断接触器线圈电路，使电动机停止转动，避免工作台发生超越允许位置的事故。

用行程开关按机床运动部件的位置或机件的位置变化来进行的控制，称作按行程原则的

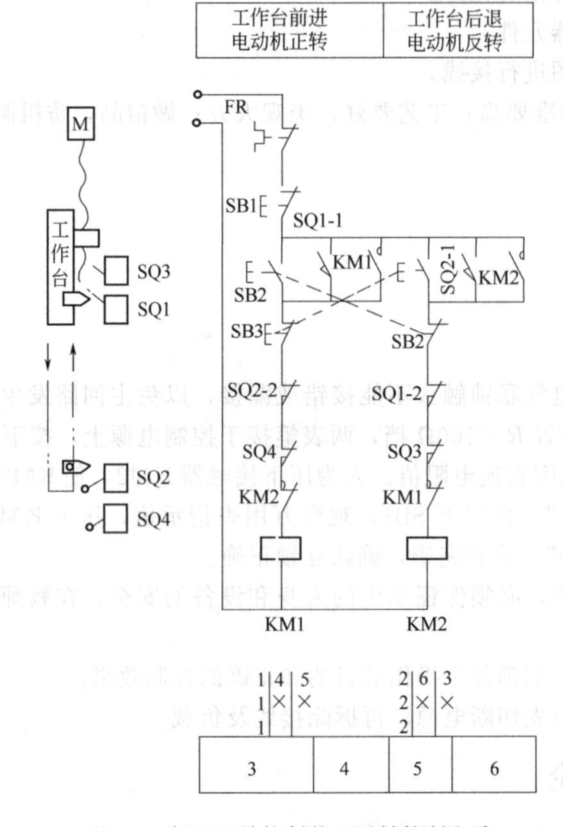

图 4-2　行程开关控制的正反转控制电路

自动控制，也称行程控制。行程控制是机械设备应用较广泛的控制方式之一。

4.5.2 自动循环控制

实际生产中，很多设备的工作过程包括若干工步，都要求按一定的动作顺序自动地逐步完成，以及不断地重复进行，实现这种工作过程的控制即是自动工作循环控制。根据设备的驱动方式，可将自动循环控制电路分为两类：一类是对由电动机驱动的设备实现工作循环的自动控制，另一类是对由液压系统驱动的设备实现工作的自动循环控制。这里主要学习前者。

电动机工作的自动循环控制，实质上是通过控制电路按照工作循环图确定的工作顺序要求对电动机进行启动和停止的控制。

设备的工作循环图标明动作的顺序和每个工步的内容，确定各工步应接通的电器，同时还注明控制工步转换的转换主令。自动循环工作中的转换主令，除启动循环的主令由操作者给出外，其他各步转换的主令均来自设备工作过程中出现的信号，如行程开关信号，压力继电器信号、时间继电器信号等，控制电路在转换主令的控制下，自动地切换工步，切换工作电器，实现工作的自动循环。

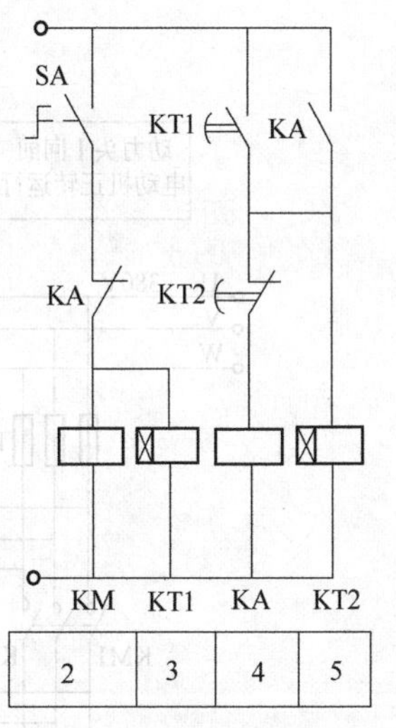

图 4-3 自动间歇供油的润滑控制电路

(1) 单机自动循环控制电路

常见的单机自动循环控制是在转换主令的作用下，按要求自动切换电动机的转向，如前述由行程开关操作电动机正反转控制，或是电动机按要求自动反复启停的控制，图 4-3 所示为自动间歇供油的润滑控制电路，其主电路为单机正反转控制(未画出)。图中 KM 为控制液压泵电动机起停的接触器，KT1 控制油泵电动机工作供油的时间，KT2 控制停机，供油间断的时间。合上开关 SA 以后，液压泵电动机启动，间歇供液循环开始。

(2) 多机自动循环控制电路

实际生产中有些设备是由多个动力部件构成，并且各动力部件具有自己的工作自动循环过程。设备工作的自动循环过程是由这些单机循环组合构成，对这样多动力部件复合循环的控制，通过对设备工作循环图的分析，即可看出，电路实质上是根据工作循环图的要求，对多个电动机实现有序的启、停和正反转的控制。图 4-4 为有两个动力部件构成的机床及其工作自动循环的控制电路。机床的运动简图及工作循环图如图 4-4(a) 所示，行程开关 SQ1 为动力头Ⅰ的原位开关，SQ2 为终点限位开关；SQ3 为动力头Ⅱ的原位开关，SQ4 为终点限位开关，SB2 为工作循环开始的启动按钮，M1 是动力头Ⅰ的驱动电动机，KM1 与 KM3 分别为 M1 电动机的正转和反转控制接触器；M2 是动力头Ⅱ的驱动电动机，KM2 与 KM4 分别为 M2 的正转和反转控制接触器。

机床工作自动循环过程分为三个工步，按下启动按钮 SB2，开始第一个工步，此时电动机 M1 的正转接触器 KM1 得电工作，动力头Ⅰ向前移动，到达终点位后，压下终点限位开关 SQ2，SQ2 信号作为转换主令，控制工作循环由第一工步切换到第二工步，SQ2 的动断触点使 KM1 线圈失电，M1 电动机停转，动力头Ⅰ停在终点位，同时 SQ2 的动合触点闭合，接通 KM2 的线圈电路，使电动机 M2 正转，动力头Ⅱ开始向前移动，至终点位时，此时 SQ4 的动断触点切断 M2 电动机的正转控制接触器 KM2 的线圈电路，同时其动合触点闭

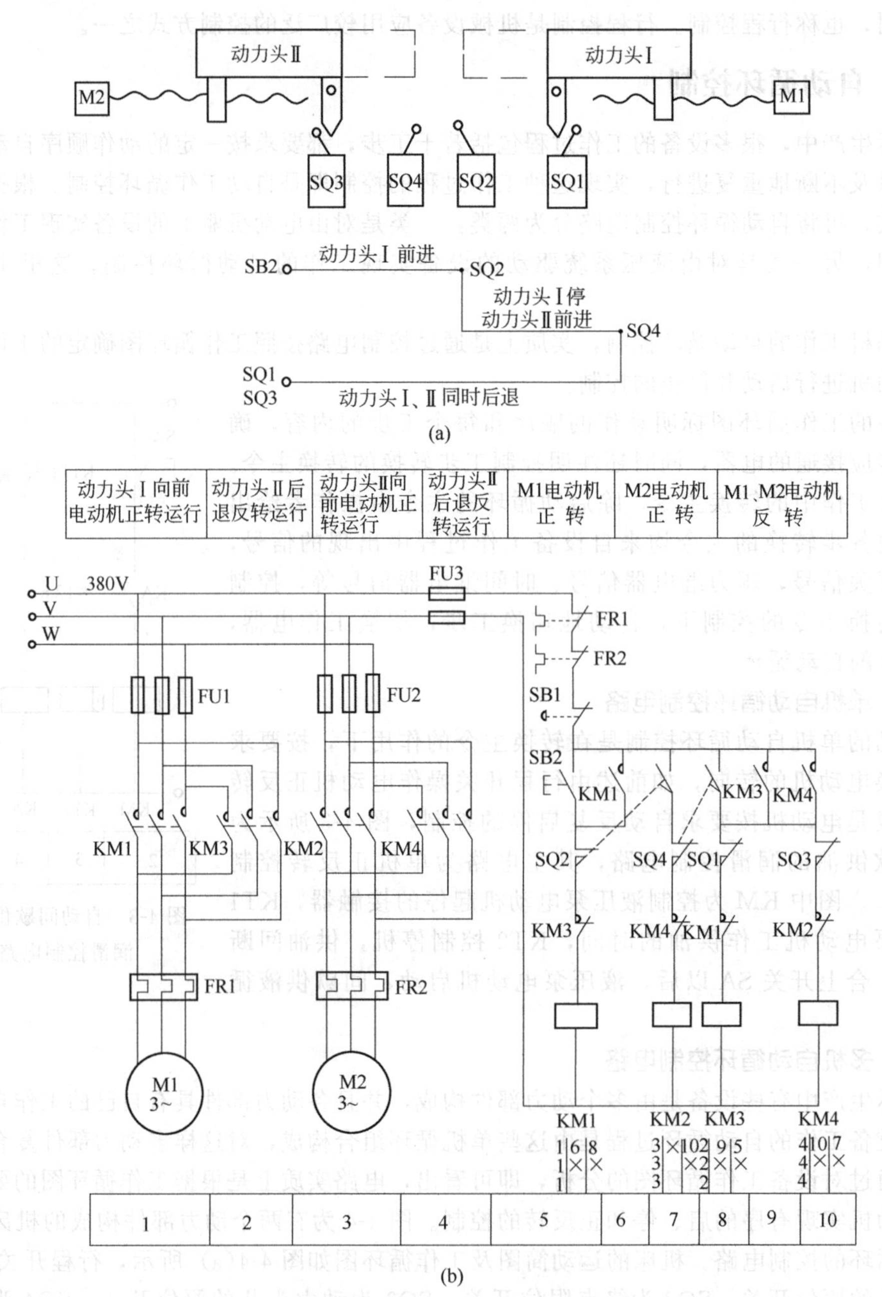

图 4-4　机床工作循环控制线路

合使电动机 M1 与 M2 的反转控制接触器 KM3 与 KM4 的线圈同时接通，电动机 M1 与 M2 反转，动力头Ⅰ和Ⅱ由各自的终点位向原位返回，并在到达原位后分别压下各自的原位行程开关 SQ1 和 SQ3，使 KM3、KM4 失电，电动机停转，两动力头停在原位，完成一次工作循环。控制电路如图 4-4(b) 所示。

电路中反转接触器 KM3 与 KM4 的自锁触点并联，分别为各自的线圈提供自锁作用。当动力头Ⅰ与Ⅱ不能同时到达原位时，先到达原位的动力头压下原位开关，切断该动力头控制接触器的线圈电路，相应的接触器自锁触点也复位断开，但另一自锁触点仍然闭合，保证接触器线圈不会失电，直到另一动力头也返回到达原位，并压下原位行程开关，切断接触器线圈电路，结束一个循环过程。

4.6 思考题与习题

4-1 图 4-2 行程开关控制的正反转电路，若在现场调试试车时，将电动机的接线相序接错，将会造成什么样的后果？为什么？

4-2 若将图 4-4(a) 中的工作循环图改为图 4-5 所示，则控制电路应如何设计？

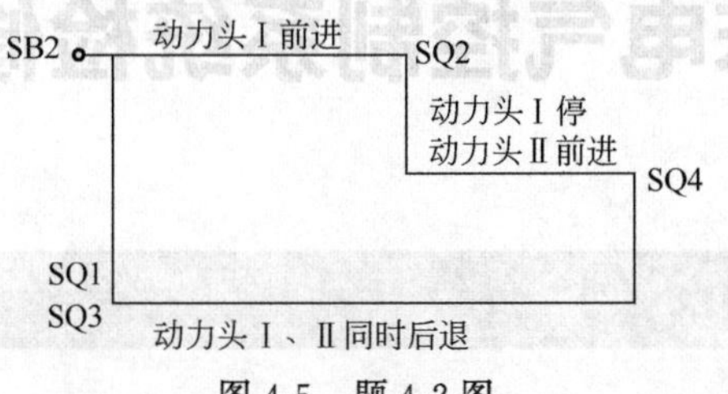

图 4-5 题 4-2 图

4-3 试分析如图 4-6 所示控制线路的控制功能和保护功能。

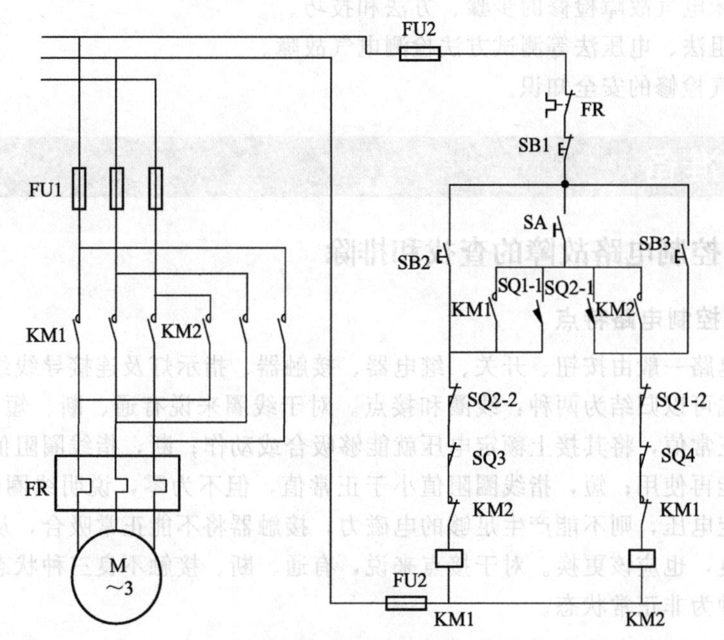

图 4-6 题 4-3 图

项目5

车床电气控制系统检修

5.1 项目目标

① 熟练掌握反接制动控制线路的控制特点及其应用。

② 了解机床电气故障检修的基本要求。

③ 掌握机床电气故障检修的步骤、方法和技巧。

④ 会用电阻法、电压法等测试方法检测电气故障。

⑤ 熟悉电气检修的安全知识。

5.2 知识准备

5.2.1 电气控制电路故障的查找和排除

5.2.1.1 电气控制电路特点

电气控制电路一般由按钮、开关、继电器、接触器、指示灯及连接导线组成。它们在电路中的表现形式可以归结为两种：线圈和接点。对于线圈来说有通、断、短三种状态。通，指线圈阻值为正常值，将其接上额定电压就能够吸合或动作；断，指线圈阻值为∞，表明其已经损坏，不能再使用；短，指线圈阻值小于正常值，但不为零，说明线圈内部匝间短路，若将其接上额定电压，则不能产生足够的电磁力，接触器将不能正常吸合，从而使触点接触不上或接触不良，也应该更换。对于接点来说，有通、断、接触不良三种状态，第一种为正常状态，后两种为非正常状态。

5.2.1.2 电气控制电路检查的基本步骤及方法

电气设备故障的类型大致可分为两大类，一是有明显外表特征并容易被发现的。如电动机、电器的显著发热、冒烟甚至发出焦臭味或火花等。二是没有外表特征的，此类故障常发生在控制电路中，由于元件调整不当，机械动作失灵，触头及压接线端子接触不良或脱落，以及小零件损坏，导线断裂等原因所引起。一般依据的步骤如下。

(1) 初步检查

当电气故障后，切忌盲目随便动手检修。在检修前，通过问、看、听、摸、闻来了解故障前后的操作情况和故障发生后出现的异常现象，寻找显而易见的故障，或根据故障现象判断出故障发生的原因及部位，进而准确地排除故障。

(2) 缩小故障范围

经过初步检查后，根据电路图，采用逻辑分析法，先主电路后控制电路，逐步缩小故障范围，提高维修的针对性，就可以收到准而快的效果。

(3) 测量法确定故障点

测量法是维修电工工作中用来准确确定故障点的一种行之有效的检查方法。常用的测试工具和仪表有万用表、钳形电流表、兆欧表、试电笔、示波器等，测试的方法有电压法（电位法）、电流法、电阻法、跨接线法（短接法）、元件替代法等。主要通过对电路进行带电或断电时的有关参数如电压、电阻、电流等的测量，来判断元器件的好坏、设备的绝缘情况以及线路的通断情况，查找出故障。这里主要介绍电阻法和电压法。

① 电阻法。电阻法就是在电路切断电源后，用仪表（主要是万用表欧姆挡）测量两点之间的电阻值，通过对电阻值的对比，进行电路故障检测的一种方法。在继电接触器控制系统中，主要是对电路中的线圈、接点进行测量，以判断其好坏。利用电阻法对线路中的断线、触头虚接触、导线虚焊等故障进行检查，可以找到故障点。

采用电阻法查找故障的优点是安全，缺点是测量电阻值不准确时易产生误判断，快速性和准确性低于电压法。因此，电阻法检修电路时应注意：检查故障时必须断开电源；如被测电路与其他电路并联时，应将该电路与其他并联电路断开，否则会产生误判断；测量高电阻值的元器件时，万用表的选择开关应旋至合适的电阻挡。

电阻法分为两种：电阻分阶测量法和电阻分段测量法。

电阻分阶测量法

如图 5-1 所示为电阻分阶测量法示意图，图 5-2 为电阻分阶测量判断流程图。

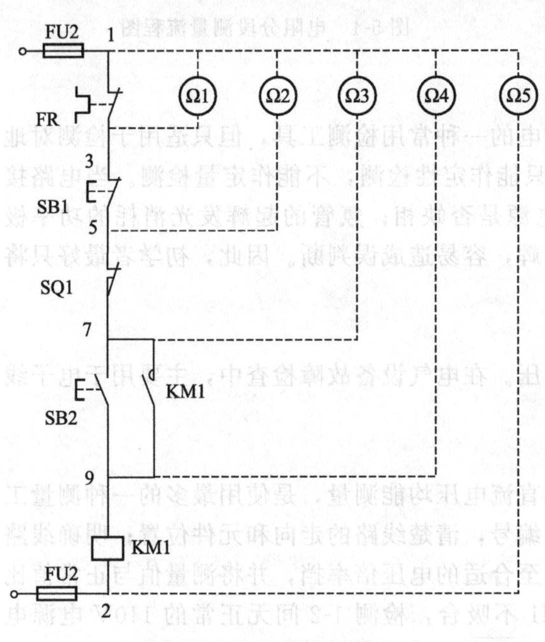

图 5-1 电阻分阶测量法

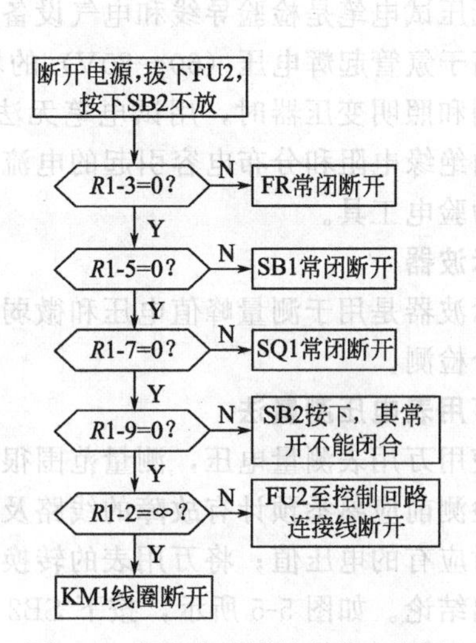

图 5-2 电阻分阶测量判断流程图

电阻分段测量法

电阻分段测量法如图 5-3 所示，测量检查时先切断电源，再用合适的电阻挡逐段测量相邻点之间的电阻，查找故障流程如图 5-4 所示。

② 电压法。电压法就是在通电状态下，用万用表电压挡测量电路中各节点之间的电压

值，与电路正常工作时应具有的电压值进行比较，以此来判断故障点及故障元件的所在处。该方法不需拆卸元件及导线，同时电路处在实际使用条件下，提高了故障识别的准确性，是故障检测采用最多的方法。

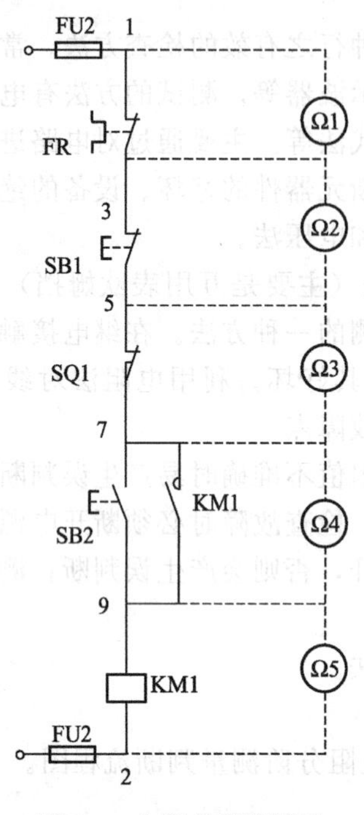

图 5-3　电阻分段测量法

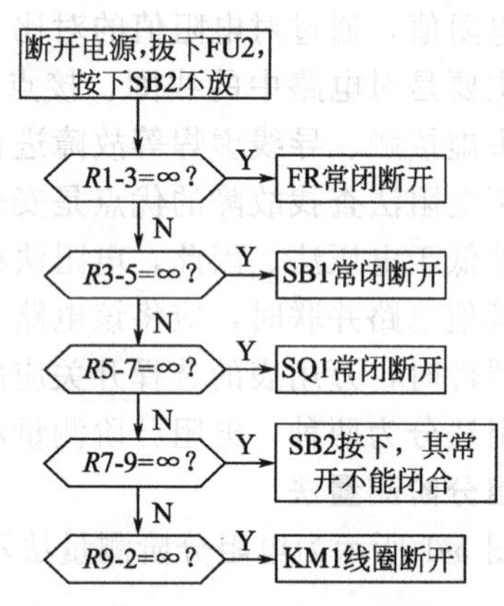

图 5-4　电阻分段测量流程图

试电笔

低压试电笔是检验导线和电气设备是否带电的一种常用检测工具，但只适用于检测对地电位高于氖管起辉电压（60～80V）的场所，只能作定性检测，不能作定量检测。当电路接有控制和照明变压器时，用试电笔无法判断电源是否缺相；氖管的起辉发光消耗的功率极低，由绝缘电阻和分布电容引起的电流也能起辉，容易造成误判断。因此，初学者最好只将其作为验电工具。

示波器

示波器是用于测量峰值电压和微弱信号电压。在电气设备故障检查中，主要用于电子线路部分检测。

万用表电压测量法

使用万用表测量电压，测量范围很大，交直流电压均能测量，是使用最多的一种测量工具。检测前应熟悉预计有故障的线路及各点的编号，清楚线路的走向和元件位置；明确线路正常时应有的电压值；将万用表的转换开关拨至合适的电压倍率挡，并将测量值与正常值比较得出结论。如图 5-5 所示，按下 SB2 后 KM1 不吸合，检测 1-2 间无正常的 110V 电源电压，但总电源正常，采用电压交叉测量法找出熔断器故障。若检测 1-2 间有正常的 110V 电源电压，采用电压分阶测量法查找故障。

电源电压正常，按下 SB2，接触器 KM1 不吸合，则采用电压分阶测量流程图如图 5-6 所示。

当用万用表测 101-0 间有 110V 正常电源电压，但 1-2 间无电压，用电压交叉测量法查找熔断器故障如表 5-1 所示。

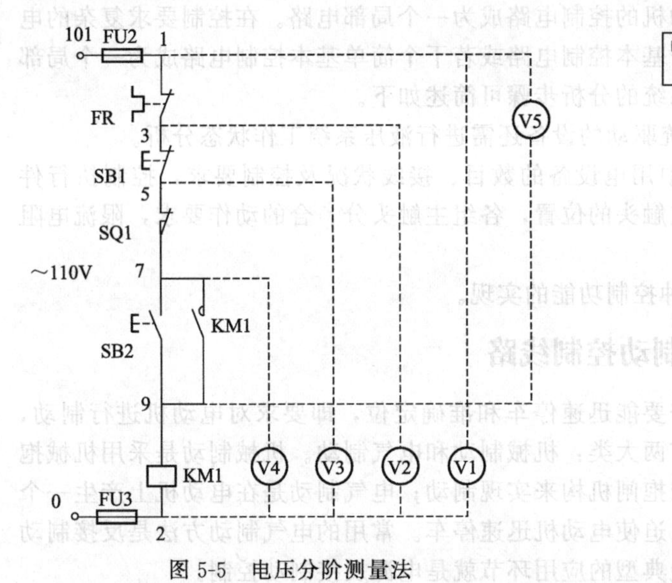

图 5-5 电压分阶测量法

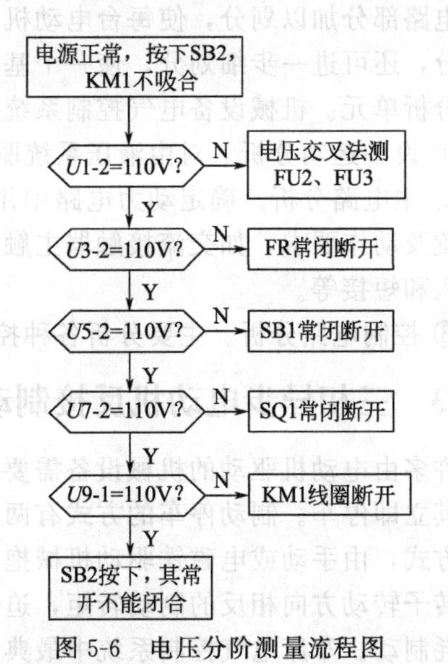

图 5-6 电压分阶测量流程图

表 5-1 电压交叉测量法查找熔断器故障

故障现象	测量点	电压值/V	故障点
101-0 电压正常 1-2 间无电压	0-1	0	FU2 熔丝断
	101-2	0	FU3 熔丝断

5.2.2 典型设备电气控制系统分析方法和步骤

(1) 设备电气控制系统分析的相关内容

① 机械设备概况调查 应了解被控设备的结构组成及工作原理、设备的传动系统类型及驱动方式、主要技术性能及规格、运动要求。

② 电气设备及电气元件选用 明确电动机作用、规格和型号以及工作控制要求，了解所用各种电器的工作原理、控制作用及功能，这里的电气元件包括各类主令信号发出元件和开关元件（如按钮、选择开关、各种位置和限位开关等）；各种继电器类的控制元件（如接触器、中间继电器、时间继电器等）；各种电气执行件（如电磁离合器、电磁换向阀等）；以及保证线路正常工作的其他电气元件（如变压器、熔断器、整流器等）。

③ 机械设备与电气设备和电气元件的连接关系 在了解被控设备和采用的电气设备、电气元件基本状况的基础上，还应确定两者之间的连接关系，即信息采集传递和运动输出的形式和方法。信息采集传递是通过设备上的各种操作手柄、撞块、挡铁及各种现场信息检测机构作用在主令信号发出元件上，将信号采集传递到电气控制系统中，因此其对应关系必须明确。运动输出由电气控制系统中的执行件将驱动力送到机械设备上的相应点，以实现设备要求的各种动作。

(2) 设备控制电路的分析方法和步骤

在掌握了设备及电气控制系统的基本条件之后，即可对设备控制电路进行具体的分析。通常，分析电气控制系统时，要结合有关的技术资料将控制电路“化整为零”，划分成若干个电路部分，逐一进行分析。划分后的局部电路构成简单明了，控制功能单一或由少数简单控制功能组合，给分析电路带来极大的方便。进行电路划分时，可依据驱动部分，将电路初步划分为电动机控制电路和气动、液压驱动控制电路以及根据被控电动机的台数，将电动机控制电路部分加以划分，使每台电动机的控制电路成为一个局部电路。在控制要求复杂的电路部分，还可进一步细划分，使一个基本控制电路或若干个简单基本控制电路成为一个局部电路分析单元。机械设备电气控制系统的分析步骤可简述如下。

① 设备运动分析。对由液压系统驱动的设备还需进行液压系统工作状态分析。

② 主电路分析。确定动力电路中用电设备的数目、接线状况及控制要求，控制执行件的设置及动作要求，如交流接触器主触头的位置，各组主触头分、合的动作要求，限流电阻的接入和短接等。

③ 控制电路分析。主要分析各种控制功能的实现。

5.2.3 三相异步电动机反接制动控制线路

许多由电动机驱动的机械设备需要能迅速停车和准确定位，即要求对电动机进行制动，强迫其立即停车。制动停车的方式有两大类：机械制动和电气制动。机械制动是采用机械抱闸的方式，由手动或电磁铁驱动机械抱闸机构来实现制动；电气制动是在电动机上产生一个与原转子转动方向相反的制动转矩，迫使电动机迅速停车。常用的电气制动方法是反接制动和能耗制动。车床电气控制系统中最典型的应用环节就是电源反接制动控制。

反接制动实质上是改变异步电动机定子绕组中三相电源相序，产生一个与转子惯性转动方向相反的反向启动转矩，来进行制动。进行反接制动时，首先将三相电源相序切换，然后在电动机转速接近零时，将电源及时切除。当三相电源不能及时切除时，电动机将会反向升速，发生事故。为此，控制电路是采用速度继电器来判断电动机的零速点并及时切断三相电源的。速度继电器 KS 的转子与电动机的轴相连，当电动机正常转动时，速度继电器的动合触点闭合，电动机停车转速接近零时，动合触点打开，切断接触器线圈电路。图 5-7 为反接制动控制线路。图中主电路由接触器 KM1 和 KM2 的两组主触点构成不同相序的接线，因电动机反接制动电流很大，在制动电路中串接降压电阻，以限制反向制动电流。制动时，控制电路中复合按钮 SB1 按下，KM1 线圈失电，KM2 线圈由于 KS 的动合触点在转子惯性转动下仍然闭合而通电并自锁，电动机实现反接制动，当电动机转速接近零时，KS 的动合触点复位断开，使 KM2 的线圈失电，制动结束停机。

反接制动的制动转矩是反向启动转矩，因此制动力矩大，制动效果显著，但在制动时有冲击，制动不平稳，且能量消耗大。而能耗制动与反接制动相比，制动平稳、准确，能量消耗少，但制动力矩较弱，特别在低速时制动效果差，并且还需提供直流电源。实际使用中，应根据设备的工作要求选用合适的制动方法。

5.2.4 卧式车床的电气控制电路

卧式车床是机械加工中广泛使用的一种机床，可以用来加工各种回转表面、螺纹和端面。卧式车床通常由一台主电动机拖动，经由机械传动链，实现切削主运动和刀具进给运动的输出，其运动速度由变速齿轮箱通过手柄操作进行切换。刀具的快速移动、冷却泵和液压泵等，常采用单独电动机驱动。不同型号的卧式车床，其主电动机的工作要求不同，因而由不同的控制电路构成，但是由于卧式车床运动变速是由机械系统完成的，且机床运动形式比较简单，因此相应的控制电路也比较简单。本节以 C650 卧式车床电气控制系统为例，进行控制电路的分析。

5.2.4.1 机床结构及工作要求

C650 卧式车床属于中型车床，可加工的最大工件回转直径为 1020mm，最大工件长度为 3000mm，机床的结构形式如图 5-8 所示。

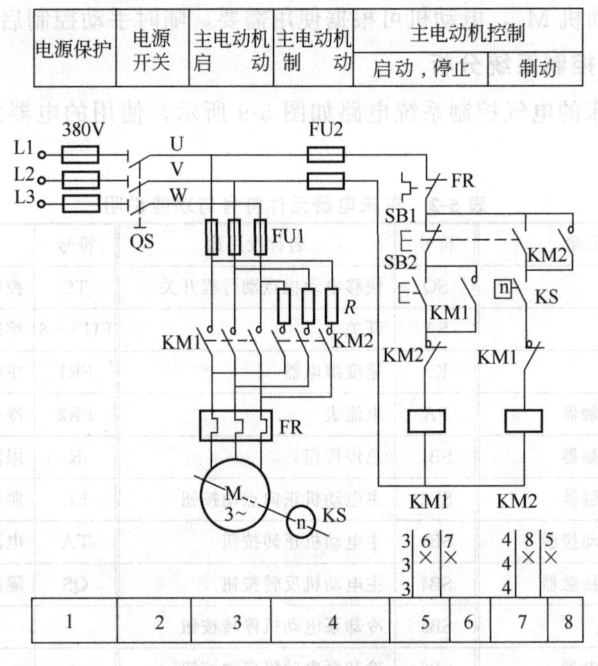

图 5-7 反接制动控制线路

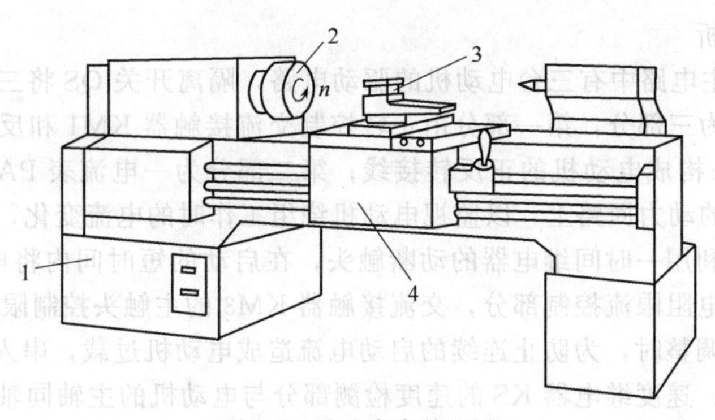

图 5-8 卧式车床外观图

1—床身；2—主轴；3—刀架；4—溜板箱

安装在床身上的主轴箱中的主轴转动，带动装夹在其端头的工件转动；刀具安装在刀架上，与滑板一起随溜板箱沿主轴轴线方向实现进给移动，主轴的传动和溜板箱的移动均由主电动机驱动。由于加工的工件比较大，加工时其转动惯量也比较大，需停车时不易立即停止转动，必须有停车制动的功能，较好的停车制动是采用电气制动。在加工的过程中，还需提供切削液，并且为减轻工人的劳动强度和节省辅助工作时间，要求带动刀架移动的溜板箱能够快速移动。

5.2.4.2 电力拖动及控制要求

① 主电动机 M_1（功率为 30kW），完成主轴主运动和刀具进给运动的驱动，电动机采用直接启动的方式启动，可正反两个方向旋转，并可进行正反两个旋转方向的电气停车制动。为加工调整方便，还具有点动功能。

② 电动机 M_2 拖动冷却泵，在加工时提供切削液，采用直接启动停止方式，并且为连续工作状态。

③ 快速移动电动机 M_3，电动机可根据使用需要，随时手动控制启停。

5.2.4.3 机床电气控制系统分析

C650 型普通车床的电气控制系统电路如图 5-9 所示，使用的电器元件符号与功能说明如表 5-2 所示。

表 5-2 车床电器元件符号与功能说明

符号	名称及用途	符号	名称及用途	符号	名称及用途
M1	主电动机	SQ	快移电动机点动行程开关	TC	控制变压器
M2	冷却泵电动机	SA	开关	FU 1～6	熔断器
M3	快速移动电动机	KS	速度继电器	FR1	主电动机过载保护热继电器
KM1	主电动机正转接触器	PA	电流表	FR2	冷却泵电动机保护热继电器
KM2	主电动机反转接触器	SB1	总停按钮	R	限流电阻
KM3	短接限流电阻接触器	SB2	主电动机正向点动按钮	EL	照明灯
KM4	冷却泵电动机启动接触	SB3	主电动机正转按钮	TA	电流互感器
KM5	快移电动机启动接触器	SB4	主电动机反转按钮	QS	隔离开关
KA	中间继电器	SB5	冷却泵电动机停转按钮		
KT	通电延时时间继电器	SB6	冷却泵电动机启动按钮		

(1) 主电路分析

图 5-9 所示的主电路中有三台电动机的驱动电路，隔离开关 QS 将三相电源引入，电动机 M1 电路接线分为三部分，第一部分由正转控制交流接触器 KM1 和反转控制交流接触器 KM2 的两组主触头构成电动机的正反转接线；第二部分为一电流表 PA 经电流互感器 TA 接在主电动机 M1 的动力回路上，以监视电动机绕组工作时的电流变化，为防止电流表被启动电流冲击损坏，利用一时间继电器的动断触头，在启动的短时间内将电流表暂时短接掉；第三部分为一串联电阻限流控制部分，交流接触器 KM3 的主触头控制限流电阻 R 的接入和切除，在进行点动调整时，为防止连续的启动电流造成电动机过载，串入限流电阻 R，保证电路设备正常工作。速度继电器 KS 的速度检测部分与电动机的主轴同轴相连，在停车制动过程中，当主电动机转速为零时，其常开触头可将控制电路中反接制动相应电路切断，完成停车制动。

电动机 M2 由交流接触器 KM4 的主触点控制其动力电路的接通与断开；电动机 M3 由交流接触器 KM5 控制。

为保证主电路的正常运行，主电路中还设置了采用熔断器的短路保护环节和采用热继电器的电动机过载保护环节。

(2) 控制电路分析

控制电路可划分为主电动机 M1 的控制电路和电动机 M2 与 M3 的控制电路两部分。由于主电动机控制电路部分较复杂，因而还可以进一步将主电动机控制电路划分为正反转启动和点动局部控制电路与停车制动局部控制电路。下面对各部分控制电路逐一进行分析。

① 主电动机正反转启动与点动控制。当正转启动按钮 SB3 压下时，其两常开触点同时动作闭合，一常开触点接通交流接触器 KM3 的线圈电路和时间继电器 KT 的线圈电路，时间继电器的常闭触点为在主电路中短接电流表 PA，经延时断开后，电流表接入电路正常工作；KM3 的主触点将主电路中限流电阻短接，其辅助动合触点同时将中间继电器 KA 的线圈电路接通，KA 的常闭触点将停车制动的基本电路切除，其动合触点与 SB3 的动合触点均

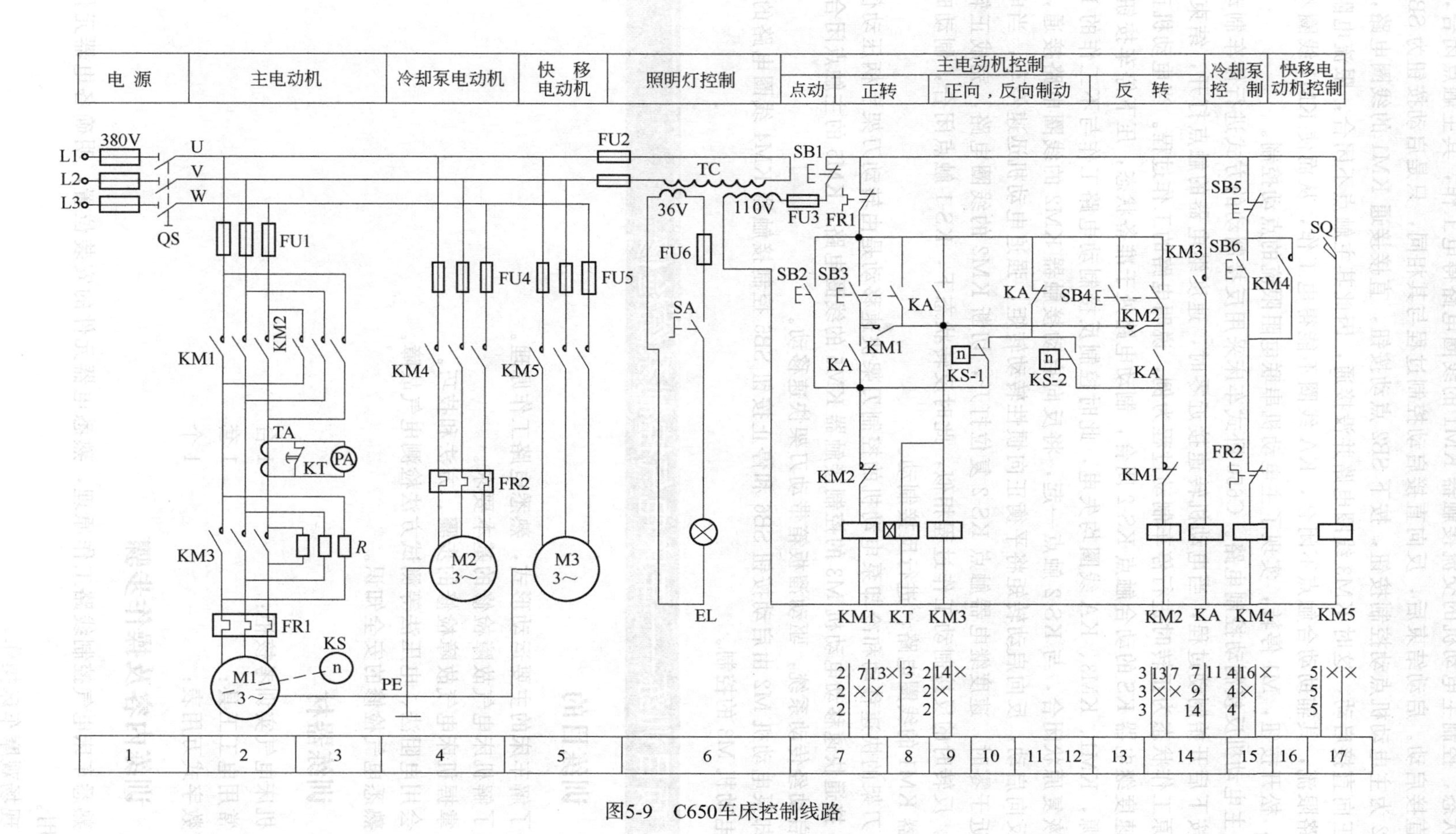

图5-9 C650车床控制线路

在闭合状态，控制主电动机的交流接触器 KM1 的线圈电路得电工作，其主触点闭合，电动机正向直接启动。启动结束后，反向直接启动控制过程与其相同，只是启动按钮为 SB4。

SB2 为主电动机点动控制按钮，按下 SB2 点动按钮，直接接通 KM1 的线圈电路，电动机 M1 正向直接启动，这时 KM3 线圈电路并没接通，因此其主触点不闭合，限流电阻 R 接入主电路限流，其辅助动合触点不闭合，KA 线圈不能得电工作，从而使 KM1 线圈不能持续通电，松开按钮，M1 停转，实现了主电动机串联电阻限流的点动控制。

② 主电动机反接制动控制电路。C650 卧式车床采用反接制动的方式进行停车制动，停止按钮按下后开始制动过程，当电动机转速接近零时，速度继电器的触点打开，结束制动。这里以原工作状态为正转时进行停车制动过程为例，说明电路的工作过程。当电动机正向转动时，速度继电器 KS 的动合触点 KS-2 闭合，制动电路处于准备状态，压下停车按钮 SB1，切断电源，KM1、KM3、KA 线圈均失电，此时控制反接制动电路工作与不工作的 KA 动断触点恢复原状闭合，与 KS-2 触点一起，将反向启动接触器 KM2 的线圈电路接通，电动机 M1 反向启动，反向启动转矩将平衡正向惯性转动转矩，强迫电动机迅速停车，当电动机速度趋近于零时，速度继电器触点 KS-2 复位打开，切断 KM2 的线圈电路，完成正转的反接制动。反转时的反接制动工作过程相似，此时反转状态下，KS-1 触点闭合，制动时，接通接触器 KM1 的线圈电路，进行反接制动。

③ 刀架的快速移动和冷却泵电动机的控制刀架快速移动是由转动刀架手柄压动位置开关 SQ，接通快速移动电动机 M3 的控制接触器 KM5 的线圈电路，KM5 的主触点闭合，M3 电动机启动经传动系统，驱动溜板箱带动刀架快速移动。

冷却泵电动机 M2 由启动按钮 SB6 和停止按钮 SB5 控制接触器 KM4 线圈电路的通断，以实现电动机 M3 的控制。

5.3 项目训练——车床电气控制系统检修

5.3.1 训练目的

① 了解车床的主要运动形式，熟悉电路工作原理。
② 了解机床电气故障检修的基本要求。
③ 掌握机床电气故障检修的步骤、方法和技巧。
④ 会用电阻法、电压法等测试方法检测电气故障。
⑤ 熟悉电气检修的安全知识。

5.3.2 训练器材

① 机床电气实训考核柜：　　1 台
② 常用电工工具：　　1 套
③ 数字式万用表：　　1 个

5.3.3 训练内容及操作步骤

① 熟悉车床电气控制线路工作原理，熟悉电器元件的安装位置，明确各电器元件的功能和作用。

② 现场观摩车床操作。

- 观摩主要内容有：车床的主要组成部件的认识；通过车床的切削加工演示观察车床的

主运动、进给运动及刀架的快速运动，注意观察各种运动的操纵、电动机的运转状态及传动情况；观察各种元器件的安装位置及其配线。

• 在教师指导下进行车床启动、制动、快速进给操作。

③ 实训柜通电模拟运行操作。

• 在进行车床电气故障检修前，首先要将各故障开关复位，查看各电器元件上的接线是否紧固，各熔断器是否安装良好，查看热继电器是否复位，查看急停按钮是否按下，查看各控制开关是否处于正确的位置等。

• 在C650车床线路无故障情况下，根据电路图功能依次操作各主令电器，观察正确的控制效果和电器动作情况，熟练掌握各电动机启停操作步骤。

④ 每次设置一个故障开关。认真观察故障现象，分析可能的故障原因，确定检查方法和步骤，逐一检查相关电气元件和连线确定故障点，并标示在原理图中。并将检查过程记录下来，填写在格式如表5-3所示的表格中。

⑤ 每次设置两个故障开关。认真观察故障现象，分析可能的故障原因，确定检查方法和步骤，逐一检查相关电气元件和连线确定故障点，并标示在原理图中。

⑥ 两人或三人一组进行电气故障排查。

表5-3　C650车床电路故障排查训练记录表

班级＿＿＿＿＿＿＿＿姓名＿＿＿＿＿＿＿＿学号＿＿＿＿＿＿＿＿

故障序号	故障现象	故障原因分析	检修步骤	结论
⋮	⋮	⋮	⋮	⋮

5.3.4 注意事项

① 应在指导教师指导下操作设备，安全第一。设备通电后，严禁在电器侧随意扳动电器件。进行排故训练，尽量采用不带电检修。若带电检修，则必须有指导教师或同组同学在现场监护。

② 必须安装好各电机、支架接地线、设备下方垫好绝缘橡胶垫，厚度不小于5mm，操作前要仔细查看各接线端，有无松动或脱落，以免通电后发生意外或损坏电器。

③ 在操作中若发出不正常声响，应立即断电，查明故障原因待修。故障噪声主要来自电机缺相运行，接触器、继电器吸合不正常等。

④ 发现熔芯熔断，应在查出故障后，方可更换同规格熔芯。

⑤ 在维修设置故障中不要随便互换接线端处号码管。

⑥ 操作时用力不要过大，速度不宜过快；操作频率不宜过于频繁。

⑦ 熟悉车床各控制开关和按钮的功能，明确正确的操作顺序和各电气设备的相应运动形式和动作，这样才能看准故障现象，采用恰当的排查故障方法，得出正确结论。

⑧ 训练结束后，应拔出电源插头，将各开关置分断位。

⑨ 认真作好训练记录。

5.3.5 思考和讨论

① 试分析车床实训柜与实际车床控制系统的有何不同。

② 试分析实训柜中人为设置的故障与现场故障有何不同。

③ 根据不同类型的故障，试讨论如何修复故障点。

5.4 项目考评

电气故障检修考核配分及评分标准如表 5-4 所示。

表 5-4 电气故障检修评分标准明细表

序号	考核内容及要求	评分标准	满分	扣分	得分
1	故障现象 ①操作按钮或控制开关，查看故障现象； ②故障现象记录清晰正确	①操作方法步骤不正确，每处扣 5～10 分； ②记录不清晰扣 5～10 分； ③记录不完整、不正确扣 5～10 分	10		
2	故障原因分析 ①由原理图分析故障原因； ②列出故障原因	①操作方法步骤不正确，每处扣 5～10 分； ②损伤导线扣 5～10 分； ③损伤电器元件扣 5～10 分； ④故障原因分析错误扣 10～20 分	25		
3	故障检修 ①编写电气故障检修工艺流程图； ②根据原理图按接线号查找故障； ③按断路、短路故障分析查找； ④按主电路、控制电路依次查找； ⑤按线路故障、元器件故障依次查找	①检修工艺流程不对扣 5～10 分； ②排查故障点错一个扣 10 分； ③故障检修过程不熟练扣 5～10 分； ④重新合闸一次扣 5 分	25		
4	故障排查结论		20		
5	万用表及其他电工工具的正确使用	正确使用万用表及其他电工工具，酌情扣分	10		
6	文明生产	违反文明生产有关规定每次扣 3 分	10		
7	考核时间	超时每分钟扣 1 分，超过 10min 应停止操作并扣 10 分			
8	其他	上列项目未包括到的错误，各处总和扣 10 分以下			
	合计		100		

5.5 项目拓展

能耗制动是在三相电动机停车切断三相电源的同时，将一直流电源接入定子绕组，产生一个静止磁场，此时电动机的转子由于惯性继续沿原来的方向转动，惯性转动的转子在静止磁场中切割磁力线，产生一个与惯性转动方向相反的电磁转矩，对转子起制动作用，制动结束后切除直流电源。图 5-10 是实现上述控制过程的控制电路。图中接触器 KM1 的主触点闭合接通三相电源，由变压器和整流元件构成的整流装置提供直流电源，KM2 将直流电源接入电动机定子绕组。图 5-10(a) 与图 5-10(b) 分别是用复合按钮和用时间继电器实现能耗制动的控制电路。

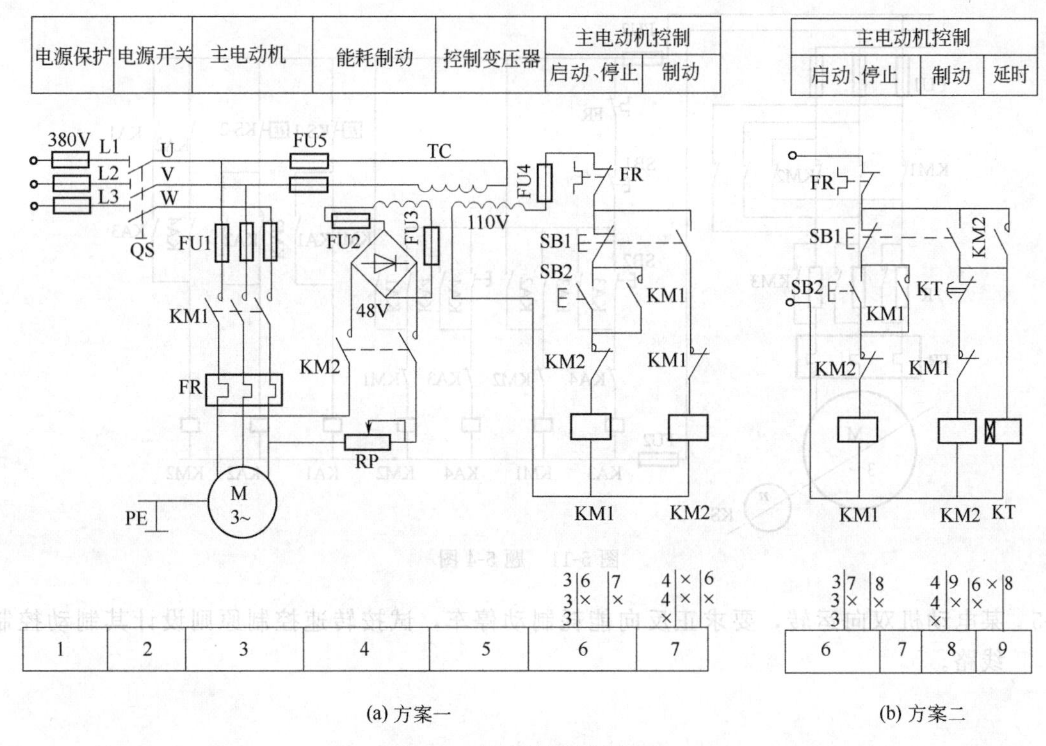

(a) 方案一

(b) 方案二

图 5-10 能耗制动控制电路

在图 5-10(a) 控制电路中，当按下复合按钮 SB1 时，其动断触点切断接触器 KM1 的线圈电路，同时其动合触点将 KM2 的线圈电路接通，接触器 KM1 和 KM2 的主触点在主电路中断开三相电源，接入直流电源进行制动；松开 SB1，KM2 线圈断电，制动停止。由于用复合按钮控制，制动过程中按钮必须始终处于压下状态，操作不便。图 5-10(b) 采用时间继电器实现自动控制。当复合按钮 SB1 压下以后，KM1 线圈失电，KM2 和 KT 的线圈得电并自锁，电动机制动；SB1 松开复位，制动结束后，由时间继电器 KT 的延时动断触点断开 KM2 线圈电路。

能耗制动的制动转矩大小与通入直流电电流的大小及电动机的转速 n 有关。同样转速，电流越大，则制动作用越强。但一般接入的直流电流为电动机空载电流的 3～5 倍，过大会烧坏电动机的定子绕组，电路采用在直流电源回路中串接可调电阻的方法，用以调节制动电流的大小。

能耗制动时制动转矩随电动机的惯性转速下降而减小，因而制动平稳。这种制动方法将转子惯性转动的机械能转换成电能，又消耗在转子的制动上，所以称为能耗制动。

5.6 思考题与习题

5-1 简述典型设备电气控制系统分析的一般步骤。

5-2 在 C650 车床电气控制线路中，可以用 KM3 的辅助触点替代 KA 的触点吗？为什么？

5-3 对于接触器吸合而电动机不运转的故障，属于主回路故障。主回路故障最好采用电阻法检测还是采用电压法检测？为什么？

5-4 试分析如图 5-11 所示控制线路的控制功能和保护功能。

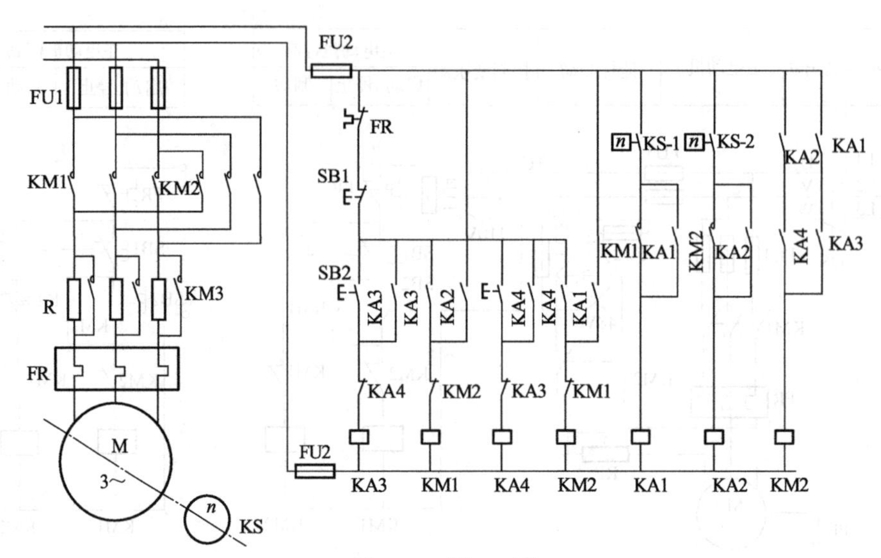

图 5-11　题 5-4 图

5-5　某电动机双向运转，要求正反向能耗制动停车，试按转速控制原则设计其制动控制线路。

项目 6

铁床电气控制系统检修

6.1 项目目标

① 熟练掌握各种联锁环节的控制特点及其在铣床控制系统中的典型应用。
② 了解机床电气故障检修的基本要求。
③ 熟练掌握机床电气故障检修的步骤、方法和技巧。
④ 会用电阻法、电压法等测试方法检测电气故障。
⑤ 熟悉电气检修的安全知识。

6.2 知识准备

X62W 型万能升降台铣床，可用于平面、斜面和沟槽等加工，安装分度头后可铣切直齿齿轮、螺旋面，使用圆工作台可以铣切凸轮和弧形槽，是一种常用的通用机床。

一般中小型铣床都采用三相笼形异步电动机拖动，并且主轴旋转主运动与工作台进给运动分别由单独的电动机拖动。铣床主轴的主运动为刀具的切削运动，它有顺铣和逆铣两种加工方式；工作台的进给运动有水平工作台左右（纵向）、前后（横向）以及上下（垂直）方向的运动，有圆工作台的回转运动，这里以 X62W 型铣床为例，分析中小型铣床的控制电路。

6.2.1 机床的主要结构和运动形式

X62W 型铣床的结构简图如图 6-1(a) 所示，由床身 1、悬梁 2、刀杆支架 3、主轴 4、工作台 5 和升降台 6 等组成，刀杆支架 3 上安装与主轴相连的刀杆及铣刀，以进行切削加工，顺铣时刀具为一个转动方向，逆铣时为另一转动方向；床身前面有垂直导轨，升降台 6 带动工作台 5 可沿垂直导轨上下移动，完成垂直方向的进给，升降台 6 上的水平工作台还可在左右（纵向）方向上移动进给以及在横向移动进给；回转工作台可单向转动。进给电动机经机械传动链传动，通过机械离合器在选定的进给方向驱动工作台移动进给，进给运动的传递示意图如图 6-1(b) 所示。

6.2.2 电力拖动和控制要求

机床的主轴主运动和工作台进给运动分别由单独的电动机拖动，并有不同的控制要求。

① 主轴电动机 M1（功率 7.5kW），空载时直接启动，为满足顺铣和逆铣工作方式的要

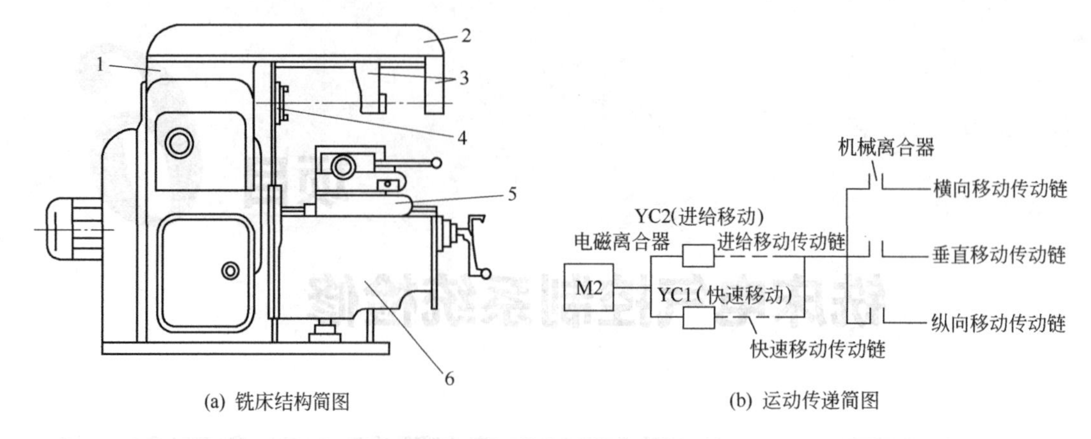

(a) 铣床结构简图　(b) 运动传递简图

图 6-1　铣床结构及运动简图

1—床身（立柱）；2—悬梁；3—刀杆支架；

4—主轴；5—工作台；6—升降台

求，能够正转和反转。为提高生产率，采用电磁制动器进行停车制动，同时从安全和操作方便考虑，换刀时主轴也处于制动状态，主轴电动机可在两处实行启停等控制操作。

② 工作台进给电动机 M2，直接启动，为满足纵向、横向、垂直方向的往返运动，要求电动机能正反转，为提高生产率，要求空行程时可快速移动。从设备使用安全考虑，各进给运动之间必须联锁，并由手柄操作机械离合器选择进给运动的方向。

③ 电动机 M3 拖动冷却泵，在铣削加工时提供切削液。

④ 主轴与工作台的变速由机械变速系统完成。变速过程中，当选定啮合的齿轮没能进入正常啮合时，要求电动机能点动至合适的位置，保证齿轮能正常啮合。

加工零件时，为保证设备安全，要求主轴电动机启动以后工作台电动机方能启动工作。

6.2.3　控制电路分析

X62W 型铣床控制电路如图 6-2 所示。图中电路可划分为主电路、控制电路和信号照明电路三部分。铣床控制电路所用电器元件说明如表 6-1 所示。

表 6-1　铣床电器元件符号与功能说明

符号	名称及用途	符号	名称及用途	符号	名称及用途
M1	主轴电动机	SQ6	进给变速瞬时点动开关	FR1	主轴电动机热继电器
M2	进给电动机	SQ7	主轴变速瞬时点动开关	FR2	进给电动机热继电器
M3	冷却泵电动机	SA1	工作台转换开关	FR3	冷却泵热继电器
KM1	主电动机启动接触器	SA2	主轴上刀制动开关	FU1～FU8	熔断器
KM2	进给电动机正转接触器	SA3	冷却泵开关	TC	变压器
KM3	进给电动机反转接触器	SA4	照明灯开关	VC	整流器
KM4	快速接触器	SA5	主轴换向开关	YB	主轴制动电磁制动器
SQ1	工作台向右进给行程开关	QS	电源隔离开关	YC1	电磁离合器(快速传动链)
SQ2	工作台向左进给行程开关	SB1、SB2	主轴停止按钮	YC2	电磁离合器(工作传动链)
SQ3	工作台向前,向上进给行程开关	SB3、SB4	主轴启动按钮		
SQ4	工作台向后,向下进给行程开关	SB5、SB6	工作台快速移动按钮		

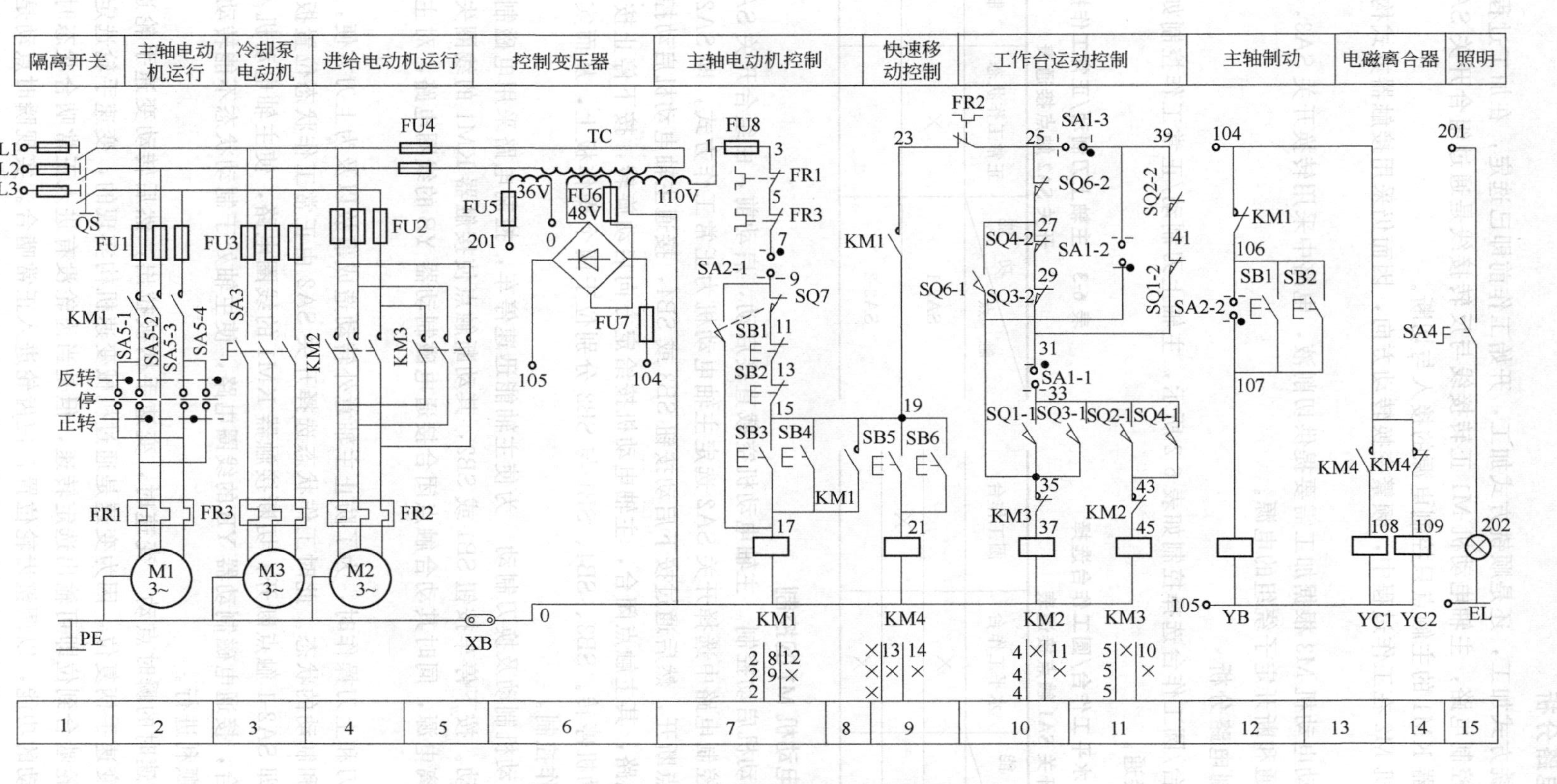

图6-2　X62W型万能升降台铣床控制电路

6.2.3.1 主电路分析

铣床是逆铣方式加工，还是顺铣方式加工，开始工作前即已选定，在加工过程中是不改变的。为简化控制电路，主轴电动机 M1 正转接线与反转接线是通过组合开关 SA5 手动转换，控制接触器 KM1 的主触点只控制电源的接入与切断。

进给电动机 M2 在工作过程中，频繁变换转动方向，因而仍采用接触器方式构成正转与反转接线。

冷却泵驱动电动机 M3 根据加工需要提供切削液，电路中采用转换开关 SA3，在主电路中手动直接接通和断开定子绕组的电源。

6.2.3.2 控制电路分析

水平工作台/圆工作台选择控制如表 6-2 所示，主轴上刀制动/正常工作控制如表 6-3 所示。“×”为接通。

表 6-2 水平工作台/圆工作台选择开关 SA1 触点接通表

触点 \ 功能	水平工作台	圆工作台
SA1-1	×	
SA1-2		×
SA1-3	×	

表 6-3 主轴上刀制动/正常工作控制开关 SA2 触点接通表

触点 \ 功能	正常工作状态	制动状态
SA2-1	×	
SA2-2		×

(1) 主轴电动机 M1 的控制

① 主轴电动机启动控制　主轴电动机空载直接启动，启动前，由组合开关 SA5 选定电动机的转向，控制电路中选择开关 SA2 选定主轴电动机为正常工作方式，即 SA2-1 触点闭合，SA2-2 触点断开，然后通过按下启动按钮 SB3 或 SB4，接通主轴电动机启动控制接触器 KM1 的线圈电路，其主触点闭合，主轴电动机按给定方向启动旋转，按下停止按钮 SB1 与 SB2，主轴电动机停转。SB3、SB4、SB1 与 SB2 分别位于两个操作板上，从而实现主轴电动机的两地操作控制。

② 主轴电动机制动及换刀制动　为使主轴能迅速停车，控制电路采用电磁制动器进行主轴的停车制动。按下停车按钮 SB1 或 SB2，其动断触点使接触器 KM1 的线圈失电，电动机定子绕组脱离电源，同时其动合触点闭合接通电磁制动器 YB 的线圈电路，对主轴进行停车制动。

当进行换刀和上刀操作时，为了防止主轴意外转动造成事故以及为上刀方便，主轴也需处在断电停车和制动的状态。此时工作状态选择开关 SA2 由正常工作状态位置扳到上刀制动状态位置，即 SA2-1 触点断开，切断接触器 KM1 的线圈电路，使主轴电动机不能启动，SA2-2 触点闭合，接通电磁制动器 YB 的线圈电路，使主轴处于制动状态不能转动，保证上刀换刀工作的顺利进行。

③ 主轴变速时的瞬时点动　变速时，变速手柄被拉出，然后转动变速手轮选择转速，转速选定后将变速手柄复位，因为变速是通过机械变速机构实现的，变速手轮选定进入啮合的齿轮后，齿轮啮合到位即可输出选定转速，但是当齿轮没有进入正常啮合状态时，则需要主轴有瞬时点动的功能，以调整齿轮位置，使齿轮进入正常啮合。实现瞬时点动是由变速手柄与行程开关 SQ7 组合构成点动控制电路。变速手柄在复位的过程中压动瞬时点动行程开关 SQ7，SQ7 的动合触点闭合，使接触器 KM1 的线圈得电，主轴电动机 M1 转动，SQ7 的

动断触点切断 KM1 线圈电路的自锁，使电路随时可被切断。变速手柄复位后，松开行程开关 SQ7，电动机 M1 停转，完成一次瞬时点动。

手柄复位时要求迅速、连续，一次不到位应立即拉出，以免行程开关 SQ7 没能及时松开，电动机转速上升，在齿轮未啮合好的情况下打坏齿轮。一次瞬时点动不能实现齿轮良好的啮合时，应立即拉出复位手柄，重新进行复位瞬时点动的操作，直到完全复位，齿轮正常啮合工作。

（2）进给电动机 M2 的控制电路

可分为三部分：第一部分为顺序控制部分，当主轴电动机启动后，其控制启动接触器 KM1 辅助动合触点闭合，进给电动机控制接触器 KM2 与 KM3 的线圈电路方能通电工作；第二部分为工作台各进给运动之间的联锁控制部分，可实现水平工作台各运动之间的联锁，也可实现水平工作台与圆工作台工作之间的联锁；第三部分为进给电动机正反转接触器线圈电路部分。

① 水平工作台纵向进给运动的控制　水平工作台纵向进给运动由操作手柄与行程开关 SQ1、SQ2 组合控制。纵向操作手柄有左右两个工作位和一个中间不工作位。手柄扳到工作位时，带动机械离合器，接通纵向进给运动的机械传动链，同时压动行程开关，行程开关的动合触点闭合使接触器 KM2 或 KM3 线圈得电，其主触点闭合，进给电动机正转或反转，驱动工作台向左或向右移动进给，行程开关的动断触点在运动联锁控制电路部分构成联锁控制功能。选择开关 SA1 选择水平工作台工作或是圆工作台工作。SA1-1 与 SA1-3 触点闭合构成水平工作台运动联锁电路，SA1-2 触点断开，切断圆工作台工作电路。工作台纵向进给的控制过程如表 6-4 所示。电路由 KM1 辅助动合触点开始，工作电流经 SQ6-2→SQ4-2→SQ3-2→SA1-1→SQ1-1→KM3 到 KM2 线圈，或者由 SA1-1 经 SQ2-1→KM2 到 KM3 线圈。

表 6-4　工作台纵向进给控制过程

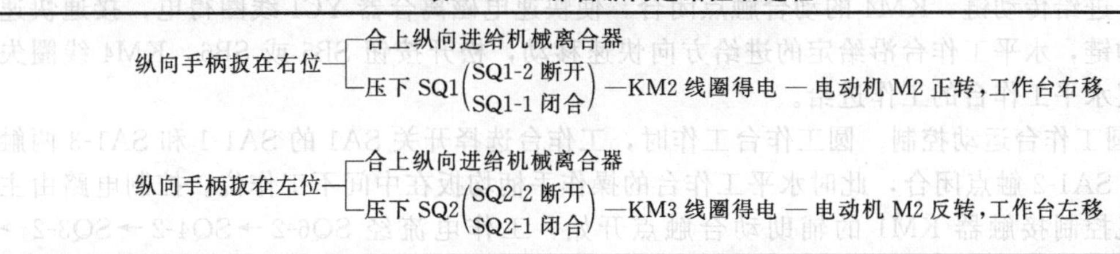

手柄扳到中间位时，纵向机械离合器脱开，行程开关 SQ1 与 SQ2 不受压，因此进给电动机不转动，工作台停止移动。工作台的两端安装有限位撞块，当工作台运行到达终点位时，撞块撞击手柄，使其回到中间位置，实现工作台的终点停车。

② 水平工作台横向和升降进给运动控制　水平工作台横向和升降进给运动的选择和联锁是通过十字复式手柄和行程开关 SQ3、SQ4 组合控制，操作手柄有上、下、前、后四个工作位置和一个中间不工作位置。扳动手柄到选定运动方向的工作位，即可接通该运动方向的机械传动链，同时压动行程开关 SQ3 或 SQ4，行程开关的动合触点闭合使控制进给电动机转动的接触器 KM2 或 KM3 的线圈得电，电动机 M2 转动，工作台在相应的方向上移动；行程开关的动断触点如纵向行程开关一样，在联锁电路中，构成运动的联锁控制。工作台横向与垂直方向进给控制过程如表 6-5 所示。控制电路由主轴电动机控制接触器 KM1 的辅助动合触点开始，工作电流经 SA1-3→SQ2-2→SQ1-2→SA1-1→SQ3-1→KM3 到 KM2 线圈，或者由 SA1-1 经 SQ4-1→KM2 到 KM3 线圈。

十字复式操作手柄扳在中间位置时，横向与垂直方向的机械离合器脱开，行程开关 SQ3 与 SQ4 均不受压，因此进给电动机停转，工作台停止移动。固定在床身上的挡块在工作台移动到极限位置时，撞击十字手柄，使其回到中间位置，切断电路，使工作台在进给终点停车。

表 6-5　工作台横向与垂直方向进给控制过程

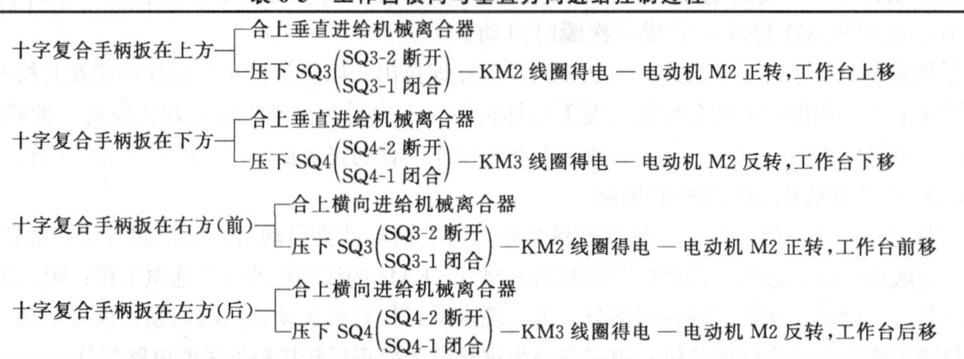

③ 水平工作台进给运动的联锁控制　由于操作手柄在工作时，只存在一种运动选择，因此铣床直线进给运动之间的联锁满足两操作手柄之间的联锁即可实现。联锁控制电路如前章联锁电路所述，由两条电路并联组成，纵向手柄控制的行程开关 SQ1、SQ2 的动断触点串联在一条支路上，十字复式手柄控制的行程开关 SQ3、SQ4 动断触点串联在另一条支路上，扳动任一操作手柄，只能切断其中一条支路，另一条支路仍能正常通电，使接触器 KM2 或 KM3 的线圈不失电，若同时扳动两个操作手柄，则两条支路均被切断，接触器 KM2 或 KM3 断电，工作台立即停止移动，从而防止机床运动干涉造成设备事故。

④ 水平工作台的快速移动　水平工作台选定进给方向后，可通过电磁离合器接通快速机械传动链，实现工作台空行程的快速移动。快速移动为手动控制，按下启动按钮 SB5 或 SB6，接触器 KM4 的线圈得电，其动断触点断开，使正常进给电磁离合器 YC2 线圈失电，断开工作进给传动链，KM4 的动合触点闭合，使快速电磁离合器 YC1 线圈得电，接通快速移动传动链，水平工作台沿给定的进给方向快速移动，松开按钮 SB5 或 SB6，KM4 线圈失电，恢复水平工作台的工作进给。

⑤ 圆工作台运动控制　圆工作台工作时，工作台选择开关 SA1 的 SA1-1 和 SA1-3 两触点打开，SA1-2 触点闭合，此时水平工作台的操作手柄均扳在中间不工作位。控制电路由主轴电动机控制接触器 KM1 的辅助动合触点开始，工作电流经 SQ6-2→SQ4-2→SQ3-2→SQ1-2→SQ2-2→SA1-2→KM3 到 KM2 线圈，KM2 主触点闭合，进给电动机 M2 正转，拖动圆工作台转动，圆工作台只能单方向旋转。圆工作台的控制电路串联了水平工作台工作行程开关 SQ1～SQ4 的动断触点，因此水平工作台任一操作手柄扳到工作位置，都会压动行程开关，切断圆工作台的控制电路，使其立即停止转动，从而起着水平工作台进给运动和圆工作台转动之间的联锁保护控制。

⑥ 水平工作台变速时的瞬时点动　水平工作台变速瞬时点动控制原理与主轴变速瞬时点动相同。变速手柄拉出后选择转速，再将手柄复位，变速手柄在复位的过程中压动瞬时点动行程开关 SQ6，SQ6 的动合触点闭合接通接触器 KM2 的线圈电路，使进给电动机 M2 转动，动断触点切断 KM2 线圈电路的自锁。变速手柄复位后，松开行程开关 SQ6。与主轴瞬时点动操作相同，也要求手柄复位时迅速、连续，一次不到位，要立即拉出变速手柄，再重复瞬时点动的操作，直到实现齿轮处于良好啮合状态，进入正常工作。

6.3 项目训练——铣床电气控制系统检修

6.3.1 训练目的

① 了解铣床的主要运动形式，熟悉电路工作原理。

② 了解机床电气故障检修的基本要求。

③ 熟练掌握机床电气故障检修的步骤、方法和技巧。

④ 会用电阻法、电压法等测试方法检测电气故障。

⑤ 熟悉电气检修的安全知识。

6.3.2 训练器材

① 机床电气实训考核柜： 1台

② 常用电工工具： 1套

③ 数字式万用表： 1个

6.3.3 训练内容及操作步骤

① 熟悉铣床电气控制线路工作原理，熟悉电器元件的安装位置，明确各电器元件的功能和作用。

② 现场观摩铣床操作。

• 观摩主要内容有：为加深对铣床结构、各手柄的作用、元器件位置、机械与电气的联合动作及铣床的操作的认识，观摩操作的主要内容如下：铣床的主要组成部件的认识；通过铣床的铣削加工演示观察铣床的主轴停车制动、变速冲动的动作过程，观察两地启动停止操作、工作台快速移动控制。注意观察各种运动的操纵、电动机的运转状态及传动情况；观察各种元器件的安装位置及其配线。

• 细心观察并体会工作台与主轴之间的联锁关系，纵向操纵、横向操纵与垂直操纵之间的联锁关系，变速冲动与工作台自动进给的联锁关系，圆工作台与工作台自动进给连锁的关系。

• 在教师指导下进行铣床主轴启动、制动、瞬时点动操作，进给电动机的六个方向进给控制，圆工作台的单方向运转控制等。

③ 实训柜通电模拟运行操作。

• 在进行铣床电气故障检修前，首先要将各故障开关复位，查看各电器元件上的接线是否紧固，各熔断器是否安装良好，查看热继电器是否复位，查看急停按钮是否按下，查看各控制开关、操作手柄是否处于正确的位置等。

• 在X62W铣床线路无故障情况下，根据电路图功能依次操作各主令电器，观察正确的控制效果和电器动作情况，熟练掌握各电动机启停操作步骤。

④ 每次设置一个故障开关。认真观察故障现象，分析可能的故障原因，确定检查方法和步骤，逐一检查相关电气元件和连线确定故障点，并标示在原理图中。并将检查过程记录下来，填写在格式如表6-6所示的表格中。

表6-6 X62W铣床电路故障排查训练记录表

班级__________ 姓名__________ 学号__________

故障序号	故障现象	故障原因分析	检修步骤	结论
⋮	⋮	⋮	⋮	⋮

⑤ 每次设置两个故障开关。认真观察故障现象，分析可能的故障原因，确定检查方法和步骤，逐一检查相关电气元件和连线确定故障点，并标示在原理图中。

⑥ 两人或三人一组进行电气故障排查。

6.3.4 注意事项

① 应在指导教师指导下操作设备，安全第一。设备通电后，严禁在电器侧随意扳动电器件。进行排故训练，尽量采用不带电检修。若带电检修，则必须有指导教师或同组同学在现场监护。

② 必须安装好各电机、支架接地线、设备下方垫好绝缘橡胶垫，厚度不小于5mm，操作前要仔细查看各接线端，有无松动或脱落，以免通电后发生意外或损坏电器。

③ 在操作中若发出不正常声响，应立即断电，查明故障原因待修。故障噪声主要来自电机缺相运行，接触器、继电器吸合不正常等。

④ 发现熔芯熔断，应查出故障后，方可更换同规格熔芯。

⑤ 在维修设置故障中不要随便互换接线端处号码管。

⑥ 操作时用力不要过大，速度不宜过快；操作频率不宜过于频繁。

⑦ 熟悉铣床各控制开关、操作手柄和按钮的功能，明确正确的操作顺序和各电气设备的相应运动形式和动作，这样才能看准故障现象，采用恰当的排查故障方法，得出正确结论。

⑧ 训练结束后，应拔出电源插头，将各开关置分断位。

⑨ 认真作好训练记录。

6.3.5 思考和讨论

① 试分析铣床实训柜与实际铣床控制系统的有何不同。

② 试分析铣床实训柜中人为设置的故障与现场故障有何不同。

③ 根据不同类型的故障，试讨论如何修复故障点。

6.4 项目考评

电气故障检修考核配分及评分标准同表5-4。

6.5 项目拓展

实际生产中，对机械设备常有多种速度输出的要求，通常采用单速电动机时，需配有机械变速系统以满足变速要求。车床和铣床均采用机械调速方式，而当设备的结构尺寸受到限制或要求速度连续可调时，常采用多速电动机或电动机调速，交流电动机的调速由于晶闸管技术的发展，已得到广泛的应用，但由于其控制电路复杂，造价高，普通中小型设备使用较少。应用较多的还是多速交流电动机。

由电工学可知，$n=\frac{60f_1}{p}(1-s)$，f_1为电源频率。电动机的转速与电动机的磁极对数有关，改变电动机的磁极对数即可改变其转速。采用改变磁极对数的变速方法一般只适合笼型异步电动机，下面以双速电动机为例分析这类电动机的控制电路。

(1) 电动机磁极对数的产生与变化

笼型异步电动机有两种改变磁极对数的方法：第一种是改变定子绕组的连接，即改变定子绕组中电流流动的方向，形成不同的磁极对数；第二种是在定子绕组上设置具有不同磁极对数的两套互相独立的绕组。当一台电动机需要较多级数的速度输出时，也可两种方法同时采用。

双速电动机的定子绕组由两个线圈连接而成，线圈之间，有导线引出，如图 6-3 所示。

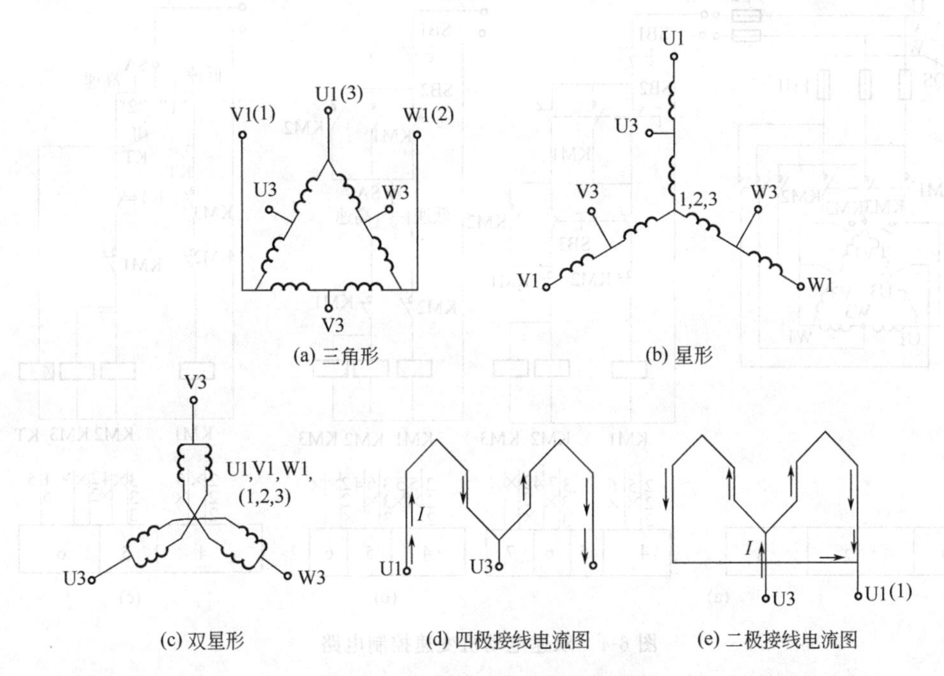

图 6-3 双速电动机定子绕组接线

常见的定子绕组接线有两种：一种是由单星形改为双星形；即将图（b）连接方式换成图（c）连接方式；另一种是由三角形改为双星形，即由图（a）连接换成图（c）连接。当每相定子绕组的两个线圈串联后接入三相电源，电流流动方向及电流分布如图（d）所示，形成四极低速运行。每相定子绕组的两个线圈并联时，由中间导线端子接入三相电源，其他两端汇集一点构成双星形连接，电流流动方向及电流分布改变如图（e）所示，此时形成二极高速运行。两种接线方式变换使磁极对数减少一半，其转速增加一倍。单星形-双星形切换适用于拖动恒转矩性质的负载；三角形-双星形切换适用于拖动恒功率性质的负载。

（2）双速电动机控制电路

图 6-4 是双速电动机三角形-双星形变换控制的电路图，图中主电路接触器 KM1 的主触点闭合，构成三角形连接；KM2 和 KM3 的主触点闭合构成双星形连接。必须指出，当改变定子绕组接线时，必须同时改变定子绕组的相序，即对调任意两相绕组出线端，以保证调速前后电动机的转向不变。控制电路有三种：图（a）控制电路由复合按钮 SB2 接通接触器 KM1 的线圈电路，KM1 主触点闭合，电动机低速运行。SB3 接通 KM2 和 KM3 的线圈电路，其主触点闭合，电动机高速运行。为防止两种接线方式同时存在，KM1 和 KM2 的动断触点在控制电路中构成互锁。图（b）控制电路采用选择开关 SA，选择接通 KM1 线圈电路或 KM2、KM3 的线圈电路，即选择低速运行或者高速运行。图（a）和图（b）的控制电路用于小功率电动机，图（c）的控制电路是用于较大功率的电动机，选择开关 SA 选择低速运行或高速运行。SA 位于“1”的位置时，选择低速运行，接通 KM1 线圈电路，直接启动低速运行；SA 位于“2”的位置时，选择高速运行，首先接通 KM1 线圈电路低速启动，然后由时间继电器 KT 切断 KM1 的线圈电路，同时接通 KM2 和 KM3 的线圈电路，电动机的转速自动由低速切换到高速。

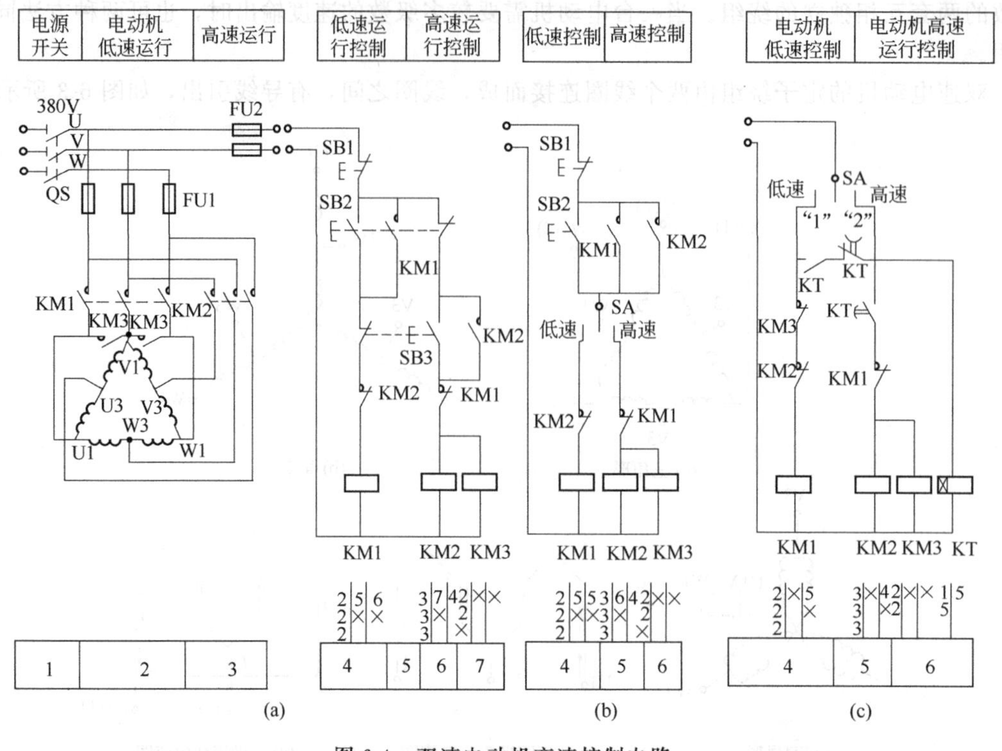

图 6-4 双速电动机变速控制电路

6.6 思考题与习题

6-1 X62W万能铣床电气控制线路中设置主轴及进给冲动控制环节的作用是什么？

6-2 简述X62W万能铣床控制线路中圆工作台控制过程及联锁保护原理。

6.7 课业

（1）课业题目

分析一个典型设备控制系统（如磨床控制系统、镗床控制系统、桥式起重机控制系统、冷库控制系统等）。

（2）课业目标

通过典型设备图片、操作视频、控制系统分析等课业展示与讲解，深入理解其运动形式和控制要求，掌握典型设备控制系统的分析方法。

（3）课业实施

① 学生选题、分组阶段。学生分组查阅资料，确定拟详细了解和学习的典型设备控制系统，并进行任务分解。

② 资料查询、学习阶段。资料查询或市场调研，然后小组成员对资料进行汇总、分析、讨论、整理，并形成总结报告，最后制作PPT，准备课业汇报与交流。

③ 课业交流讨论阶段。以课业小组为单位组织课业成果交流讨论，指导教师最后总结讲评。

④ 课业评价：课业成绩＝学生考评组评价(40％)＋教师考评(60％)。

项目7

PLC安装与接线

7.1 项目目标

① 了解 PLC 及 GE PLC 的基本组成及工作原理。

② 熟悉 PLC 的选型与系统配置方法。

③ 掌握 PLC 的安装与接线方法。

④ 了解 PLC 的维护常识。

7.2 知识准备

7.2.1 PLC 概述

7.2.1.1 PLC 的产生及命名

20 世纪 60 年代，人们曾试图用小型计算机来实现工业控制代替传统的继电接触器控制，但因价格昂贵、输入输出电路不匹配、编程复杂等原因，而没能得到推广和应用。60 年代末，美国通用汽车公司（GM）为了适应汽车型号不断翻新的需要，提出需要有这样一种控制设备取代继电器控制装置，即：

① 它的继电控制系统设计周期短，更改容易，接线简单，成本低；

② 它能把计算机的许多功能和继电控制系统结合起来，但编程又比计算机简单易学，操作方便；

③ 系统通用性强。

1969 年美国 DEC 公司研制出第一台可编程控制器，用在 GM 公司自动装配线上获得成功。其后日本、德国等相继引入，可编程控制器迅速发展起来。这一时期它主要用于顺序控制。虽然也采用了计算机的设计思想，但实际上只能进行逻辑运算，故称为“可编程逻辑控制器”，简称为 PLC（Programmable Logic Controller）。

进入 20 世纪 80 年代，由于计算机技术和微电子技术的迅猛发展，极大地推动了 PLC 的发展，使得 PLC 的功能日益增强。PLC 可进行模拟量控制、位置控制和 PID（Proportion Integral Differential）控制等，易于实现柔性制造系统（FMS）。远程通信功能的实现更使得 PLC 如虎添翼。无怪乎有人将 PLC 称为现代化控制的三大支柱（即 PLC、机器人和计算机辅助设计/制造 CAD/CAM）之一。由于 PLC 的功能已远远超出逻辑控制、顺序控制的范围，故称为“可编程控制器”，简称 PC（Programmable Controller）。但因 PC 容易和“个人计算机”(Personal Computer)混淆，故人们仍习惯地用PLC作为可编程控制器的缩写。

对于PLC的定义，国际电工委员会(IEC)在1987年2月颁布的可编程控制器标准的第三稿中写道：“可编程控制器是一种数字运算操作的电子系统，是专为在工业环境下应用设计的。它采用可编程序的存储器，用来在内部存储执行逻辑运算、顺序控制、定时、计数和算术运算等操作的指令，并采用数字式、模拟式的输入和输出，控制各种类型的机械或生产过程。可编程控制器及其有关设备，都应按易于与工业控制系统连成一个整体、易于扩充其功能的原则设计。”

目前，PLC已广泛应用于冶金、矿业、机械、轻工等领域，为工业自动化提供了有力的工具，加速了机电一体化的进程。

世界上生产PLC的厂家有200多个，知名的厂家有：美国的AB公司、通用电气(GE)公司、莫迪康(MODICON)公司；日本的三菱(MITSUBISHI)公司、欧姆龙(OMRON)公司、松下电工公司等；德国的西门子(SIEMENS)公司；法国的TE公司、施耐德(SCHNEIDER)公司；韩国的三星(SAMSUNG)公司、LG公司等。

7.2.1.2 PLC的主要特点

(1)运行稳定可靠

为保证PLC能在工业环境下可靠工作，在设计和生产过程中采取了一系列硬件和软件的抗干扰措施，主要有以下几个方面。

① 隔离，这是抗干扰的主要措施之一。PLC的输入输出接口电路一般采用光电耦合器来传递信号，这种光电隔离措施，使外部电路与内部电路之间避免了电的联系，可有效地抑制外部干扰源对PLC的影响，同时防止外部高电压窜入，减少故障和误动作。

② 滤波，这是抗干扰的另一个主要措施，在PLC的电源电路和输入、输出电路中设置了多种滤波电路，用以对高频干扰信号进行有效抑制。

③ 对PLC的内部电源还采取了屏蔽、稳压、保护措施，以减少外界干扰，保证供电质量。另外使输入/输出接口电路的电源彼此独立，以避免电源之间的干扰。

④ 内部设置了联锁、环境检测与诊断、Watchdog(“看门狗”)等电路，一旦发现故障或程序循环执行时间超过了警戒时钟WDT规定时间(预示程序进入了死循环)，立即报警，以保证CPU可靠工作。

⑤ 利用系统软件定期进行系统状态、用户程序、工作环境和故障的检测，并采取信息保护和恢复措施。

⑥ 对应用程序及动态工作数据进行电池备份，以保障停电后有关状态或信息不丢失。

⑦ 采用密封、防尘、抗振的外壳封装结构，以适应工作现场的恶劣环境。

另外，PLC是以集成电路为基本元件的电子设备，内部处理过程不依赖于机械触点，也是保障可靠性高的重要原因；而采用循环扫描的工作方式，也提高了抗干扰能力。

通过以上措施，保证了PLC能在恶劣的环境中可靠地工作，使平均故障间隔时间(MTBF)指标高，故障修复时间短。目前，MTBF一般已达到 $(4\sim5)\times10^4$h。

(2)可实现三电一体化

PLC将逻辑控制、过程控制和运动控制集于一体，可以方便灵活地组合成各种不同规模和要求的控制系统，以适应各种工业控制的需要。

(3)编程简单、使用方便

PLC继承了传统继电器控制电路清晰直观的特点，充分考虑电气工人和技术人员的读图习惯，采用面向控制过程和操作者的“自然语言”——梯形图为基本编程语言，不需要具备计算机的专门知识，容易学习和掌握。控制系统采用软件编程来实现控制功能，其外围只需将信号输入设备（按钮、开关等）和接收输出信号执行控制任务的输出设备（如接触器、电磁阀等执行元件）与PLC的输入输出端子相连接，安装简单，工作量少。当生产工艺流程改变或生产线设备更新时，不必改变PLC硬件设备，只需改编程序即可，灵活方便，具有很强的“柔性”。

(4) 采用模块化结构，体积小、重量轻、功耗低

为了适应各种工业控制需要，除了单元式的小型PLC以外，绝大多数PLC均采用模块化结构，系统的规模和功能可根据用户的需要自行组合，然后将所选用的模块插入PLC机架上的槽内构成一个PLC系统。各种模块上均有运行和故障指示装置，便于用户了解运行情况和查找故障。由于采用模块化结构，因此一旦某模块发生故障，用户可以通过更换模块的方法使系统迅速恢复运行。其结构紧密、坚固、体积小巧，易于装入机械设备内部，是实现机电一体化的理想控制设备。

(5) 设计、施工、调试周期短

用可编程序控制器完成一项控制工程时，由于其硬、软件齐全，设计和施工可同时进行，由于用软件编程取代了继电器硬接线实现控制功能，使得控制柜的设计安装及接线工作量大为减少，缩短了施工周期。同时，由于用户程序大都可以在实验室模拟调试，模拟调试好后再将PLC控制系统在生产现场进行联机统调，使得调试方便、快速、安全，因此大大缩短了设计和投运周期。

7.2.1.3 PLC与其他控制系统的区别

(1) PLC与继电器控制系统的比较

在可编程序控制器出现以前，继电器接线电路是逻辑控制、顺序控制的唯一执行者，它结构简单，价格低廉，一直被广泛应用。但它与PLC控制系统相比有许多缺点，如表7-1所示。

表7-1 PLC与继电器逻辑控制系统的比较

比较项目	继电器逻辑	可编程序控制器
控制逻辑	体积大、接线复杂，修改困难	存储逻辑体积小，连线少，控制灵活，易于扩展
控制速度	通过触点开闭实现控制作用，动作速度为几十毫秒，易出现触点抖动	由半导体电路实现控制作用，每条指令执行时间在微秒级，不会出现触点抖动
限时控制	由时间继电器实现，精度差，易受环境温度影响	用半导体集成电路实现，精度高，时间设置方便，不受环境、温度影响
设计与施工	设计、施工、调试必须顺序进行，周期长，修改困难	在系统设计后，现场施工与程序设计可同时进行，周期短，调试修改方便
可靠性与可维护性	寿命短，可靠性与可维护性差	寿命长，可靠性高；有自诊断功能，易于维护
价格	使用机械开关、继电器及接触器等，价格便宜	使用大规模集成电路，初期投资较高

(2) PLC与微机的区别

采用微机电子技术制作的可编程序控制器，它也是由CPU、RAM、ROM、I/O接口等构成的，与微机有相似的构造，但又不同于一般的微机，特别是它采用了特殊的抗干扰技术，使它更能适用于工业控制。PLC与微机各自的特点见表7-2。

7.2.1.4 PLC的主要功能及应用

(1) PLC的主要功能

随着PLC技术的不断发展，目前已能完成以下控制功能。

① 开关量的逻辑控制功能。逻辑控制或顺序控制（也称条件控制）功能是指用PLC的与或非指令取代继电器触点的串联并联及其他各种逻辑连接，进行开关控制。

表 7-2 PLC与微机的比较

比较项目	可编程序控制设备	微　机
应用范围	工业控制	科学计算、数据处理、通信等
使用环境	工业现场	具有一定温度、湿度的机房
输入/输出	控制强电设备需光电隔离	与主机采用微电联系不需光电隔离
程序设计	一般为梯形图语言，易于学习和掌握	程序语言丰富，汇编、FORTRAN、BASIC 及 COBOL 等语句复杂，需专门计算机的硬件和软件知识
系统功能	自诊断、监控等	配有较强的操作系统
工作方式	循环扫描方式及中断方式	中断方式

② 定时/计数控制功能。定时/计数控制功能是指用 PLC 提供的定时器、计数器指令实现对某种操作的定时或计数控制，以取代时间继电器和计数继电器。

③ 步进控制功能。步进控制功能是指用步进指令来实现在有多道加工工序的控制中，只有前一道工序完成后，才能进行下一道工序操作的控制，以取代由硬件构成的步进控制器。

④ 数据处理功能。数据处理功能是指 PLC 能进行数据传送、比较、移位、数制转换、算术运算与逻辑运算以及编码和译码等操作。

⑤ A/D 与 D/A 转换功能。A/D 与 D/A 转换功能是指通过 A/D 与 D/A 模块完成模拟量和数字量之间的转换。

⑥ 运动控制功能。运动控制功能是指通过高速计数模块和位置控制模块等进行单轴或多轴运动控制。

⑦ 过程控制功能。过程控制功能是指通过 PLC 的 PID 控制指令或模块实现对温度、压力、速度、流量等物理参数的闭环控制。

⑧ 扩展功能。扩展功能是指通过连接输入/输出扩展单元（即 I/O 扩展单元）模块来增加输入、输出点数，也可通过附加各种智能单元及特殊功能单元来提高 PLC 的控制能力。

⑨ 远程 I/O 功能。远程 I/O 功能是指通过远程 I/O 单元将分散在远距离的各种输入、输出设备与 PLC 主机相连接，进行远程控制，接收输入信号，传出输出信号。

⑩ 通信联网功能。通信联网功能是指通过 PLC 之间的联网、PLC 与上位计算机的连接等，实现远程 I/O 控制或数据交换，以完成较大规模的系统控制。

⑪ 监控功能。监控功能是指 PLC 监视系统各部分的运行状态和进程，对系统中出现的异常情况进行报警和记录，甚至自动终止运行；也可在线调整、修改控制程序中的定时器、计数器等设定值或强制 I/O 状态。

（2）PLC的主要应用

随着微电子技术的快速发展，PLC 的制造成本不断下降，而其功能却大大增强，目前，在先进工业国家中，PLC 已成为工业控制的标准设备，应用面几乎覆盖了所有工业企业，诸如冶金、化工、电力、机械制造、交通、娱乐等各行各业，跃居现代工业自动化三大支柱（PLC、ROBOT、CAD/CAM）的主导地位。

可编程控制器所具有的功能，使它既可用于开关量控制，又可用于模拟量控制；既可用于单机控制，又可用于组成多级控制系统；既可控制简单系统，又可控制复杂系统。主要包括：逻辑控制、运动控制、过程控制、数据处理、多级控制等。

7.2.1.5　PLC 的基本结构

目前 PLC 生产厂家很多，产品结构也各不相同，但其基本组成部分大致如图 7-1 所示。

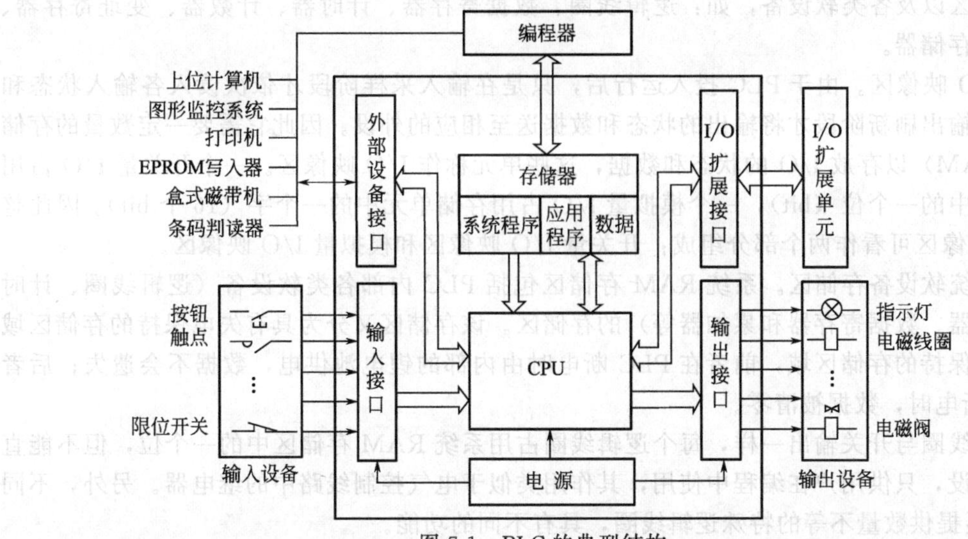

图 7-1 PLC 的典型结构

由图可以看出，PLC 采用了典型的计算机结构，主要包括 CPU、RAM、ROM 和输入、输出接口电路等。其内部采用总线结构进行数据和指令的传输。如果把 PLC 看作一个系统，该系统由输入变量→PLC→输出变量组成。外部的各种开关信号、模拟信号以及传感器检测的各种信号均作为 PLC 的输入变量，它们经 PLC 外部输入端子输入到内部寄存器中，经 PLC 内部逻辑运算或其他各种运算处理后送到输出端子，它们是 PLC 的输出变量。由这些输出变量对外围设备进行各种控制。这里可以把 PLC 看作一个中间处理器或变换器，它将输入变量转换为输出变量。

下面结合图 7-1 PLC 的典型结构具体介绍各部分的作用。

(1) CPU

CPU 是中央处理器（Centre Processing Unit）的英文缩写。CPU 一般由控制电路、运算器和寄存器组成。它作为整个 PLC 的核心，起着总指挥的作用。它主要完成以下功能：

① 将输入信号送入 PLC 的存储器中存储起来；

② 按存放的先后顺序取出用户指令，进行编译；

③ 完成用户指令规定的各种操作；

④ 将结果送到输出端；

⑤ 响应各种外围设备（如编程器、打印机等）的请求。

目前 PLC 中所用的 CPU 多为单片机，在高档机中现已采用 16 位甚至 32 位 CPU。

(2) 存储器

存储器是具有记忆功能的半导体电路，用来存放系统程序、用户程序、逻辑变量和其他一些信息。

虽然各种 PLC 的 CPU 的最大寻址空间各不相同，但是根据 PLC 的工作原理，其存储空间一般包括以下两个区域。

① 系统程序存储区。CPU 只能从系统程序存储区中读取而不能写入。主要存放着相当于计算机操作系统的系统程序。包括监控程序、管理程序、命令解释程序、功能子程序、系统诊断子程序等。由制造厂商将其固化在 EPROM 中，用户不能直接存取，它和硬件一起决定了该 PLC 的性能。

② 系统 RAM 存储区。系统 RAM 存储区可以随时由 CPU 对它进行读出、写入，包括

I/O 映像区以及各类软设备，如：逻辑线圈、数据寄存器、计时器、计数器、变址寄存器、累加器等存储器。

• I/O 映像区。由于 PLC 投入运行后，只是在输入采样阶段才依次读入各输入状态和数据，在输出刷新阶段才将输出的状态和数据送至相应的外设。因此它需要一定数量的存储单元（RAM）以存放 I/O 的状态和数据，这些单元称作 I/O 映像区。一个开关量 I/O 占用存储单元中的一个位（bit），一个模拟量 I/O 占用存储单元中的一个字（16 个 bit）。因此整个 I/O 映像区可看作两个部分组成：开关量 I/O 映像区和模拟量 I/O 映像区。

• 系统软设备存储区。系统 RAM 存储区包括 PLC 内部各类软设备（逻辑线圈、计时器、计数器、数据寄存器和累加器等）的存储区。该存储区又分为具有失电保持的存储区域和无失电保持的存储区域，前者在 PLC 断电时由内部的锂电池供电，数据不会遗失；后者当 PLC 断电时，数据被清零。

逻辑线圈与开关输出一样，每个逻辑线圈占用系统 RAM 存储区中的一个位，但不能直接驱动外设，只供用户在编程中使用，其作用类似于电气控制线路中的继电器。另外，不同的 PLC 还提供数量不等的特殊逻辑线圈，具有不同的功能。

数据寄存器与模拟量 I/O 一样，每个数据寄存器占用系统 RAM 存储区中的一个字（16bits）。另外，PLC 还提供数量不等的特殊数据寄存器具有不同的功能。

• 用户程序存储区。用户程序存储区存放用户编制的用户程序。不同类型的 PLC，其存储容量各不相同。

(3) 输入、输出接口电路

它起着 PLC 和外围设备之间传递信息的作用。PLC 通过输入接口电路将开关、按钮等输入信号转换成 CPU 能接收和处理的信号。输出接口电路是将 CPU 送出的弱电控制信号转换成现场需要的强电信号输出，以驱动被控设备。为了保证 PLC 可靠地工作，设计者在 PLC 的接口电路上采取了不少措施。输入端常采用光电耦合电路，可以大大减少电磁干扰。输出也采用光电隔离电路，并分为三种类型：继电器输出型、晶闸管输出型和晶体管输出型，这使得 PLC 可以适合各种用户的不同要求。其中继电器输出型为有触点输出方式，可用于直流或低频交流负载回路；晶闸管输出型和晶体管输出型皆为无触点输出方式，前者仅能接交流负载，可用于高频大功率交流负载回路，后者仅能接直流负载，用于高频小功率直流负载回路。而且有些输出电路被做成模块式，可以插拔，更换起来十分方便。

(4) 电源

PLC 电源是指将外部交流电经整流、滤波、稳压转换成满足 PLC 中 CPU、存储器、输入、输出接口等内部电路工作所需要的直流电源或电源模块。为避免电源干扰，输入、输出接口电路的电源回路彼此相互独立。

(5) 编程工具

编程工具是 PLC 最重要的外围设备，它实现了人与 PLC 的联系对话。用户利用编程工具不但可以输入、检查、修改和调试用户程序，还可以监视 PLC 的工作状态、修改内部系统寄存器的设置参数以及显示错误代码等。编程工具分两种，一种是手持编程器，只需通过编程电缆与 PLC 相接即可使用；另一种是带有 PLC 专用工具软件的计算机，它通过 RS232 通信口与 PLC 连接，若 PLC 用的是 RS422 或 KS485 通信口，则需另加适配器。

(6) I/O 扩展接口

若主机单元（带有 CPU）的 I/O 点数不够用，可进行 I/O 扩展，即通过 I/O 扩展接口电缆与 I/O 扩展单元（不带有 CPU）相接，以扩充 I/O 点数。A/D、D/A 单元一般也通过接口与主机单元相接。

除了上面介绍的几个主要部分外，PLC上还常常配有连接各种外围设备的接口，并均留有插座，可通过电缆方便地配接诸如串行通信模块、EPROM写入器、打印机、录音机等。

7.2.1.6 PLC的工作原理

(1) 循环扫描工作制

PLC虽具有微机的许多特点，但它的工作方式却与微机有很大不同。微机一般采用等待命令的工作方式，而PLC则采用循环扫描的工作方式。在PLC中用户程序按先后顺序存放，如图7-2所示。

图7-2 PLC循环扫描工作示意图

对每个程序，CPU从第一条指令开始执行，直至遇到结束符后又返回第一条，如此周而复始不断循环，每一个循环称为一个扫描周期。扫描周期的长短主要取决于以下几个因素：一是CPU执行指令的速度；二是执行每条指令占用的时间；三是程序中指令条数的多少。

每个扫描周期包括三个阶段，即输入采样、用户程序执行和输出刷新三个阶段。

输入采样	用户程序执行	输出刷新	输入采样	用户程序执行	输出刷新	…	…
←第一个扫描周期→			←第二个扫描周期→				

① 输入采样阶段。在输入采样阶段，PLC以扫描方式依次地读入所有输入状态和数据，并将它们存入I/O映像区中的相应单元内。输入采样结束后，转入用户程序执行和输出刷新阶段。在这两个阶段中，即使输入状态和数据发生变化，I/O映像区中的相应单元的状态和数据也不会改变。因此，如果输入是脉冲信号，则该脉冲信号的宽度必须大于一个扫描周期，才能保证在任何情况下，该输入均能被读入。

② 用户程序执行阶段。在用户程序执行阶段，PLC总是按先左后右、先上后下的顺序对由触点构成的控制线路进行逻辑运算，然后根据逻辑运算的结果，刷新该逻辑线圈在系统RAM存储区中对应位的状态；或者刷新该输出线圈在I/O映像区中对应位的状态；或者确定是否要执行该梯形图所规定的特殊功能指令。即在用户程序执行过程中只有输入点在I/O映像区内的状态和数据不会发生变化，而其他输出点和软设备在I/O映像区或系统RAM存储区内的状态和数据都有可能发生变化。

由于PLC采用循环扫描的工作方式，所以它的输出对输入的响应速度要受扫描周期的影响。PLC的这一特点，一方面使它的响应速度变慢，但另一方面也使它的抗干扰能力增强，对一些短时的瞬间干扰，可能会因响应滞后而躲避开。这对一些慢速控制系统是有利的，但对一些快速响应系统则不利，在使用中应特别注意这一点。

③ 输出刷新阶段。当扫描用户程序结束后，PLC就进入输出刷新阶段。在此期间，CPU按照I/O映像区内对应的状态和数据刷新所有的输出锁存电路，再经输出电路驱动相应的外设，这时，才是PLC的真正输出。

总之，采用循环扫描的工作方式，是PLC区别于微机和其他控制设备的最大特点，使用者对此应给予足够的重视。

(2) PLC的I/O响应时间

所谓I/O响应时间是指从PLC的某一输入信号变化开始到系统有关输出端信号的改变所需的时间。最短的I/O响应时间就是一个扫描周期，而最长的I/O响应时间为：一个扫描周期的时间再加上前一个扫描周期的用户程序执行时间和输出刷新时间。

(3) I/O 寻址方式

不论哪一种 PLC，都必须确立用于连接工业现场的各个输入/输出点与 PLC 的 I/O 映像区之间的对应关系，即给每一个输入/输出点以明确的地址，确立这种对应关系所采用的方式称为 I/O 寻址方式。

I/O 寻址方式有以下三种。

① 固定的 I/O 寻址方式。这种 I/O 寻址方式是由 PLC 制造厂家在设计、生产 PLC 时确定的，它的每一个输入/输出点都有一个明确的固定不变的地址。一般来说，单元式的 PLC 采用这种 I/O 寻址方式。

② 开关设定的 I/O 寻址方式。这种 I/O 寻址方式是由用户通过对机架和模块上的开关位置的设定来确定的。

③ 用软件来设定的 I/O 寻址方式。这种 I/O 寻址方式是有用户通过软件来编制 I/O 地址分配表来确定的。

7.2.1.7 PLC 的技术性能

各厂家的 PLC 产品技术性能不尽相同，且各有特色，这里不可能一一介绍，只能简单介绍一些基本的技术性能。

(1) 输入/输出点数（即 I/O 点数）

这是 PLC 最重要的一项技术指标。所谓 I/O 点数即 PLC 外部的输入、输出端子数。这些端子可通过螺钉或电缆端口与外部设备相连。

(2) 程序容量

一般以 PLC 所能存放用户程序的多少来衡量。在 PLC 中程序是按“步”存放的（一条指令少则 1 步、多则十几步），一“步”占用一个地址单元，一个地址单元占两个字节。如一个程序容量为 1000 步的 PLC，可推知其程序容量为 2K 字节。

(3) 扫描速度

如上所述，PLC 工作时是按照扫描周期进行循环扫描的，所以扫描周期的长短决定了 PLC 运行速度的快慢。因扫描周期的长短取决于多种因素，故一般用执行 1000 步指令所需时间作为衡量 PLC 速度快慢的一项指标，称为扫描速度，单位为“ms/k”。扫描速度有时也用执行一步指令所需的时间来表示，单位为“μs/步”。

(4) 指令条数

这是衡量 PLC 软件功能强弱的主要指标。PLC 具有的指令种类越多，说明其软件功能越强。PLC 指令一般分为基本指令和高级指令两部分。

(5) 内部继电器和寄存器

PLC 内部有许多继电器和寄存器，用以存放变量状态、中间结果、数据等，还有许多具有特殊功能的辅助继电器和寄存器，如定时器、计数器、系统寄存器、索引寄存器等。用户通过使用它们，可简化整个系统的设计。因此内部继电器、寄存器的配置情况是衡量 PLC 硬件功能的一个指标。

(6) 编程语言及编程手段

编程语言一般分为梯形图、助记符语句表、控制系统流程图等几类，不同厂家的 PLC 编程语言类型有所不同，语句也各异。编程手段主要是指用何种编程装置，编程装置一般分为手持编程器和带有相应编程软件的计算机两种。

(7) 高级模块

PLC 除了主控模块外还可以配接各种高级模块。主控模块实现基本控制功能，高级模块则可实现某种特殊功能。高级模块的种类及其功能的强弱常用来衡量该 PLC 产品的水平如何。目前各厂家开发的高级模块种类很多，主要有以下这些：A/D、D/A、高速计数、高速脉冲输出、PID控制、模糊控制、位置控制、网络通信以及物理量转换模块等。这些高级模块使PLC不但能进行开关量顺序控制，而且能进行模拟量控制，以及精确的速度和定位控制。特别是网络通信模块的迅速发展，使得PLC可以充分利用计算机和互联网的资源，实现远程监控。近年来出现的网络机床、虚拟制造等就是建立在网络通信技术的基础上。

7.2.1.8 PLC的分类

目前各个厂家生产的PLC其品种、规格及功能都各不相同。其分类也没有统一标准，这里仅介绍常见的三种分类方法供参考，如表7-3～表7-5所示。

表7-3 按结构分类表

分类	结构形式	主要特点
一体式	将PLC的各部分电路包括I/O接口电路、CPU、存储器、稳压电源均封装在一个机壳内，称为主机。主机可用电缆与I/O扩展单元、智能单元、通信单元相连接	结构紧凑、体积小、价格低。一般小型PLC机采用这种结构。常用于单机控制的场合
模块式	将PLC的各基本组成部分做成独立的模块，如CPU模块(包括存储器)、电源模块、输入模块、输出模块。其他各种智能单元和特殊功能单元也制成各自独立的模块。然后通过插槽板以搭积木的方式将它们组装在一起，构成完整的系统	对被控对象应变能力强，便于灵活组合。可随意插拔，易于维修。一般中、大型机都采用这种结构

表7-4 按I/O点数和程序容量分类表

分　类	I/O点数	程序容量
超小型机	64点以内	256～1000字节
小型机	64～256	1～3.6K字节
中型机	256～2048	3.6～13K字节
大型机	2048以上	13K字节以上

表7-5 按功能分类表

分　类	主要功能	应用场合
低档机	具有逻辑运算、定时、计数、移位及自诊断、监控等基本功能。有的还有少量的模拟量I/O、数据传送、运算及通信等功能	主要适用于开关量控制、顺序控制、定时/计数控制及少量模拟量控制的场合
中档机	除了进一步增加以上功能外，还具有数制转换、子程序调用、通信联网功能，有的还具有中断控制、PID回路控制等功能	适用于既有开关量又有模拟量的较为复杂的控制系统，如过程控制、位置控制等
高档机	除了进一步增加以上功能外，还具有较强的数据处理功能、模拟量调节，特殊功能的函数运算、监控、智能控制及通信联网的功能	适用于更大规模的过程控制系统，并可构成分布式控制系统，形成整个工厂的自动化网络

注：以上分类并不很严格，特别是市场上许多小型机已具有中、大型机功能，故表中所列仅供参考。

7.2.1.9 PLC的编程语言

PLC的编程语言目前主要有以下几种：梯形图语言、助记符语句表语言和流程图(SFC)语言。也有一些PLC可用BASIC等高级语言进行编程，但很少使用。其中前两种用得最为广泛。

图7-3所示是一个采用SFC语言编程的例子。图7-3(a)是表示该任务的示意图，要求控制电动机正反转，实现小车往返行驶。按钮SB控制启、停。SQ11、SQ12、SQ13分别为

三个限位开关，控制小车的行程位置。图 7-3(b) 是动作要求示意图；图 7-3(c) 是按照动作要求画出的流程图；图 7-3(d) 是将流程图中符号改为 PLC 指定符号后的流程图程序。可以看到：整个程序完全按动作顺序直接编程，非常直观简便，思路很清楚，很适合顺序控制的场合。由于流程图语言编译较为复杂，目前仅限于一些大公司生产的 PLC 中使用。

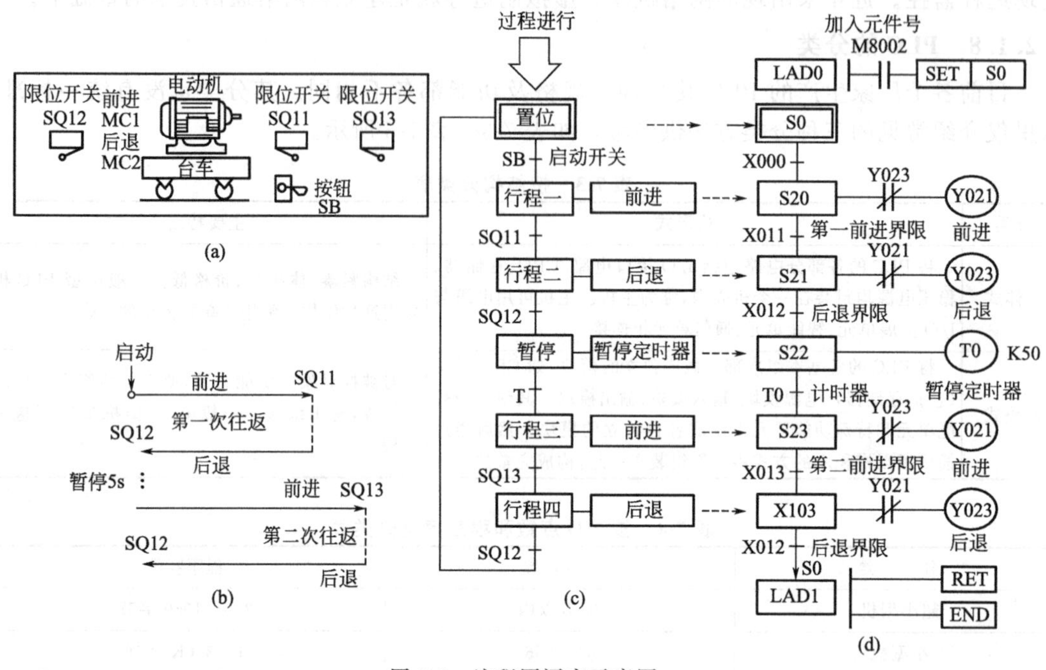

图 7-3　流程图语言示意图

本书主要介绍梯形图语言和助记符语言。应该指出，由于 PLC 的设计和生产至今尚无国际统一标准，因而不同厂家生产的 PLC 所用语言和符号也不尽相同。但它们的梯形图语言的基本结构和功能是大同小异的，所以了解其中一种就很容易学会其他语言。本节只介绍一些有关 PLC 编程语言的基本知识，在后面章节中将结合具体产品详细介绍。

(1) 梯形图语言

梯形图在形式上沿袭了传统的继电接触器控制图，作为一种图形语言，它将 PLC 内部的编程元件（如继电器的触点、线圈、定时器、计数器等）和各种具有特定功能的命令用专用图形符号、标号定义，并按逻辑要求及连接规律组合和排列，从而构成了表示 PLC 输入、输出之间控制关系的图形。由于它在继电接触器的基础上加进了许多功能强大、使用灵活的指令，并将计算机的特点结合进去，使逻辑关系清晰直观，编程容易，可读性强，所实现的功能也大大超过传统的继电接触器控制电路，所以很受用户欢迎。它是目前用得最多的 PLC 编程语言。

① 梯形图的基本符号。在梯形图中，分别用符号┤├、┤/├表示 PLC 编程元件（软继电器）的常开触点和常闭触点，用符号表示其线圈。与传统的控制图一样，每个继电器和相应的触点都有自己的特定标号，以示区别，其中有些对应 PLC 外部的输入、输出，有些对应内部的继电器和寄存器。它们并非是物理实体，而是“软继电器”，每个“软继电器”仅对应 PLC 存储单元中的一位。该位状态为“1”时，对应的继电器线圈接通，其常开触点闭合、常闭触点断开；状态为“0”时，对应的继电器线圈不通，其常开、常闭触点保持原态。另外一些在 PLC 中进行特殊运算和数据处理的指令，也被看做是一些广义的、特殊的输出

元件，常用类似于输出线圈的方括号加上一些特定符号来表示。这些运算或处理一般是以前面的逻辑运算作为其触发条件。

② 梯形图的书写规则

• 梯形图的书写顺序是自左至右、自上而下，CPU 也是按此顺序执行程序。

• 每个输出线圈组成一个梯级，每个梯形图是由多个梯级（逻辑行）组成的。每层逻辑行起始于左母线，经过触点的各种连接，最后通过线圈或其他输出元件，终止于右母线。每一个逻辑行实际代表一个逻辑方程。

• 由于梯形图中的线圈和触点均为“软继电器”，所以同一标号的触点可以反复使用，次数不限，这也是 PLC 区别于传统控制的一大优点。但为了防止输出出现混乱，规定同一标号的线圈只能使用一次。

• 梯形图中的触点画在水平线上，不画在垂直线上。

• 梯形图中的触点可以任意串、并联，但输出线圈只能并联，不能串联。

• 梯形图中的“输入触点”仅受外部信号控制，而不能由内部继电器的线圈将其接通或断开，所以在梯形图中只能出现“输入触点”，而不可能出现“输入继电器的线圈”。

• 程序结束时应有结束指令。

应该注意的是，梯形图上的元素所采用的激励、失电、闭合、断开等电路中的术语，仅用于表示这些元素的逻辑状态。同时，为了分析梯形图中各组成元件的状态，常采用能流或指令流的概念，它的状态用于说明该梯级所处的状态。能流的方向规定从左到右。

(2) 助记符语言

助记符语言类似于计算机汇编语言，它用一些简洁易记的文字符号表达 PLC 的各种指令。对于同一厂家的 PLC 产品，其助记符语言与梯形图语言是相互对应的，可互相转换。助记符语言常用于手持编程器中，因其显示屏幕小，不便输入和显示梯形图。而梯形图语言则多用于计算机编程环境中。

7.2.2 GE PLC 概述

7.2.2.1 GE 智能平台控制器介绍

GE（General Electric Company）自动化产品主要包括：GE Intelligent Platforms Controller、GE IntelligentPlatforms Remote I/O、Motion、QuickPanel、QuickPanel View/Control、Windows PC、Windows PC Mirror。其中，GE Intelligent Platforms Controller（GE 智能平台控制器）共有七大产品系列，如图 7-4 所示。其性能由高到低分别为：PACSystems RX7i 控制器、PACSystems RX3i 控制器、系列 90-70 PLC、系列 90-30 PLC、VersaMax PLC、VersaMax Micro 和 VersaMax Nano 控制器。

从紧凑经济的小型可编程逻辑控制器（PLC）到先进的可编程自动化控制器（PAC）和开放灵活的工业 PC，GE Fanuc 有各种各样现成的解决方案，满足各种工控需求。GE 把这些灵活的自动化产品与单一的强大的软件组件集成在一起，就是通用的 Proficy Machine Edition（PME）软件，该软件组件为我们所有的控制器、运动控制产品和操作员接口/ HMI 提供通用的工程开发环境，使得应用系统可无缝隙移植到新的控制系统上，从一个平台移植到另一个平台，轻松实现产品扩展和升级。从而减少开发解决方案的时间和培训时间。

本书以 VersaMax Micro 64 为样机学习 GE 智能控制器的结构、原理、指令及其应用技术。

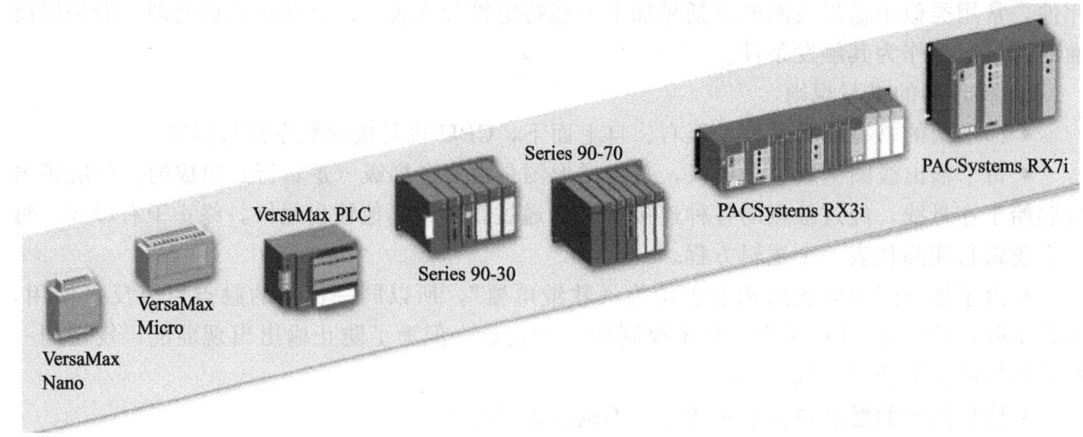

图 7-4　GE PLC 产品系列

7.2.2.2　VersaMax Micro 64

2005 年，中国上海——GE 工业集团旗下的 GE Fanuc 自动化宣布推出 VersaMax Micro 64 控制系统。该器件的设计和构造能为用户提供较强的产品性能和操作功能，最大程度减少支持成本。

VersaMax 是唯一具有“三合一”功能的系列产品，它既可以作为单独的 PLC 控制机，具有可接受的价格和优越的性能；又可以作为 I/O 子站，通过现场总线受控于其他主控设备，诸如 GE Fanuc 90-70、90-30 以及第三方 PLC、DCS 或计算机系统；还可以构成由多台 PLC 组成的分布式大型控制系统。VersaMax 产品为模块化和可扩展结构，构成的系统可大可小，为现代开放式控制系统提供了一套通用的、便于实施应用的、经济的解决方案。

VersaMax Micro 64 提供一整套灵活的、可伸缩的自动化解决方案，带有广泛的 I/O 扩展模块和包括以太网在内的诸多通信选项，对于许多希望价格适中、性能优秀的应用，如包装、装配、SCADA 等，它都是理想的选择。

GE Fanuc 还提供多种操作界面和运动控制解决方案，可以为 VersaMax Micro 64 进行简单的添加集成。针对操作界面和控制器的通用编程软件和标签数据库缩短了工程开发时间，简化了总体系统故障排除。

对于运动控制应用，VersaMax Micro 64 支持四个独立的 65kHz 脉冲串 PWM 输出，可以方便地适用于 GE Fanuc 的产品，如 PowerCube 步进放大器、电机或 S2K 伺服控制器。其高速计数器支持四个独立的 100kHz A 类型计数器，也支持一个 B 类型计数器以获得精确的运动定位。

VersaMax Micro 64 支持用户友好的内存模块，它能方便地连接到控制器上，无需借助 PC 就能下载最新程序变更。此外，借助 Proficy™ Machine Edition Logic Developer PDA 软件，能将 Palm® 手持式设备通过接口连接到 VersaMax Micro 64 上。凭借 Logic Developer PDA，还可以监视/更改数据、观察诊断结果、强制执行 ON/OFF、组态机器设置等。

该 PLC 还支持广泛的通信选项，包括串行通信（SNP、SNP 主、串行读/写、RTU 从和 RTU 主、USB），以及以太网通信（SRTP 和 Modbus TCP），能简便地设置接口连接到条形码、无线传呼机、调制解调器、以太网 LAN、操作界面等器件上。

VersaMax Micro 64 支持 48K 用户梯形逻辑编程和 32K 数据寄存器。充足的内存使系统能解决复杂的应用，这样的应用需要存储多个程序和庞大的数据以获得快速创建时间/转换或系统监视。数据也可以写入内部闪存，减少对于电池的需求。

该系统与所有的 VersaMax Micro 扩展器件兼容。此外，还有大于 25 种离散量 I/O 扩展选项（12VDC、24VDC、120/240VAC I/O 和高达 10A 的继电器输出），以及六种模拟量 I/O 扩展选项（4～20mA、0～10VDC、RTD-2 和 3 电线类型）。

模块化的 VersaMax Micro 提供了良好的性能及灵活性，可适应在一些工业中的应用需求，诸如食品加工、化工、包装、水处理和废水处理、建材和塑料工业等行业的应用要求。

这些控制器提供一些强大的编程功能，如集成高速计数器，支持浮点数运算；子程序功能；设置密码和控制优先级等。

- 操作人员界面
- 程序员
- 条形码扫描仪
- 调制解调器
- 连接PC的USB端
- 标尺
- 变频驱动器
- 寻呼机
- 窝蜂电话

QuickPanel 6#

各种I/O(4个扩展基座)

- DC I/O
- 标准中继输出
- 高容量中继输出(10Amp)
- AC I/O
- 模拟量I/O

图 7-5　VersaMax Micro 64 灵活的通信接口

VersaMax Micro 64 扩展单元为 CPU 提供可扩展的离散和模拟量 I/O 通道。一个 VersaMax Micro 64 最多可以连 4 块 VersaMax Micro 扩展单元。其灵活的通信接口如图 7-5 所示。

(1) VersaMax Micro 64 的外形结构

VersaMax Micro 64 小巧精致，其外形结构及端子如图 7-6 所示。外形尺寸为：190×90×96（mm）。

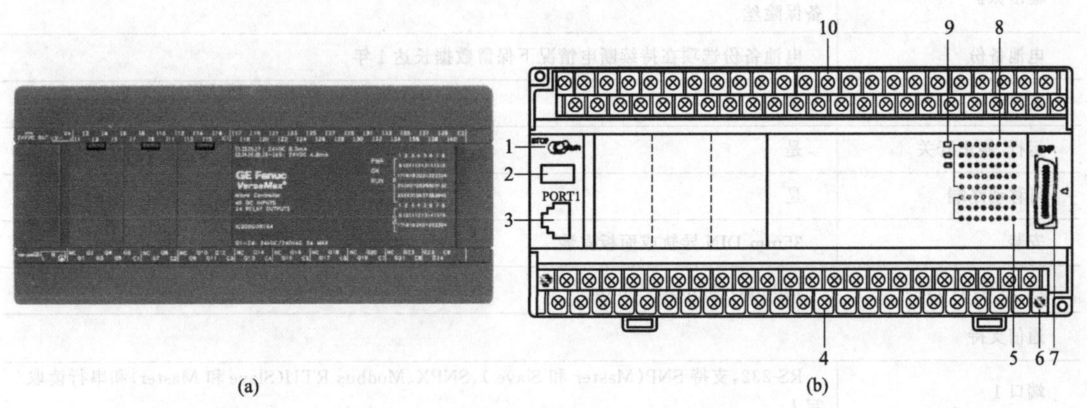

图 7-6　VersaMax Micro 64 外形结构图

1—启停开关；2—模式开关；3—编程口；4—输出端子（44 个）；5—输出指示发光二极管；6—安装螺钉；7—扩展接口；8—输入指示发光二极管；9—状态指示发光二极管；10—输入端子（44 个）

(2) VersaMax Micro 64 的技术性能

VersaMax Micro 64 的技术性能如表 7-6 所示。

表 7-6　VersaMax Micro 64 技术性能一览表

处理器类型/速度	
处理器类型	32-bit RISC 处理器(SH 7043)
处理器速度	28MHz
内存分配	总内存
	48K 字节用户程序存储和 32K 字用户数据存储
	512K 字节固态驱动器内存(操作系统和用户程序/配置)
	256K 字节 SRAM

续表

I/O 和数据存储内存 Reference Addresses	
离散量输入/输出	512 个离散量输入和 512 个离散量输出
模拟量输入/输出	128 个模拟量输入和 128 个模拟量输出
内部触点	1024 内部电池支持比特和 256 临时比特
记录数据	32640 字
支持的程序语言和编程工具	
语言	梯形图和语句表
程序块	高达 64 个程序块、模块的最大容量为 16K 字节
指令运算	中继功能、浮点运算、Ramping、PID、数据移动、数据转换、计时器、计数器、相关功能和数字功能、表格功能及其他
写入内部闪存	向内部闪存进行逻辑控制读取/数据值写入，支持 100000 次写入
硬件规格	
支持的 I/O 数量	CPU 上 64 个 I/O(40 个输入，24 个输出)并支持 4 个 I/O 扩展基座。共 176 个物理 I/O
高速计数器	4 个 Type A 高速计数器并支持 1 个 100kHz 的 A QUAD B 计数器
脉冲序列输出/PWM	4 个脉冲序列输出/支持 65kHz PWM 输出(仅 DC 输出 CPU 模块)
斜坡输出	可选择每秒 10 脉冲到每秒 100 万脉冲进行加速和减速
输出保护	24V DC 电源输出模块拥有具备自我恢复功能的 ESCP(电子短路保护)。不需要外部装备保险丝
电池备份	电池备份选项在持续断电情况下保留数据长达 1 年
实时计时	是
运行/停止开关	是
可移动终端	是
安装	35mm DIN 导轨或面板安装
尺寸(W/H /D)	190mm×90mm×96mm
通信支持	
端口 1	RS-232，支持 SNP(Master 和 Slave)、SNPX、Modbus RTU(Slave 和 Master)和串行读取/写入
准备好的调制解调器、端口 2 的选项模块(即插即用型通信模块)	RS-232 模块带两个 0-10 VDC(10 位)模拟输入通道，支持 SNP、SNPX、SNP Master、串行读取/写入、Modbus Master 和 Slave 以及准备好的调制解调器。支持闪存模块
	RS-485 模块带 2 个 0～10 VDC(10bit)模拟输入通道。支持 SNP、SNPX、SNP Master、串行读取/ 写入、Modbus Master 和 Slave 以及准备好的调制解调器。支持闪存模块
	以太网模块 10/100Mbits、10baseT 支持 SRTP 并可用于编程和解决问题。还支持 Modbus TCP(服务器)。支持闪存模块； USB 模块(只有 Slave 2.0 版)。支持 SNP、SNPX、串行读取、Modbus Slave。模块上无模拟输入支持。支持闪存模块
	闪存模块。闪存模块提供无程序员的情况下载程序的方式(128K 字节内存大小)。模块可直接连接至 Micro 64 或可堆栈至通信选项板卡
环境和机构规范	
温度范围	0～55℃周围环境(存储温度－40～＋85℃)
机构许可	UL508、C-UL(Class Ⅰ、DIV Ⅱ、A、B、C、D)、CE Mark

(3) VersaMax Micro 64 的安装与接线

VersaMax Micro 64 可用螺钉装在墙上或面板上，或装在一个 DIN 导轨上，且必须安装在垂直面上（任何方向都可以），切勿安装在水平面上。PLC 供电电源为：100/240VAC。

VersaMax Micro 64 共有 64 个 I/O 点，其中输入 40 点，输出 24 点，输入输出端子接线如图 7-7 所示。输入回路采用直流 24V 电源，40 个输入分为两组，第一组为 I1～I16，第二组为 I17～I40。VersaMax Micro 64 的输出为继电器输出型。24 个输出分为 9 组，每组可有 2 个回路、4 个回路或 6 个回路。每组回路电源种类和电压等级都可以不同，但电压等级不相同的输出点不能接在同一组回路中。

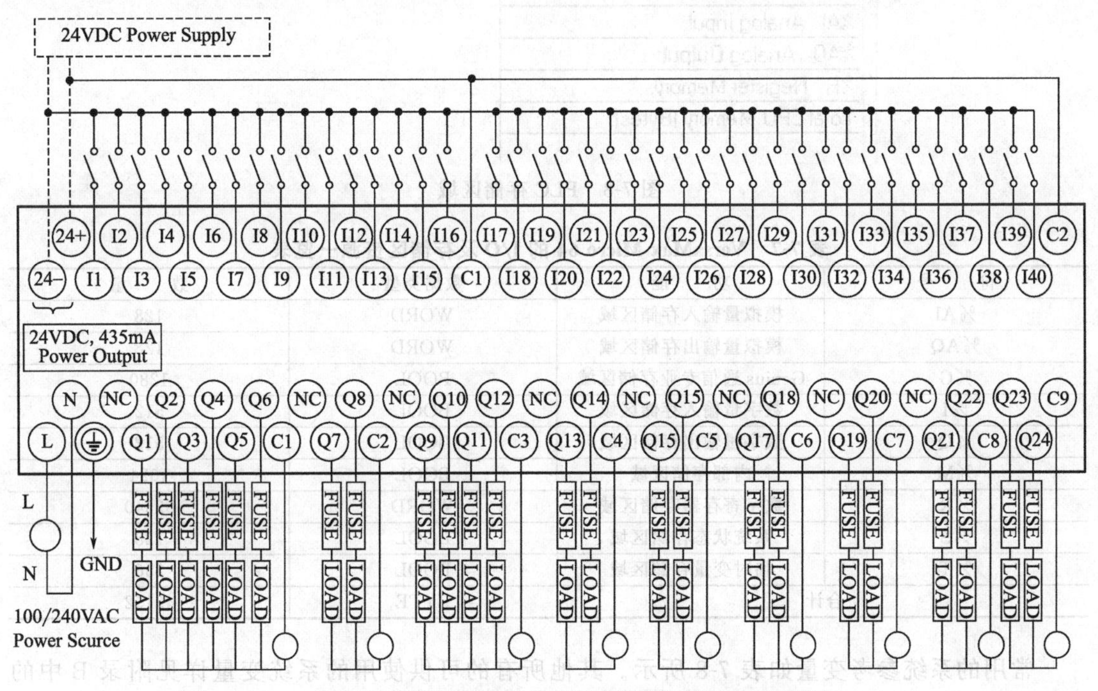

图 7-7　VersaMax Micro 64 的 I/O 端子接线图

VersaMax Micro 64 的每个端子可使用单股线或绞合线，但是，接入每个端子的导线必须是相同的类型和尺寸。配线时应计算每根导线的最大电流并遵守正确的接线操作规程。

接线时应注意：在进行现场接线前，应关掉 PLC 的电源；所有弱电信号导线应与其他现场接线分开；直流电源线应与交流电源线分开布线；现场接线不应靠近任何可能的电干扰源；连接到输入输出的导线必须用标签标明。

(4) I/O 配置及内部资源

① PLC 存储区域。VersaMax Micro 64 系统设置众多存储区，最多可支持 32K DI、32K DO、32K AI、32K AO，且各个存储区通过编程软件可以灵活调配，满足工程实际的需要。系统还设置了 M 存储区，R 存储区等内部存储区，VersaMax Micro 64 的 I/O 和各存储区的数量、数据类型、功能如图 7-8 和表 7-7 所示。功能说明详见附录 B 中的表 B-1。

② 系统参考变量。PLC 系统提供多种系统变量来满足客户的编程需要。在多种前提下，可以使用系统状态参考变量。系统参考变量分为%S、%SA、%SB 和%SC 存储器。%S 位是只读位；不要向这些位中写入数据，但是可以写到%SA、%SB、和%SC 位。每一个参考变量有一个以＃字符开头的名字。

InfoViewer | _MAIN | (0.0) IC200UDR064/164

CPU Settings | Scan | Port 1 (RS-232) | Memory | Wiring

Parameters	Values
%I Discrete Input:	512
%Q Discrete Output:	512
%S System Use:	128
%M Internal Use:	1024
%T Temporary Status:	256
%G Genius? Global:	1280
%AI Analog Input:	128
%AQ Analog Output:	128
%R Register Memory:	32640
Total CPU Memory (Bytes):	49152

图 7-8 PLC 存储区域

表 7-7 VersaMax Micro 64 的 I/O 及存储区资源一览表

符 号	功 能	数据类型	数 量
%AI	模拟量输入存储区域	WORD	128
%AQ	模拟量输出存储区域	WORD	128
%G	Genius 通信专业存储区域	BOOL	1280
%I	数字量输入存储区域	BOOL	512
%Q	数字量输出存储区域	BOOL	512
%M	内部存储区域	BOOL	1024
%R	数字寄存器存储区域	WORD	32640
%S	系统状态存储区域	BOOL	128
%T	临时变量存储区域	BOOL	256
合计		BYTE	49152

常用的系统参考变量如表 7-8 所示。其他所有的可供使用的系统变量详见附录 B 中的表 B-2，可以在任何梯形图程序中引用它们。

表 7-8 常用系统参考变量

变量地址	变量名称	说 明
%S0001	#FST_SCN	只在第一个扫描周期闭合，从第二个扫描周期开始断开并保持
%S0002	#LST_SCN	当现行的扫描是最后一次时，从 1(ON)复位到 0(OFF)
%S0003	#T_10MS	0.01(1/100)s 时钟触点
%S0004	#T_100MS	0.1s 时钟触点
%S0005	#T_SEC	1s 时钟触点
%S0006	#T_MIN	1min 时钟触点
%S0007	#ALW_ON	总为 ON
%S0008	#ALW_OFF	总为 OFF
%S0009	#SY_FULL	当 PLC 故障表已填满时转变成 ON(故障表默认记录 16 个故障，可配置)。当 PLC 故障表中去除一个输入项以及 PLC 故障表被清除时，转变成 OFF
%S0010	#IO_FULL	当 IO 故障表已填满时转变成 ON(故障表默认记录 32 个故障，可配置)。当 IO 故障表已清空时转变成 OFF
%SA0003	#APL_FLT	当应用程序出现故障时转变成 ON。清除 PLC 故障表或将 CPU 重新上电后，该位清 0
%SA0009	#CFG_MM	在系统加电时或配置下载期间检测到配置不相符，转变为 ON。清除 PLC 故障表或将 CPU 重新上电后，该位清 0

续表

变量地址	变量名称	说　明
%SA0010	#HRD_CPU	当自诊断检测到一个 CPU 硬件故障时转变成 ON。置换 CPU 模块后转变成 OFF
%SA0014	#LOS_IOM	当 I/O(输入/输出)模块停止与 CPU 通信时转变成 ON。替换模块和对主机架电源重新上电后转变成 OFF
%SB0012	#NUL_CFG	在没有配置数据的情况下,令 CPU 进入运行模式时,该位转变成 ON
%SB0014	#STOR_ER	当前编程器下载操作时出现错误,转变成 ON。当下载成功完成后,转变成 OFF
%SC0009	#ANY_FLT	有任何故障登入 CPU 或 I/O 故障表时转变成 ON。当两个故障表都无输入项或将 CPU 重新上电后转变成 OFF

(5) VersaMax Micro 64 指令

VersaMax Micro 64 的指令主要有以下几类：继电器指令、定时器指令、计数器指令、算术运算指令、关系运算指令、位操作指令、数据移动指令、数据转换功能指令和控制功能指令。

7.3 项目训练——PLC 安装与接线

7.3.1 训练目的

① 熟悉 VersaMax Micro 64 的基本组成及工作原理。

② 掌握 VersaMax Micro 64 的安装与接线方法。

③ 了解 VersaMax Micro 64 的维护常识。

7.3.2 训练器材

① PLC 训练装置：　1 套

② 与 PLC 相连的上位机：　1 台

③ 导线：　若干

7.3.3 训练内容及操作步骤

① 熟悉 VersaMax Micro 64 模块的安装位置、结构特点、各按钮和指示灯的功能。

② 熟悉 PLC 训练装置上各模块、各端子的功能。

③ 正确拆卸、安装 VersaMax Micro 64 模块。

④ 依据图 7-7 绘制 PLC 的两输入两输出 I/O 接线图，输入外接两个按钮，地址分别为 I1、I2，输出外接两个指示灯，地址分别为 Q1、Q2。接线图如图 7-9 所示。

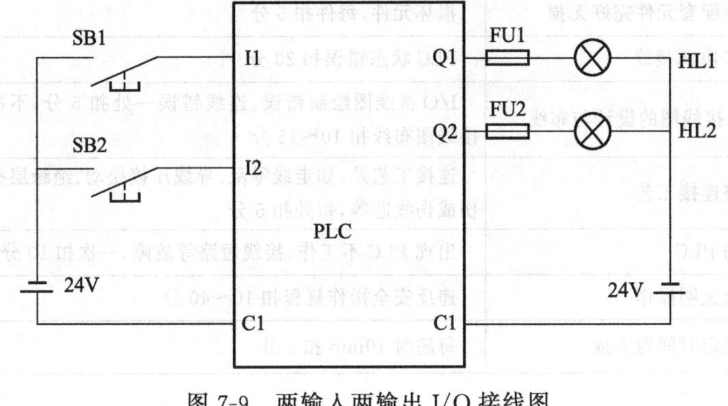

图 7-9　两输入两输出 I/O 接线图

⑤ 依据图 7-9 进行两输入两输出 I/O 接线。

⑥ 通电观察 I/O 动作状态和 PLC 上各状态指示灯的状态。

⑦ 再更换两个输入点地址（I18、I20）和两个输出点（Q7、Q8），重复步骤④、⑤、⑥。

7.3.4 注意事项

① 应在指导教师指导下操作 PLC 设备，安全第一。带电操作时，则必须有指导教师或同组同学在现场监护。

② VersaMax Micro 64 可用螺钉装在墙上或面板上，或装在一个 DIN 导轨上，且必须安装在垂直面上（任何方向都可以）。

③ 在进行现场接线前，应关掉 PLC 的电源。

④ 接线时，应保证没有裸露在外的导线。

⑤ 拆卸、安装 PLC 模块时，操作时用力不要过大，速度不宜过快。

⑥ 加在端子上的力矩要合适，以免损坏端子。

⑦ 训练结束后，应将 PLC 设备断电。

7.3.5 思考和讨论

① 实验板上的各输入（输出）的端子所在位置。

② PLC 的输入、输出回路的电源电压等级是否相同。在现场实际应用时，若 PLC 输入输出电源不同，输入回路 COM 端子和输出 COM 端子不能接在一起。

③ PLC 的输入输出信号均为模拟动作信号，尤其是输出信号可采用发光二极管指示动作，而实际应用时，需连接接触器线圈、电磁阀等输出负载。

④ 同一输入采用常开触点或采用常闭触点接入 PLC 输入回路有何不同？

⑤ 在 PLC 输出回路，不同电压等级的负载如何连接？

7.4 项目考评

经过 PLC 安装与接线项目训练后，熟练掌握安装要领和接线方法，评定标准参考表 7-9。

表 7-9 控制线路安装与调试考核配分及评分标准

考核内容	考核要求	评分标准	配分	扣分	得分
PLC 安装	PLC 质量检查	因操作不当摔碰 PLC 造成损坏的，扣 5～10 分	30		
	PLC 固定牢固、整齐	松动、不整齐，每处扣 5 分			
	保持配套元件完好无损	损坏元件，每件扣 5 分			
PLC 接线	PLC 电源接线	PLC 状态错误扣 20 分	30		
	I/O 接线图的设计与布线	I/O 接线图绘制错误、连线错误一处扣 5 分，不按接线图布线扣 10～15 分			
	线路连接工艺	连接工艺差，如走线零乱、导线压接松动、绝缘层损伤或伤线芯等，每处扣 5 分			
PLC 运行	启动 PLC	出现 PLC 不工作、接线短路等故障，一次扣 10 分	40		
	安全文明操作	违反安全操作规程扣 10～40 分			
时限	在规定时间内完成	每超时 10min 扣 5 分			
合计			100		

7.5 项目拓展

7.5.1 PLC的维护和故障诊断

(1) PLC的维护

一般情况下检修时间以每6个月至一年为宜，当外部环境较差时，可根据具体情况缩短检修间隔时间。PLC日常维护检修的一般内容如表7-10所示。

表7-10 PLC日常维护检修内容一览表

序　号	检修项目	检修内容
1	供电电源	在电源端子处测电压变化是否在标准范围内
		环境温度(控制柜内)是否在规定范围内
2	外部环境	环境温度(控制柜内)是否在规定范围内
		积尘情况(一般不能积尘)
3	输入输出电源	在输入、输出端子处测电压变化是否在标准范围内
		各单元连接是否可靠紧固、有无松动
4	安装状态	连接电缆的连接器是否完全插入旋紧
		外部配件的螺钉是否松动
5	寿命元件	锂电池寿命长短等
6	模拟量模块	在输入、输出端子处测电量信号是否在标准范围内
		模式开关选择是否正确

(2) PLC的故障诊断

① 电源。正常时PLC接通电源后，POWER（电源）LED亮。如果POWER的LED不亮，则不正常。可能是以下故障原因：第一，外界电源无供电电压或供电电压不在额定范围内；第二，电源端子松动，电源线断线；第三，PLC电源熔断器熔断，LED指示灯不正常。如果都不是以上原因，可能PLC的内部电源单元有问题。

② 电池。BATTERY的LED亮，则说明锂电池电压不足，应更换电池。

③ CPU。CPU error LED闪亮。可能是以下原因：一是由于电池电压下降、外部干扰影响或PLC内部故障，使PLC用户程序的内容发生改变引起；二是写入的程序语法错误。

④ 输入与输出。输入设备的接点接通，相应的LED不亮，可以判断是连接导线有问题或是输入单元的故障。输出LED亮，输出继电器触点不接通，可以判断是连接导线有问题或输出单元的故障。

7.5.2 输出负载的抗干扰措施

感性负载具有储能作用，当控制触点断开时，电路中的感性负载会产生电弧高于电源数倍甚至数十倍的反电动势，冲击电流大。因此，当PLC与外界感性负载连接时，为了防止其误动作或瞬间干扰，对感性负载要加入抗干扰措施。若是直流感性负载，要在直流感性负载两端并联续流二极管，如图7-10(a) 所示。并联的二极管可选1A、耐压值为负载电源电压的5～10倍的二极管，接线时要注意二极管的极性。若是交流感性负载，应与负载并联阻容吸收保护电路，如图7-10(b) 所示。阻容吸收电路的电阻可选51～120Ω，功率为2W以上，电容可取0.1～0.47μF，耐压应大于电源的峰值电压。

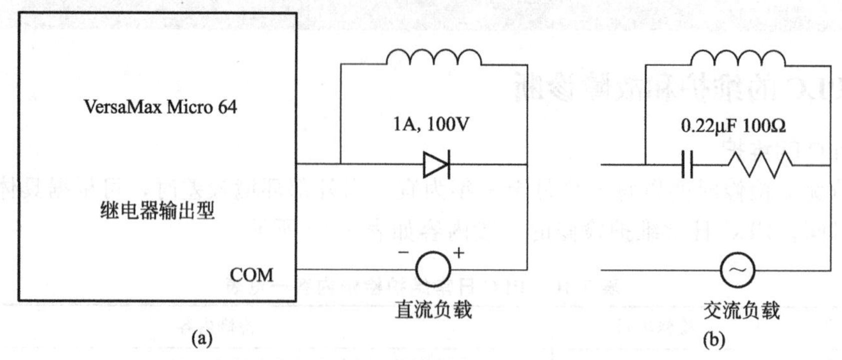

图7-10 感性输出负载的抗干扰措施

7.6 思考题与习题

7-1 PLC的主要特点是什么？

7-2 PLC主要应用在哪些领域？

7-3 PLC的硬件由哪几部分组成？各有什么用途？

7-4 PLC有几种编程工具？如何选用？

7-5 PLC的工作原理是什么？

7-6 什么是PLC的扫描周期？影响PLC扫描周期长短的因素是什么？

7-7 PLC的主要技术参数有哪些？

7-8 PLC的点数如何确定？明确I/O点数有何意义？

7-9 PLC内部寄存器区是如何划分的？各分区有何特点？如何使用？

7-10 PLC的编程语言有几种？

7-11 梯形图的书写规则主要有哪些？

7.7 课业

(1) 课业题目

主流PLC产品（××）介绍。

(2) 课业目标

了解PLC控制技术的现状和发展趋势；了解某一主流PLC产品的主要功能特点及其应用场合。学会融会贯通，不断提升自己举一反三的能力。

(3) 课业实施：

① 学生选题、分组阶段。学生分组查阅资料，确定拟详细了解和学习的主流PLC产品，并进行任务分解。

② 资料查询、学习阶段。资料查询或市场调研，然后小组成员对资料进行汇总、分析、讨论、整理，并形成总结报告，最后制作PPT，准备课业汇报与交流。

③ 课业交流讨论阶段。以课业小组为单位组织课业成果交流讨论，指导教师最后总结讲评。

④ 课业评价：课业成绩＝学生考评组评价（40%）＋ 教师考评（60%）

项目8 电动机正反转PLC控制

8.1 项目目标

① 了解采用PLC进行对象控制时I/O点的确定。

② 熟练掌握PLC的I/O接线方法。

③ 熟悉PLC编程软件的安装、功能和基本操作方法。

④ 掌握继电器指令的功能及应用。

⑤ 了解用PLC实现电气控制的思路和方法。

8.2 知识准备

8.2.1 继电器指令

继电器控制电路图中的符号表示实际硬件设备，例如按钮或接触器等。PLC的继电器梯形逻辑程序中使用的触点和线圈符号表示PLC存储器中的位置。每个存储器位置有一个唯一的“地址”，如%I00001、%Q00001等。如果设备正在将电源传送到输入模块的接线端，那么PLC存储器中的相应位的值为1，否则为0。

继电器指令就是基本顺序指令，也叫做基本顺控指令。利用继电器梯形逻辑可以建立基本的和复杂的梯形图程序块。触点和线圈是继电器指令的基础。一个二进制位，既可以在程序中作为触点，也可以作为线圈。

8.2.1.1 触点

触点用来监视参考地址的状态或对二进制的状态进行测试。触点的状态（ON或OFF）取决于被监视参考地址的状态和触点类型。如果它的状态为1，参考地址为ON；如果它的状态为0，参考地址为OFF。

继电器触点包括常开、常闭、上升沿、下降沿等常用触点，如表8-1所示。

表8-1 继电器触点列表

<table>
<tr><th>触点类型</th><th>梯形图符号</th><th>助记符</th><th>触点向右传递
能流的条件</th><th>操作数</th></tr>
<tr><td>常开触点</td><td>—| |—</td><td>NOCON</td><td>当参考变量为ON</td><td rowspan="2">在I、Q、M、T、S、SA、SB、SC和G存储器中的离散变量。在任意非离散存储器中的符号离散变量</td></tr>
<tr><td>常闭触点</td><td>—|/|—</td><td>NCCON</td><td>当参考变量为OFF</td></tr>
<tr><td>延续触点</td><td>—|+|—</td><td>CONTCON</td><td>如果前面的延续线圈为ON</td><td>无</td></tr>
</table>

续表

触点类型	梯形图符号	助记符	触点向右传递能流的条件	操　作　数
错误标志触点	─┤F├─	FAULT	当参考变量有错误时	在 I、Q、AI 和 AQ 存储器中的变量，以及预先确定的故障定位基准地址
无错误标志触点	─┤NF├─	NOFLT	当参考变量无错误时	
高警报标志触点	─┤HA├─	HIALR	当参考变量超出高报警设置时	在 AI 和 AQ 存储器中的变量
低警报标志触点	─┤LA├─	LOALR	当参考变量超出低报警设置时	
跳变触点	─┤↑├─	POSCON	（正跳变触点）当参考变量从 OFF 跳变为 ON	在 I、Q、M、T、S、SA、SB、SC 和 G 存储器中的变量、符号离散变量
	─┤↓├─	NEGCON	（负跳变触点）当参考变量从 ON 跳变为 OFF	

说明：

(1) 延续触点

每行程序最多可以有 9 个触点、1 个线圈，如超过这个限制，则要用到延续触点与延续线圈。当然，这种情况下也可以不用延续触点与延续线圈，而用内部继电器换接。

(2) 故障标志触点与无故障标志触点

这两种触点是判断离散或模拟参考地址内故障，或本地故障（机架，槽，总线，模板）。为了保证正确指示模板状态，使用参考地址（%I，%Q，%AI，%AQ）在 FAULT/NOFLT 触点上。为了定位故障，使用机架、槽、总线，模板故障定位系统变量在 FAULT/NOFLT 触点上。

注意：当相关故障从故障列表中清除时，指定模板的故障指示被清除。

关于 I/O 点故障报告，必须进行硬件配置（HWC），允许 PLC 点故障。

如果它的相关变量或位置有故障，故障触点（FAULT）通过能流。如果它的相关变量或位置没有故障，无故障（NOFLT）触点通过能流。

(3) 高报警触点与低报警触点

高报警触点（HIALR）用来判断与模拟参考有关的高报警。低报警触点（LOALR）用来判断与模拟参考有关的低报警。高、低报警触点的使用必须在 CPU 配置中使能允许。

(4) 跳变触点

当与 POSCON 关联的变量从 OFF 变为 ON 时，POSCON 的转换位设定为 ON。当与 NEGCON 关联的变量从 ON 变为 OFF 时，NEGCON 的转换位设定为 ON。

8.2.1.2　线圈

线圈总是在逻辑回路最右边的位置。一个梯级可以包含多达 8 个线圈。使用的线圈类型将取决于程序操作类型的需求。当电源循环通电时，或当 PLC 从 STOP 进入 RUN 模式时，保持线圈的状态被保存，非保持线圈的状态被置零。

继电器线圈如表 8-2 所示。

说明：

① 不要将跳变触点与 SETCOIL 或 RESETCOIL 使用的变量关联起来；

② 不要使用跳变触点在跳变线圈上，因为线圈使用跳变位存储线圈的能流值；

③ 一个梯级以一个跳变线圈结束，不能有另一个有线圈的分支，甚至另一个跳变线圈。

表 8-2 继电器线圈列表

线圈类型	梯形图符号	助记符	说明	操作数
常开线圈	—( )—┤	Coil	参考变量的逻辑值与线圈状态相同	Q、M、T、SA～SC 和 G；符号离散型变量；字导向存储器（%AI 除外）中字里的位基准
常闭线圈	—(/)—┤	NCCOIL	参考变量的逻辑值与线圈状态相反	
置位线圈	—(S)—┤	SETCOIL	当线圈状态为 ON 时，设置参考变量为 ON，直至用复位线圈将其复位为 OFF；当线圈状态为 OFF 时，参考变量状态不变	
复位线圈	—(R)—┤	RESETCOIL	当线圈状态为 ON 时，设置参考变量为 OFF，直至用置位线圈将其置位为 ON；当线圈状态为 OFF 时，参考变量状态不变	
正跳变线圈	—(↑)—┤	POSCOIL	当线圈状态从 OFF 到 ON 切换时，如果参考变量为 OFF，把它设置成一个扫描周期为 ON	
负跳变线圈	—(↓)—┤	NEGCOIL	当线圈状态从 ON 到 OFF 切换时，如果参考变量为 OFF，把它设置成一个扫描周期为 ON	
延续线圈	—(+)—┤	CONTCOIL	设置下一个延续触点与线圈状态相同	无

【例 8-1】 常开触点、常闭触点、线圈指令使用举例，如图 8-1 所示。

【例 8-2】 如图 8-2 所示，当 I00001 从 OFF 转变为 ON 时，线圈 Q00001 在一个逻辑扫描内为 ON。当 I00002 从 ON 转变为 OFF 时，线圈 Q00002 在一个逻辑扫描内为 ON。

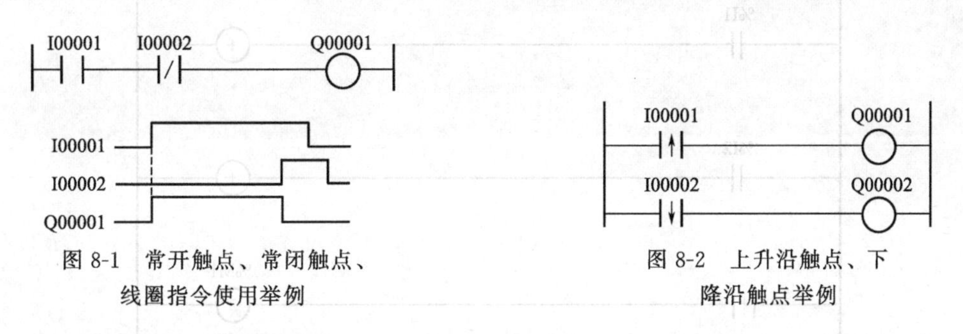

图 8-1 常开触点、常闭触点、线圈指令使用举例

图 8-2 上升沿触点、下降沿触点举例

【例 8-3】 置位、复位指令举例，如图 8-3 所示。

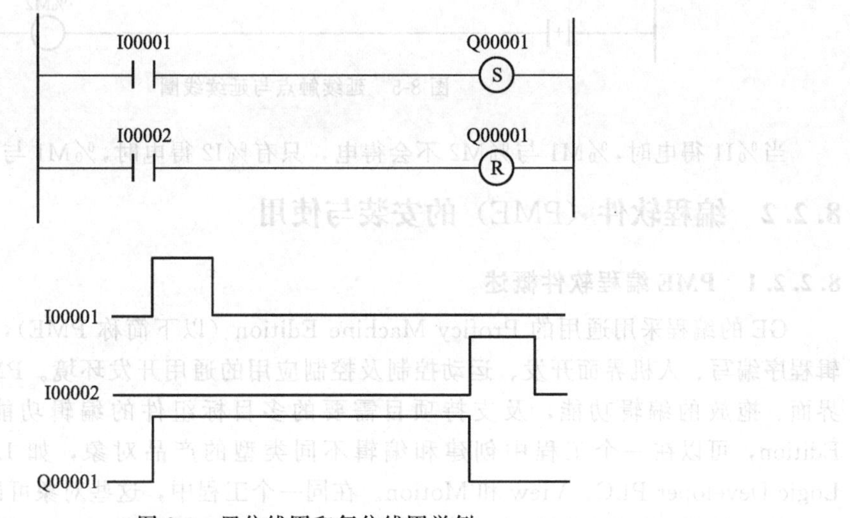

图 8-3 置位线圈和复位线圈举例

【例 8-4】 上升沿跳变程序及波形图如图 8-4 所示。

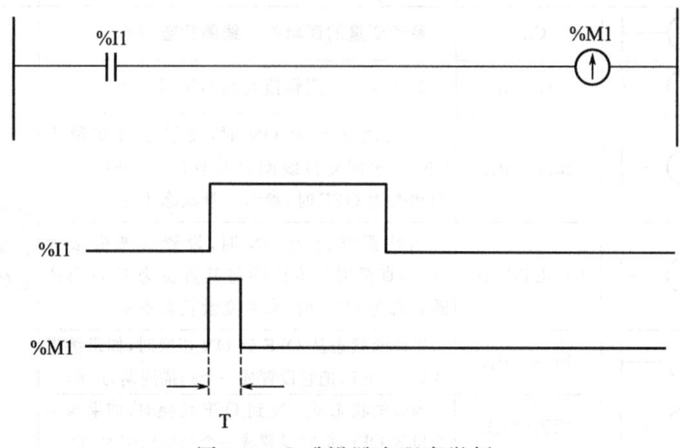

图 8-4 上升沿跳变程序举例

图中%I1 是输入信号，%M1 是输出线圈，T 为一次扫描周期。

【例 8-5】 延续触点与延续线圈举例

如图 8-5 所示，注意延续触点与延续线圈的位置关系。

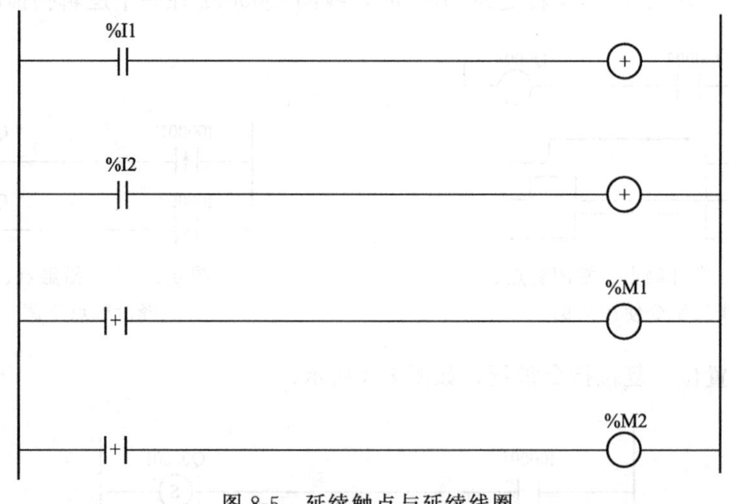

图 8-5 延续触点与延续线圈

当%I1 得电时，%M1 与%M2 不会得电，只有%I2 得电时，%M1 与%M2 才会得电。

8.2.2 编程软件（PME）的安装与使用

8.2.2.1 PME 编程软件概述

GE 的编程采用通用的 Proficy Machine Edition（以下简称 PME），它是一个适用于逻辑程序编写、人机界面开发、运动控制及控制应用的通用开发环境。PME 提供统一的用户界面、拖放的编辑功能，及支持项目需要的多目标组件的编辑功能。即通过 Machine Edition，可以在一个工程中创建和编辑不同类型的产品对象，如 Logic Developer PC、Logic Developer PLC、View 和 Motion。在同一个工程中，这些对象可以共享 Machine Edition 的工具栏，它提供了各个对象之间的更高层次的综合集成。

目前PME已经更新到8.5版本，常用的还有7.0和6.5版本。安装PME6.5以上版本的计算机需要满足以下条件。

（1）软件需求

- WindowsNT version4.0 with service pack 6.0系统；
- Windows2000 Professional；
- WindowsXP Professional；
- WindowsME；
- Windows98 SE。

（2）硬件需求

- 500MHz基于奔腾计算机（建议主频1GHz以上）；
- 128MB RAM；
- 支持TCP/IP网络协议的计算机；
- 150～750MB硬盘空间；
- 200MB硬盘空间用于安装演示工程（可选）；
- 另外需要一定的硬盘空间用于创建工程文件和临时文件。

8.2.2.2 PME编程软件的安装

① 将光盘插入到电脑的光驱中或在安装源文件中找到 Setup 图标，双击并运行，出现对话框，如图8-6所示。

图8-6 安装选择界面

② 选择“安装Machine Edition”，出现“选择安装程序的语言”对话框，从下拉选项中选择“中文（简体）”选项，并单击“确定”。

③ 安装程序将自动检测计算机配置，当检测无误后，安装程序将启动Install Shield配

置专家，单击“下一步”。

④ 安装程序将配置用户协议，在阅读完协议后依次单击“接受授权协议条款”和“下一步”。

⑤ 安装程序将配置程序的安装路径及安装内容，单击“修改”，出现“选择安装路径”对话框，特加要注意 PME 不支持中文路径，不然会出现未知的编译错误，建议用户尽量不要修改安装路径，如图 8-7 和图 8-8 所示。

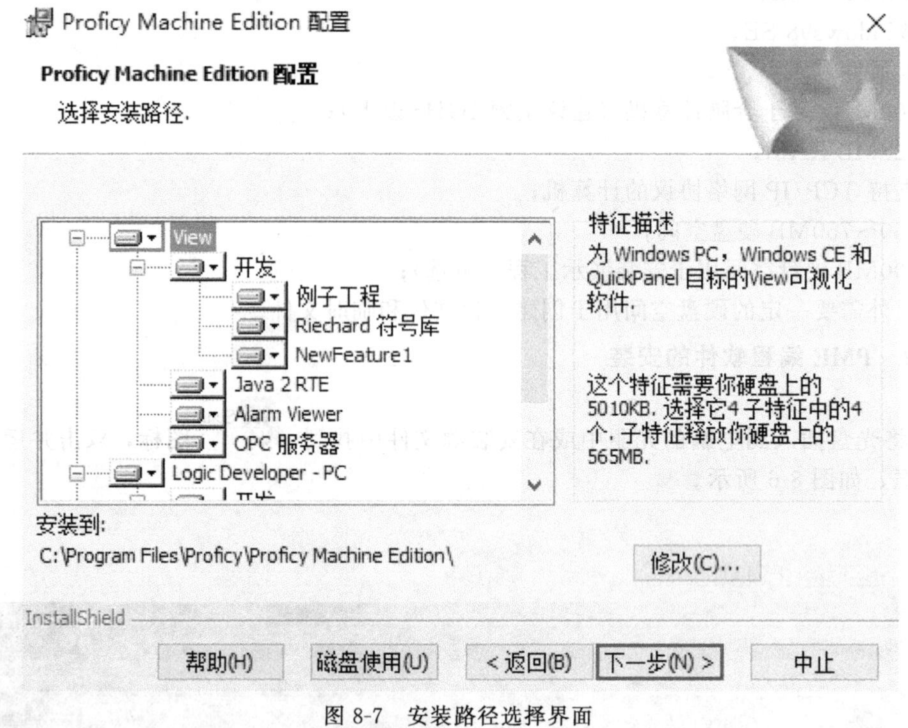

图 8-7　安装路径选择界面

⑥ 安装程序将准备安装，单击“安装”。

⑦ 安装程序将按照以上配置的路径进行安装，经过一段时间的等待后，对话框中提示 Install Shield 已经完成 Proficy Machine Edition 安装，单击“完成”。

⑧ 安装程序将询问是否安装授权，如图 8-9。单击“Yes”，添加你的授权文件，单击“No”不添加授权文件，你仅拥有 4 天的使用权限。若你已经拥有产品授权，单击“YES”，将硬件授权插入电脑的 USB 通信口，就可以在授权时间内使用 Proficy Machine Edition 软件。

若单击“Yes”安装授权，如图 8-10，单击“Add”添加新的授权，选择授权方式界面，如图 8-11，根据你的授权种类选择相应选项。

安装完成后需要重启系统。单击“Yes”。

至此，PME 的整个安装过程结束。单击“开始＞所有程序＞GE Fanuc＞Proficy Machine Edition＞ Proficy Machine Edition”启动软件，如图 8-12 所示。

8.2.2.3　PME 编程软件的介绍

单击开始＞所有程序＞GE Fanuc＞Proficy Machine Edition＞Proficy Machine Edition 或者单击图标，启动软件。在 Machine Edition 初始化后，进入开发环境窗口，将显示如图 8-13 所示的 PME 工作界面。

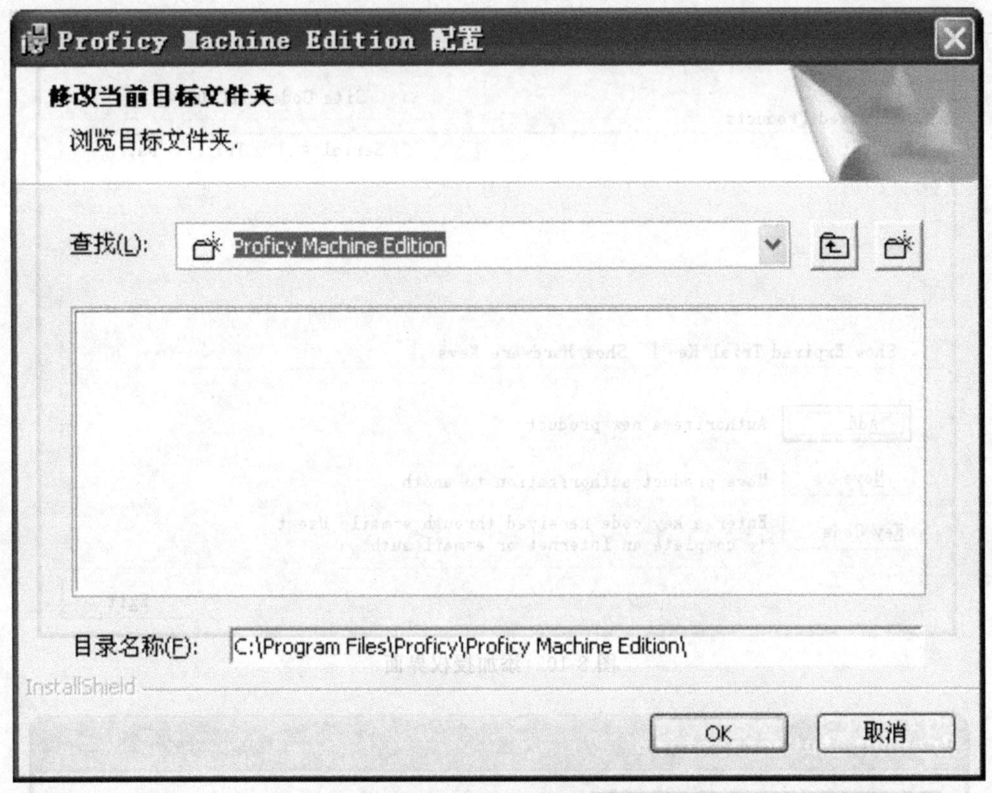

图 8-8 浏览目标文件夹界面

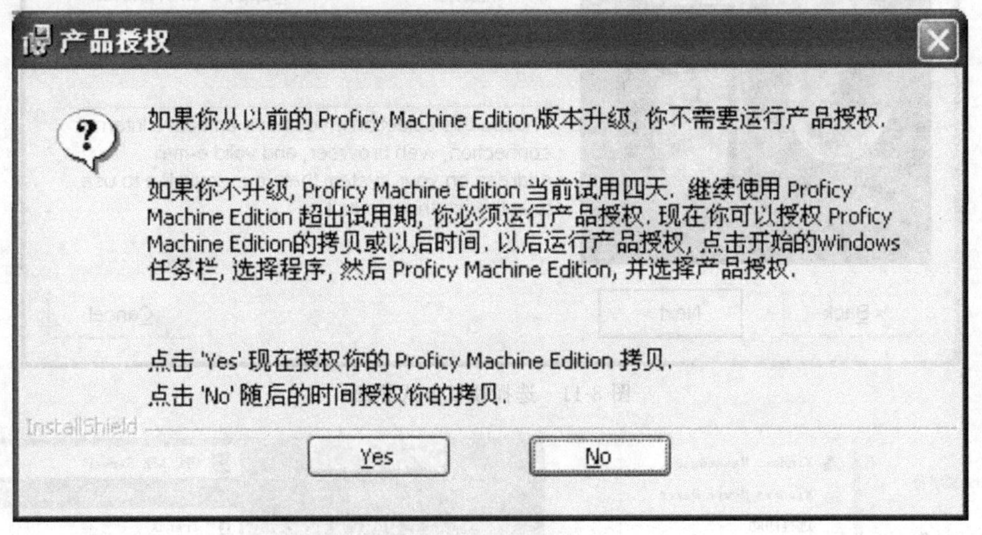

图 8-9 产品授权界面

(1) 工具窗口

工具窗口如图 8-14 所示，依次为浏览（Navigator）窗口，控制 I/O（Control I/O）窗口，反馈信息（Feedback Zone）窗口，属性检查（Inspector）窗口，数据监视（Data Watch）窗口，工具箱（Toolchest）窗口，在线帮助（Companion）窗口，信息浏览窗口。

Product Authorization

Site Code 21EC-DC74

Authorized Products

Product	Serial #	Tri...	Day...

Show Expired Trial Ke　Show Hardware Keys

Add...　Authorize a new product.

Move...　Move product authorization to anoth

Key Code...　Enter a key code received through e-mail. Use t to complete an Internet or e-mail auth

Exit

图 8-10　添加授权界面

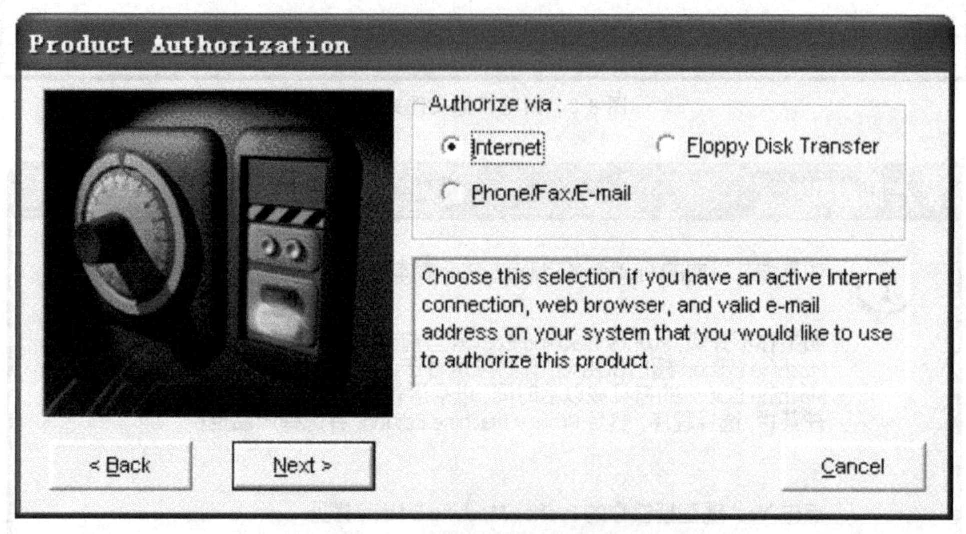

图 8-11　选择授权方式界面

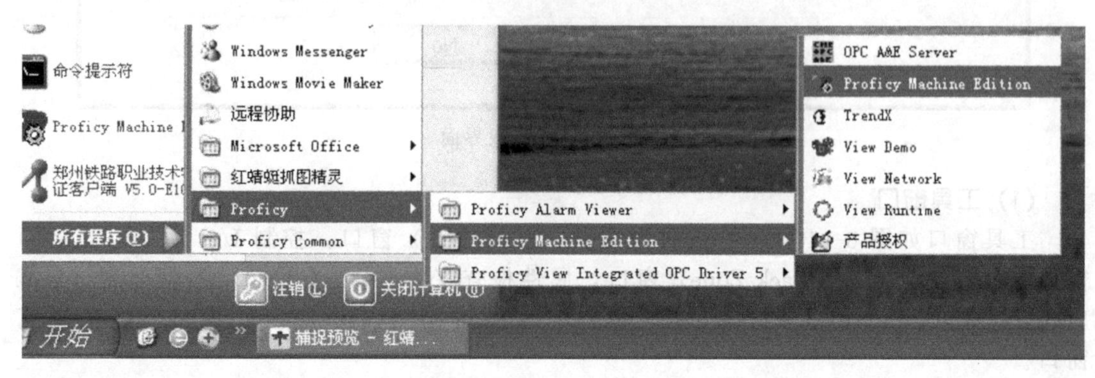

图 8-12　从“开始”启动 Proficy Machine Edition 软件

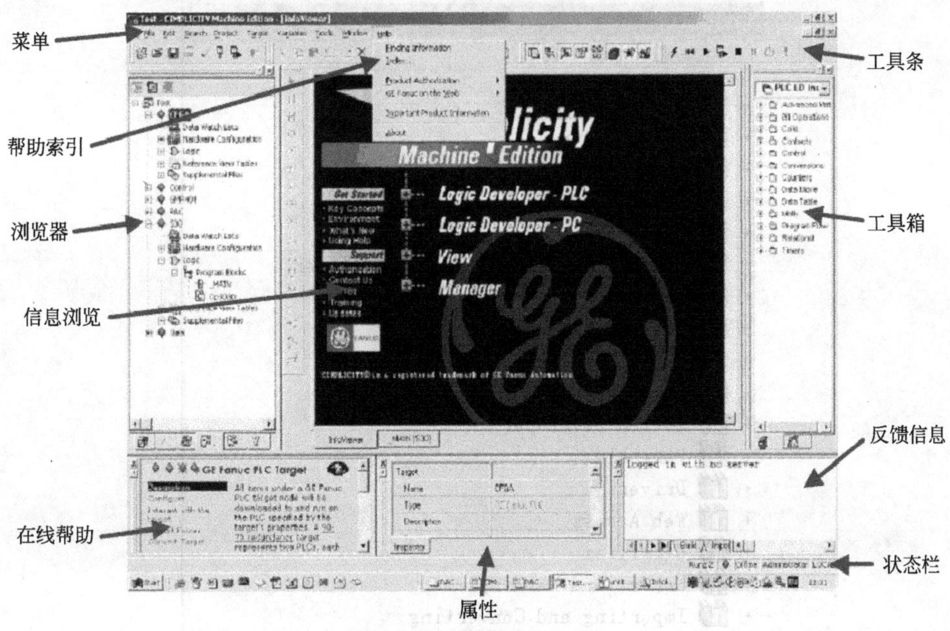

图 8-13　软件工作界面

图 8-14　工具窗口

(2) 浏览（Navigator）工具窗口

Navigator 是一个含有一组标签窗口的工具视窗，它包含系统设置、实用工具、工程管理、项目、变量表、信息浏览六种子工具窗口。可供使用的标签取决于你安装哪一种 Machine Edition 产品以及你要开发和管理哪一种工作。每个标签按照树形结构分层次地显示信息，类似于 Windows 资源管理器。

信息浏览窗口的顶部有三个按钮，如图 8-15 所示。利用它们可扩展 Property Columns（属性栏），以便及时地查看和操作若干属性。

属性栏呈现在浏览窗口的 Variable List（变量表）标签的展开图中。通常，在检查窗口中能同时查看和编辑一个选项的属性。通过浏览器的属性栏可以及时查看和修改几个选项的属性，与电子表格非常相似。通过浏览窗口左上角的工具按钮，可以获得属性栏显示。在浏览窗口，点击切换属性栏显示的“打开”和“关闭”。属性栏呈现为表格形式。每一个单元格显示一个特定变量的属性当前值。

(3) 属性检查（Inspector）工具窗口

Inspector 窗口列出已选择的对象或组件的属性和当前位置。可以直接在 Inspector 窗口中编辑这些属性。当同时选择了几个对象后，Inspector 窗口将列出公共属性，如图 8-16 所示。

Inspector 窗口提供了对全部对象进行查看和设定属性的方便途径。为了打开 Inspector 窗口，执行以下各项中的操作：从工具菜单中选择 Inspector；点击工具栏的，从对象的快捷菜单中选择 Properties。

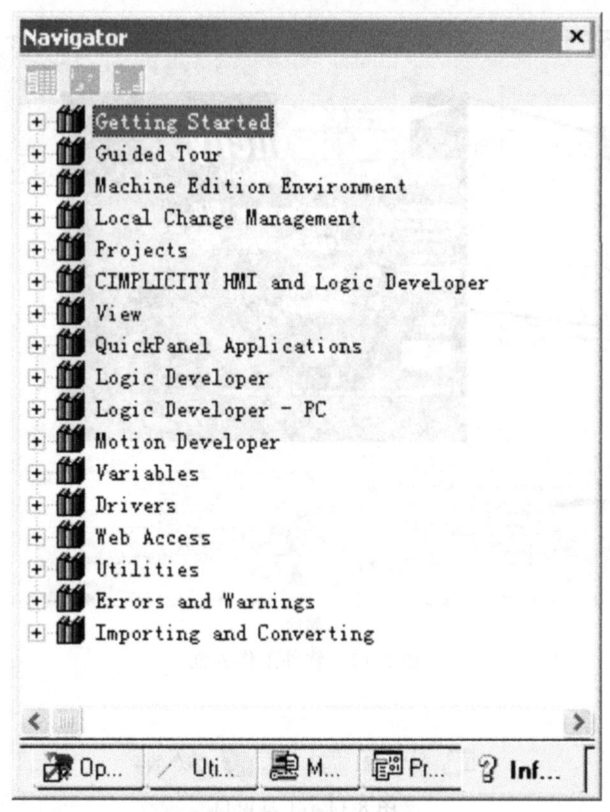

图 8-15　信息浏览窗口

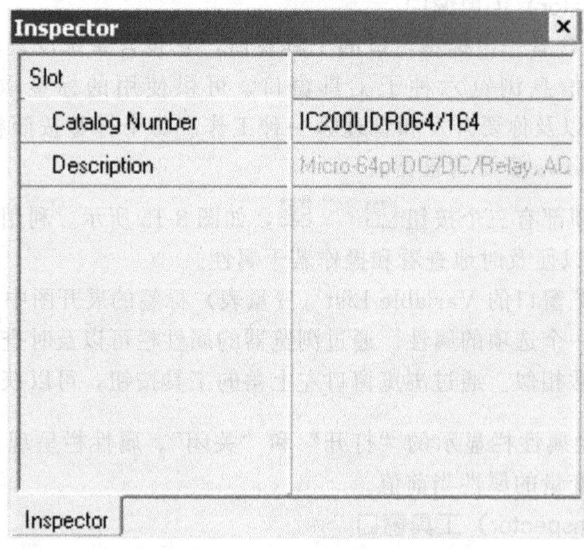

图 8-16　Inspector 属性检查窗口

Inspector 窗口的左边栏显示已选择对象的属性。可以在右边栏中进行编辑和查看设置。显示红色的属性值是有效的。显示黄色的属性值在技术上是有效的，但是也可能产生问题。

(4) 在线帮助 (Companion) 窗口

Companion 窗口提供有用的提示和信息。当在线帮助打开时，它对 Machine Edition 环境中当前选择的任何对象提供帮助。它们可能是浏览窗口中的一个对象或文件夹、某种编辑器（例如 Logic-Developer PC 图形编辑器），或者是当前选择的属性窗口中的属性。

在线帮助内容往往是简短和缩写的。如果需要更详细的信息，请点击在线窗口右上角的按钮，帮助系统的相关主题在信息浏览窗口中打开。

有些在线帮助在左边栏中包含主题或程序标题的列表，点击一个标题即可以获得其详细描述。

(5) 反馈信息（Feedback Zone）工具窗口

Feedback Zone 窗口是一个用于显示 Machine Edition 产品生成的几类输出信息的窗口。这种交互式的窗口使用类别标签组织产生的输出信息，有哪些标签可供使用取决于你所安装的 Machine Edition 产品。

想了解特定标签的更多信息，选中标签并按 F1 键即可。

反馈信息窗口中标签中的输入支持一个或多个下列基本操作：

右键点击：当右键点击一个输入项，该项目就显示指令菜单。

双击：如果一个输入项支持双击操作，双击它将执行项目的默认操作。默认操作的例子包括打开一个编辑器和显示输入项的属性。

F1：如果输入项支持上下文相关的帮助主题，按 F1 键，在信息浏览窗口中显示有关输入项的帮助。

F4：如果输入项支持双击操作，按 F4 键，输入项循环通过反馈信息窗口：好像你双击了某一项。若要显示反馈信息窗口中以前的信息，按 Ctrl＋Shift＋F4 组合键。

选择：有些输入项被选中后更新其他工具窗口（属性检查窗口、在线帮助窗口或反馈信息窗口）。点击一个输入项，选中它，点击工具栏中的，将反馈信息窗口中显示的全部信息复制到 Windows 中。

(6) 数据监视（Data Watch）工具窗口

Data Watch 窗口是一个调试工具，通过它可以监视变量的数值。当在线操作一个对象时它是一个很有用的工具。

使用数据监视工具，能够监视单个变量或用户定义的变量表。监视列表可以被输入、输出或存储在一个项目中，如图 8-17 所示。

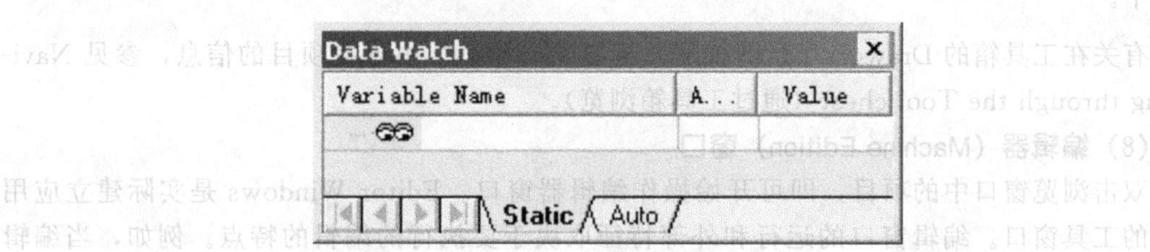

图 8-17　数据监视窗口

数据监视工具至少有以下两个标签：

① Static（静态）标签包含你自己添加到数据监视工具中的全部变量；

② Auto（自动）标签包含当前在变量表中选择的或与当前选择的梯形逻辑图中的指令相关的变量，最多可以有 50 行。

Watch list（监视表）标签包含当前选择的监视表中的全部变量。监视表可以创建和保存要监视的变量清单。可以定义一个或多个监视表，但是，数据监视工具在一个时刻只能监视一个监视表。

数据监视工具中变量的基准地址（也简称为地址）显示在 Address 栏中，一个地址最多

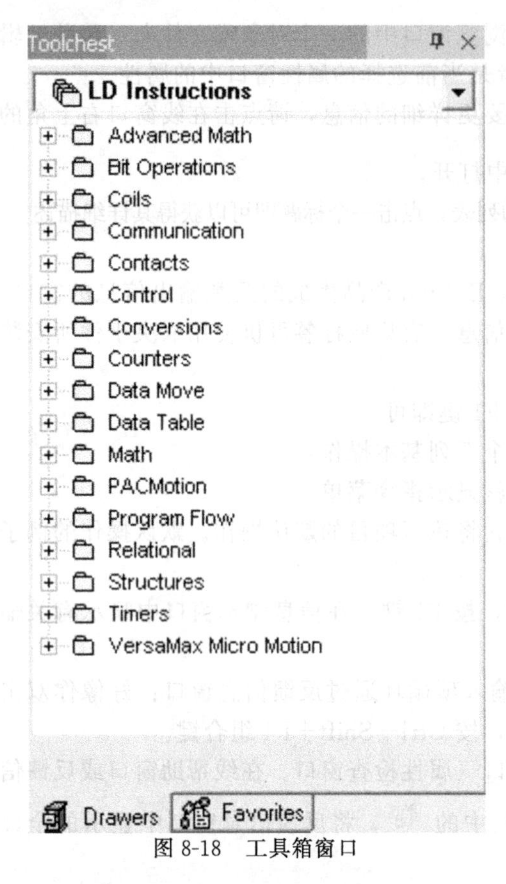

图 8-18　工具箱窗口

具有 8 个字符（例如%AQ99999）。

数据监视工具中变量的数值显示在 Value 栏中。如果要在数据监视工具中添加变量之前改变数值的显示格式，可以使用数据监视属性对话框或右键点击变量。

数据监视属性对话框：若要配置数据监视工具的外部特性，右键点击它并选择 Data Watch Properties。

(7) 工具箱（Tool chest）窗口

Tool chest（工具箱）是功能强大的设计蓝图仓库，可以把它添加到项目中，把大多数项目从工具箱直接拖到 Machine Edition 编辑器中，如图 8-18 所示。

一般而言，工具箱中存储有三种蓝图：

① 简单的或"基本"设计图，例如梯形逻辑指令、CFBS（用户功能块）、SFC（程序功能图）指令和查看脚本关键字。例如，简单的蓝图位于 Ladder、View Scripting 和 Motion 绘图抽屉中。

② 完整的图形查看画面，查看脚本、报警组、登录组和用户 Web 文件。可以把这一类蓝图拖动到浏览窗口的项目中去。

③ 项目使用的机器、设备和其他配件模型，包括梯形逻辑程序段和对象的图形表示，以及预先配置的动画。

存储在工具箱内的机器和设备模型被称做 fxClasses。有了 fxClasses，可以用模块化方式来模拟过程，其中较小型的机器和设备能够组合成大型设备系统。详情请见工具箱 fxClasses。如果需要一再地使用设置相同的 fxClasses，可以把这些 fxClasses 加入到经常用的标签中。

有关在工具箱的 Drawers（绘图抽屉）标签 Drawers 中寻找项目的信息，参见 Navigating through the Tool chest（通过工具箱浏览）。

(8) 编辑器（Machine Edition）窗口

双击浏览窗口中的项目，即可开始操作编辑器窗口。Editor Windows 是实际建立应用程序的工具窗口。编辑窗口的运行和外部特征取决于要执行的编辑的特点。例如，当编辑 HMI 脚本时，编辑窗口的格式就是一个完全的文本编辑器。当编辑梯形图逻辑时，编辑窗口就是显示梯形逻辑程序的梯级，如图 8-19 所示。

可以像操作其他工具一样移动、停放、最小化和调整编辑窗口的大小。但是，某些编辑窗口不能够直接关闭，这些编辑窗口只有当关闭项目时才消失。

可以将对象从编辑窗口拖入或拖出。允许的拖放操作取决于编辑器。例如，将一个变量拖动到梯形图逻辑编辑窗口中的一个输出线圈，就是把该变量分配给这个线圈。可以同时打开多个编辑窗口，使用窗口菜单在窗口之间相互切换。

8.2.2.4　操作过程示例

通过前面的学习，对 PME 软件已经有了初步的认识，在这一节中将介绍如何创建一个

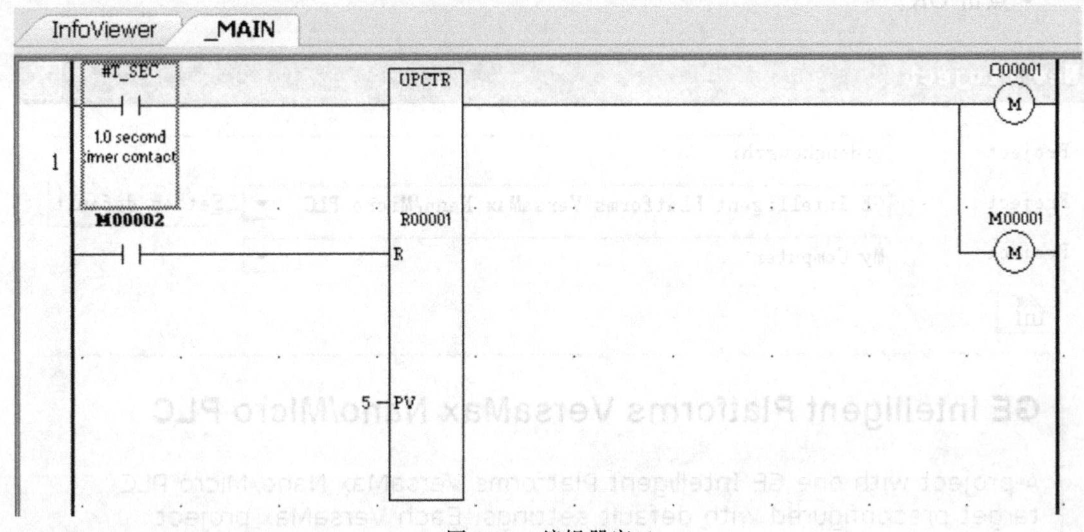

图 8-19　编辑器窗口

完整的项目工程。

创建一个完整项目，包含以下几个步骤：新建项目；硬件组态（HWC)；程序编写；程序的下载与上传；备份，删除，恢复项目。

下面以控制电动机启停为例，分项介绍如何创建一个工程。

项目要求：启动按钮（SB1)，停止按钮（SB2）为 PLC 训练装置上的按钮，电机（M1）为 PLC 训练装置上的指示灯。当操作启动按钮 SB1 时，电机 M1 运转，而在操作按钮 SB2 时，电机 M1 停止运转。I/O 地址分配如表 8-3 所示。

表 8-3　I/O 地址分配表

输　入		输　出	
地址	功能	地址	功能
I1	启动	Q1	电机转动
I2	停止		

(1) 新建项目

下面介绍如何创建一个新工程。

① 点击“开始＞所有程序＞GE Fanuc＞Proficy Machine Edition＞Proficy Machine Edition”启动软件。在 Machine Edition 初始化后，进入开发环境窗口，如图 8-13 所示。

当第一次启动 PME 软件时，出现开发环境选择窗口，可以根据目前的控制器种类，选择对应的开发环境工具，在本项目中，控制器为 VersaMax Micro 64，选择 Logic Developer PLC。若以后想更改开发环境，可通过“Windows＞Apply Theme”菜单进行选择确定。

② 当软件打开后，出现 PME 软件工程管理提示画面。选择 Cancel，PME 进入工程编辑画面。

③ 新建一个工程。点击“File＞New project”，或点击 File 工具栏中 按钮，出现新建工程对话框，如图 8-20 所示。

- 输入工程名：qidongkongzhi
- 选择控制器类型：GE Intelligent Platforms VersaMax Nano/Micro PLC

- 点击 OK。

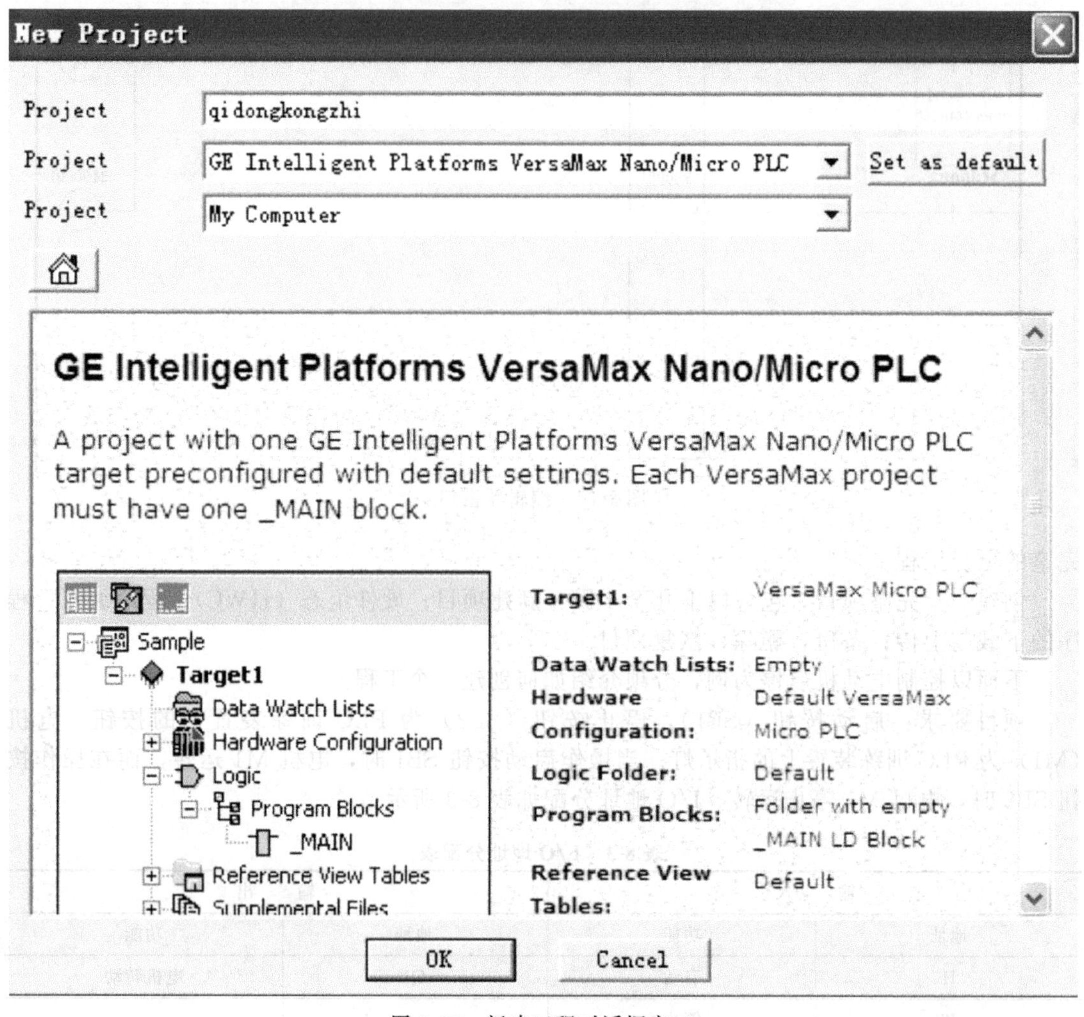

图 8-20　新建工程对话框窗口

这样，就在 PME 的环境中创建了一个新工程。

(2) 硬件组态

Logic Developer PLC 支持 6 个系列的 GE 可编程控制器（PLC）和各种远程 I/O 口，包括它们各自所具有的各种 CPU、机架和模块。为了使用上述产品，必须通过 Logic Developer PLC 或其他的 GE Faunc 工具对 PLC 硬件进行配置。Logic Developer PLC 硬件配置（HMC）组件为设备提供了完整的硬件配置方法。

CPU 在上电时检查实际的模块和机架配置，并在运行过程中定期检查。实际的配置必须和程序的配置相同。两者之间的配置差别作为配置故障报告给 CPU 报警处理。

① 在图 8-21 中 Navigator 窗口中展开 Main Rack，右键点击 CPU，选择 Replace Module，弹出 CPU 模块列表，如图 8-22 所示，选择所用的 CPU 产品型号为：IC200UDR064/164。在弹出的 CPU 模块参数配置表中，将 Passwords 选项由 Enable 改为 Disable，将 Port2 Configuration 选项由 Ethernet 改为 None，如图 8-23 所示。

对于其他系列 PLC，展开 Hardware Configuration，根据实际机架上的模块位置，右键单击各 Slot 项，并选择 Replace Modute 或 Add Module，以替换或增加模块。在弹出的模块目录对话框中选择相应的模块添加即可。

② 当配置的模块有红色叉号提示符时，说明当前的模块配置不完全，需要对模块进行修改。双击已经添加在机架上的模块，对模块进行详细配置，可在右侧的详细参数编辑器中进行参数配置。

（3）程序编写

GE PLC 支持多种编程语言，梯形图、C 语言、FBD 功能块图、用户定义功能块、ST 结构化文本、指令表等。通常较为常见的为梯形图编程语言。

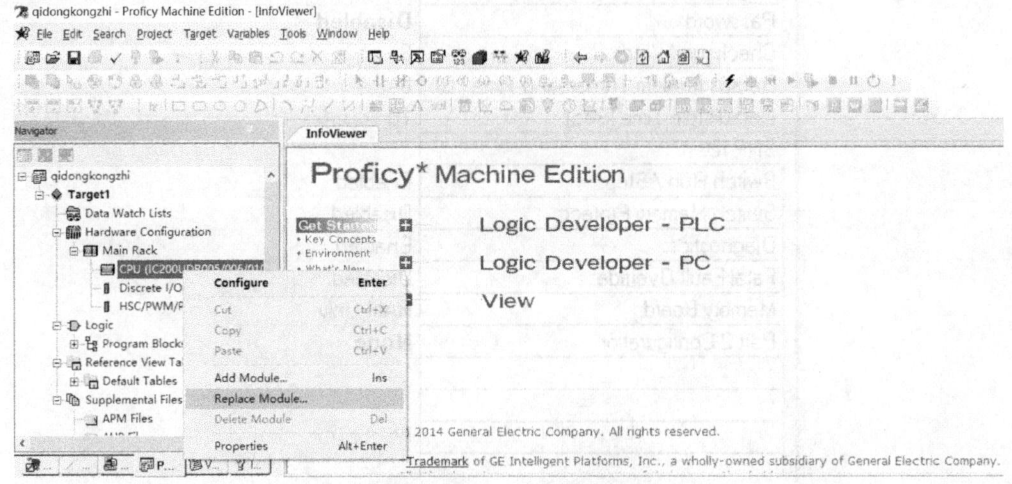

图 8-21　硬件配置—添加模块

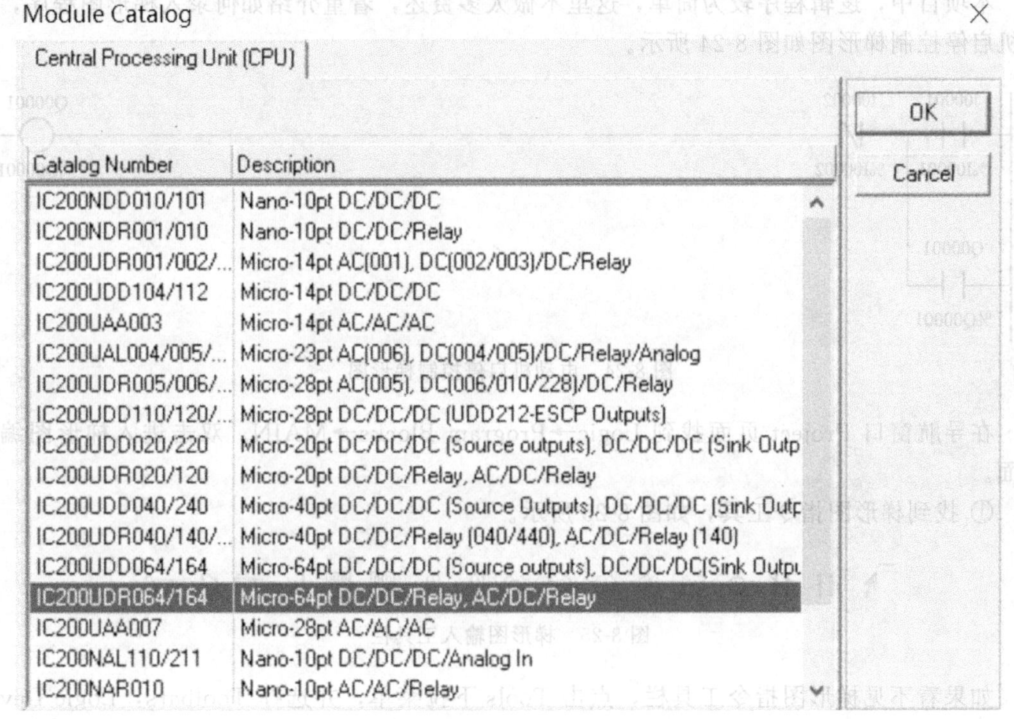

图 8-22　硬件配置—CPU 选择

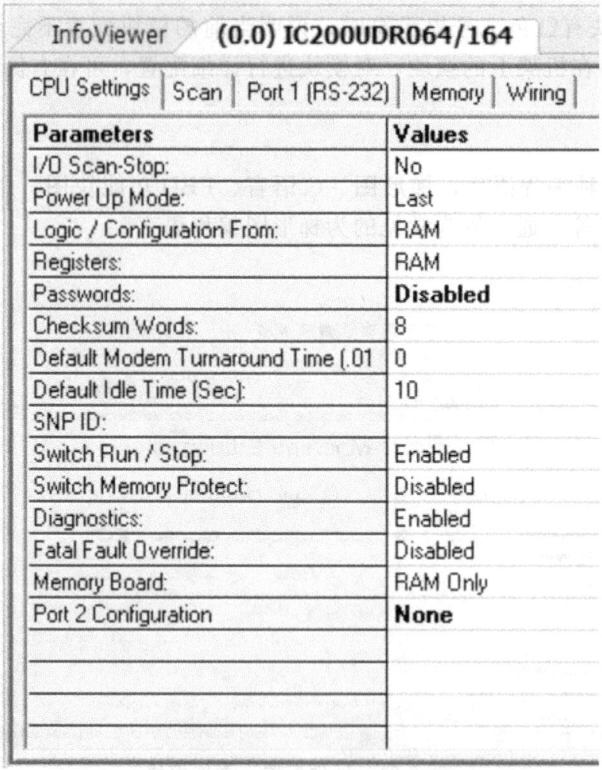

InfoViewer
(0.0) IC200UDR064/164
CPU Settings
Scan
Port 1 (RS-232)
Memory
Wiring

Parameters	Values
I/O Scan-Stop:	No
Power Up Mode:	Last
Logic / Configuration From:	RAM
Registers:	RAM
Passwords:	Disabled
Checksum Words:	8
Default Modem Turnaround Time (.01	0
Default Idle Time (Sec):	10
SNP ID:	
Switch Run / Stop:	Enabled
Switch Memory Protect:	Disabled
Diagnostics:	Enabled
Fatal Fault Override:	Disabled
Memory Board:	RAM Only
Port 2 Configuration	None

图 8-23　VersaMax Micro 64 的模块参数配置

本项目中，逻辑程序较为简单，这里不做太多赘述，着重介绍如何录入梯形图程序，电动机启停控制梯形图如图 8-24 所示。

I00001
I00002
Q00001
%I00001
%I00002
%Q00001
1
Q00001
%Q00001

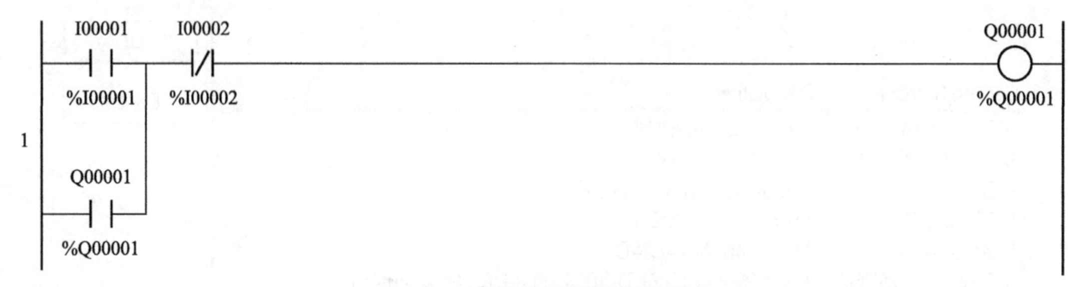

图 8-24　电动机启停控制梯形图

在导航窗口 Project 页面找到 Logic→Program Blocks→MAIN。双击进入梯形图编辑页面。

① 找到梯形图指令工具，如图 8-25 所示。

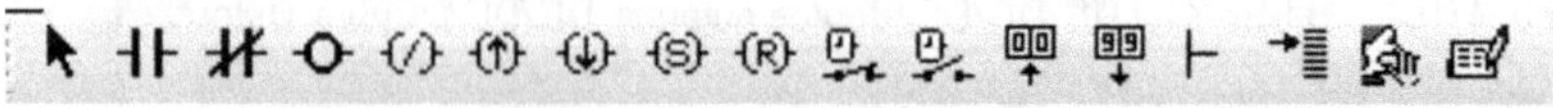

图 8-25　梯形图输入工具栏

如果看不见梯形图指令工具栏，点击 Tools 下拉菜单，并选择 Toolbars，Logic Developer-PLC，如图 8-26 所示。

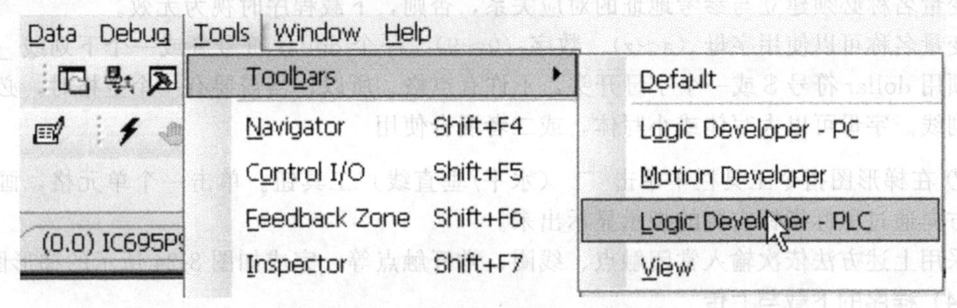

图 8-26 调出梯形图输入工具栏

② 单击梯形图指令工具栏中的 ⊣⊢ 按钮，选择一个常开触点。

③ 在 LD 编辑器中，点击左上角的一个单元格。

④ 在选定位置点击以输入常开触点，如图 8-27 所示。

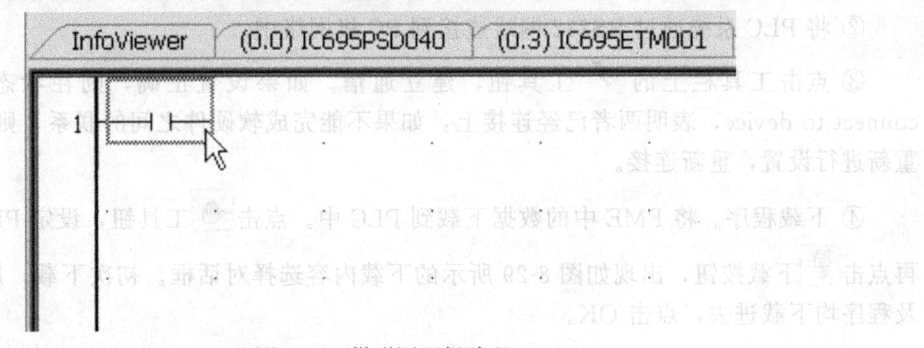

图 8-27 梯形图逻辑编程

⑤ 点击 按钮或按 Esc 键，返回到常规编辑。

⑥ 输入常开触点对应的地址。双击此常开触点、输入地址。可以输入地址（全称%I00001），如图 8-28 所示，也可以采用简写形式 1 I，系统将自动转换为%I00001，然后按 Enter 键，即完成常开触点指令输入。

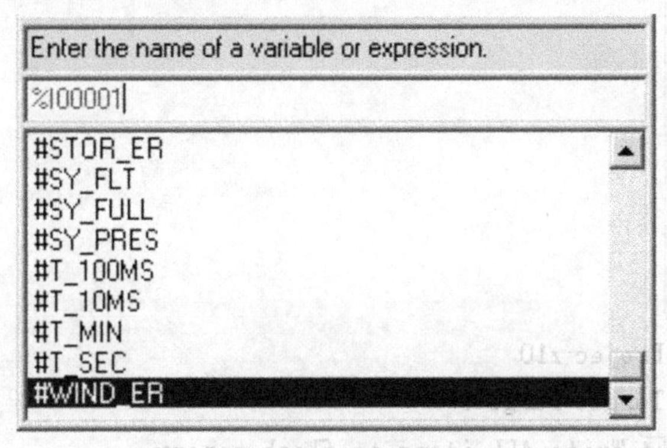

图 8-28 输入地址

PLC 的存储区名称有两种表示法：变量名称（Name）和参考地址（Reference Addresses）。变量名称显示在对应触点或线圈的上方，参考地址显示在对应触点或线圈的下方。变量名称可任意选定，以便于理解或具有实际意义为原则。参考地址是 PLC 的真实地址，所以，变量名称必须建立与参考地址的对应关系，否则，下载程序时视为无效。

变量名称可以使用字母（a～z）、数字（0～9）、一个 dollar 符号 $ 或一个下划线 _ ，但是必须用 dollar 符号 $ 或一个字母开头，不许有空格。所以，当需要有一个空格时，必须使用下划线。字母可以大写体或小写体，或二者混合使用。

⑦ 在梯形图指令工具栏中单击 ├ （水平/垂直线）工具钮。单击一个单元格，画出线段的方向通过鼠标指针右侧的指示显示出来。

采用上述方法依次输入常闭触点、线圈、常开触点等，完成如图 8-24 所示的梯形图。

(4) 程序的下载与上传

PLC 参数、梯形图程序在 PME 环境中编写完成，需要写入到 PLC 的内存中。也可以将 PLC 内存中原有的参数、程序读取出来供阅读，这就需要用到上传/下载功能。PME 与 PLC 间采用 RS232 串口通信。操作步骤如下。

① 点击工具栏中的 ✓ 按钮编译程序，检查当前标签内容是否有语法错误，检查无误。

② 将 PLC 系统通过 RS232 网线连接到 PC 机网络中。

③ 点击工具栏上的 ⚡ 工具钮，建立通信。如果设置正确，则在状态栏窗口显示 connect to device，表明两者已经连接上，如果不能完成软硬件之间的联系，则应查明原因，重新进行设置，重新连接。

④ 下载程序。将 PME 中的数据下载到 PLC 中。点击工具钮，设定 PLC 在线模式，再点击下载按钮，出现如图 8-29 所示的下载内容选择对话框。初次下载，应将硬件配置及程序均下载进去，点击 OK。

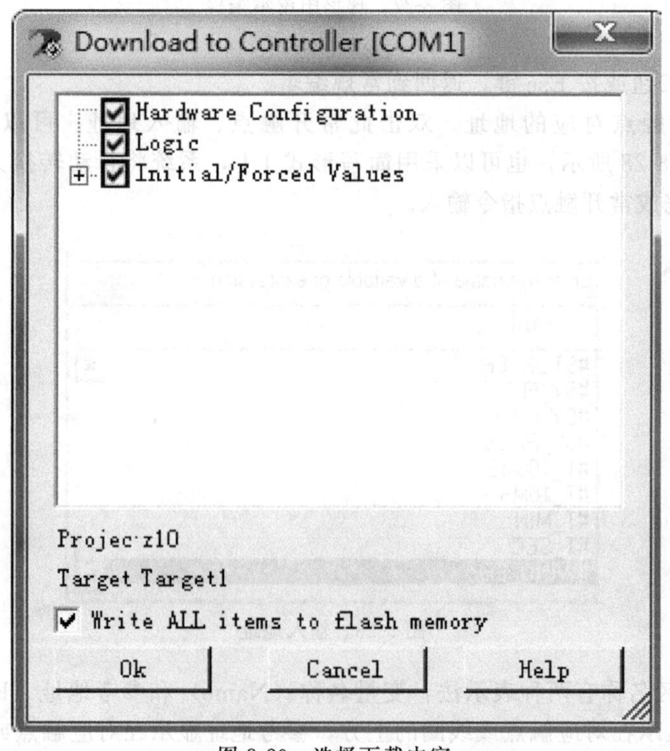

图 8-29　选择下载内容

⑤ 下载后，如正确无误，Target1 前面的图标由灰变绿，屏幕下方的状态栏出现 Stop Disabled、Config EQ、Logic EQ，表明当前的 PLC 配置与程序的硬件配置吻合，内部逻辑与程序中的逻辑吻合。此时将 CPU 的转换开关打到运行状态，即可控制外部设备。如果显示 Config NE、Logic NE 则表明当前的 PLC 配置与程序的硬件配置不吻合，内部逻辑与程序中的逻辑不吻合。

注意：一个 PLC 对象在同一时刻，只能下载一个工程。如果一个对象设备已经存有一个工程，下载后原有的工程将被覆盖。

对每个对象的下载过程，Machine Edition 总是先保存工程，执行合法性检查，生成运行文件（the runtime files），尝试建立通信的连接。在这个过程中发生的任何错误都将显示在 Build 标签的 Feedback 反馈窗口中。如果通信连接成功，Machine Edition 传送所有的运行文件到 PLC 中。

⑥ 上传程序。将 PLC 内的数据读到 PME 中。在 Navigator 下选中 Target1，单击鼠标右键，在下拉菜单中选择“Upload from Controller”，在出现的对话框中选择需要上传的内容，点击 OK 即可。

8.3 项目训练——电动机正反转 PLC 控制

8.3.1 训练目的

① 熟练掌握 PLC 的 I/O 接线方法。

② 掌握继电器指令的功能及应用。

③ 熟悉 PLC 编程软件的安装、功能和基本操作方法。

④ 了解用 PLC 实现电气控制的思路和方法。

8.3.2 训练器材

① PLC 训练装置： 1 套

② 与 PLC 相连的上位机： 1 台

③ 电机控制模块： 1 块

④ 导线： 若干

8.3.3 训练内容及操作步骤

(1) 分析控制要求

三相交流异步电动机正反转控制线路如图 4-1 所示，并分析图 4-1(a) 与 (b) 的异同，熟练掌握线路所完成的控制功能和保护功能。依照图 4-1(a)，SB1、SB2、SB3 三个外部按钮和热继电器 FR 是 PLC 的输入变量，需接在四个输入端子上；输出只有两个接触器 KM1、KM2，它们是 PLC 的输出端需控制的设备，要占用两个输出端子。故整个系统需要用 6 个 I/O 点：四个输入点，两个输出点。

(2) 设计硬件

① 主电路。三相异步电动机正反转控制主电路与图 4-1 所示主电路相同。

② I/O 分配与接线图。根据控制要求分析确定输入/输出设备，并将 I/O 地址分配填入表 8-4。

表 8-4　电动机正反转 I/O 地址分配表

输　入			输　出		
I/O 名称	I/O 地址	功能说明	I/O 名称	I/O 地址	功能说明
I1	%I00001	停止运行按钮 SB1	Q1	%Q00001	正转控制接触器 KM1
I2	%I00002	正转启动按钮 SB2	Q2	%Q00002	反转控制接触器 KM2
I3	%I00003	反转启动按钮 SB3			
I4	%I00004	热继电器保护触点 FR			

绘制三相异步电动机正反转控制 PLC 的 I/O 接线如图 8-30 所示。图中输入回路的公共端 C1 与输出回路的公共端 C1 不能接在一起。

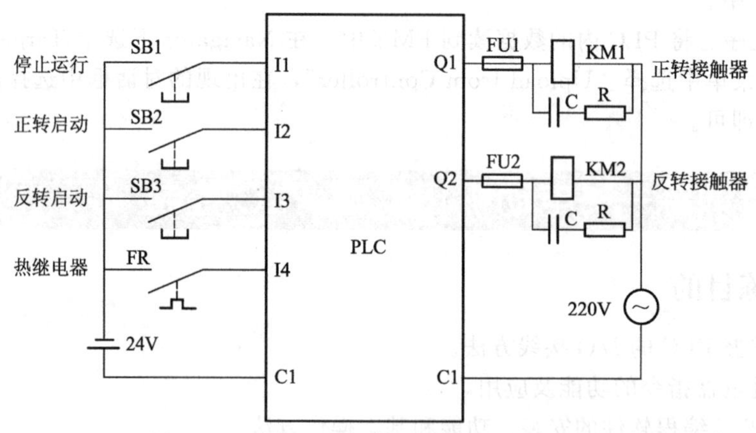

图 8-30　电动机正反转控制 PLC 的 I/O 接线

（3）设计软件

用继电器指令编写电动机正反转控制程序。

（4）输入三相异步电动机正反转控制程序并下载到 PLC

参考程序如图 8-31 所示。

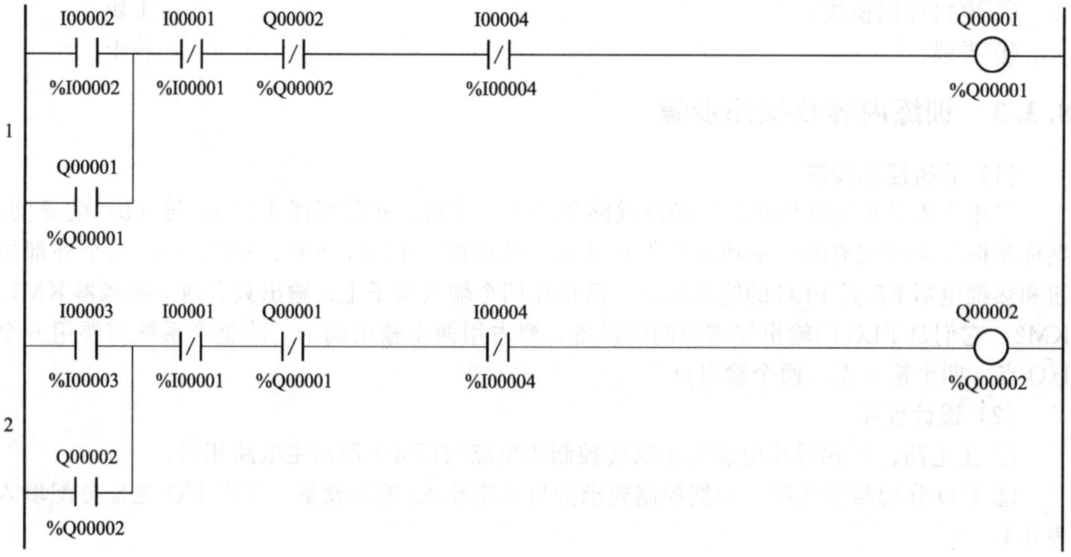

图 8-31　电动机正反转控制梯形图

(5) 运行程序

根据控制功能要求操作相应输入设备，并观察 I/O 动作状态，是否实现了全部控制功能和保护功能。

(6) 整理技术文件

包括整理 I/O 地址分配表、I/O 接线图、程序清单及注释等。

8.3.4 注意事项

① 下载程序前，应确认 PLC 供电正常。

② 各控制按钮应选用自复式按钮。

③ 连线时，应先连 PLC 电源线，再连 I/O 接线。

④ I/O 点数的确定应满足控制功能的要求，经济而不浪费。程序中的各输入、输出点应与外部 I/O 的实际接线完全对应。

⑤ 实验过程中，认真观察 PLC 的输入输出状态，以验证分析结果是否正确。

⑥ 训练结束后，应将 PLC 设备断电。

8.3.5 思考和讨论

① 在 I/O 接线不变的情况下，能更改控制逻辑吗？

② 梯形图程序中绘制的横线或竖线需要用导线连接吗？为什么？

③ 当程序不能正常运行时，如何判断是编程错误、PLC 故障，还是外部 I/O 点连接线错误？

④ SB1、FR 采用常开触点或采用常闭触点接入 PLC 输入回路有何不同？

⑤ 试分析用继电器-接触器实现三相异步电动机正反转控制与 PLC 实现三相异步电动机正反转控制有何异同？

⑥ 如果依据图 4-1(b) 用 PLC 实现双重联锁正反转控制应如何编程？硬件和软件如何修改？

8.4 项目考评

项目考核配分及评分标准如表 8-5 所示。

表 8-5 电动机正反转 PLC 控制考核配分及评分标准

考核内容	考核要求	评分标准	配分	扣分	得分
控制功能分析	正反转控制线路的工作原理和工作过程分析	概念模糊不清或错误扣 5～20 分	20		
	控制功能和保护功能分析				
PLC 硬件设计与接线	PLC 电源接线	PLC 状态错误扣 10 分	20		
	I/O 接线图的设计与布线	I/O 接线图绘制错误、连线错误一处扣 5 分，不按接线图布线扣 10～15 分			
	线路连接工艺	连接工艺差，如走线零乱、导线压接松动、绝缘层损伤或伤线芯等，每处扣 5 分			
PLC 程序设计	正确绘制梯形图	程序绘制错误酌情扣分	40		
	程序输入并下载运行	未输入完整或下载操作错误酌情扣分			
	安全文明操作	违反安全操作规程扣 10～40 分			

续表

考核内容	考核要求	评分标准	配分	扣分	得分
PLC 调试与运行	正确完成系统要求,实现正反转控制	一项功能未实现扣 5 分	20		
	能进行简单的故障排查	概念模糊不清或错误酌情扣分			
时限	在规定时间内完成	每超时 10min 扣 5 分			
合计			100		

8.5 项目拓展

8.5.1 典型应用程序分析与设计

8.5.1.1 互锁控制

(1) 控制要求

用两个开关控制三个灯，开关 1 控制指示灯 1，开关 2 控制指示灯 2；指示灯 1 和指示灯 2 不能同时亮，二者都不亮时指示灯 3 才亮。

(2) I/O 分配

互锁控制 I/O 分配如下。

输入：I1——开关 1
　　　I2——开关 2

输出：Q1——指示灯 1
　　　Q2——指示灯 2
　　　Q3——指示灯 3

(3) 梯形图

满足以上互锁控制要求的参考程序如图 8-32 所示。

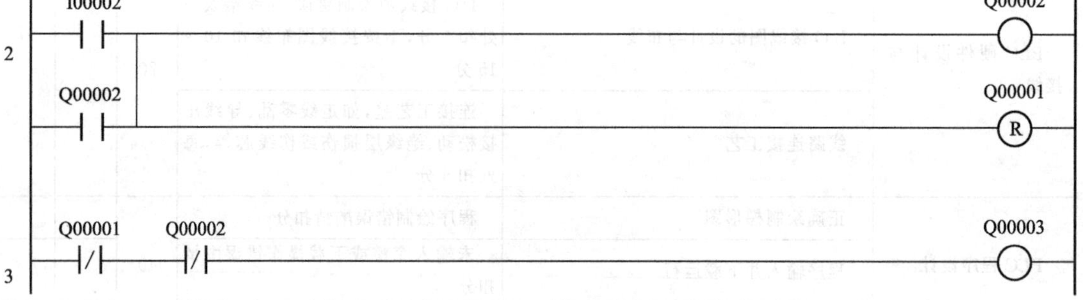

1 I00001 Q00001 Q00001 Q00002(R)
2 I00002 Q00002 Q00002 Q00001(R)
3 Q00001 Q00002 Q00003

图 8-32　互锁控制梯形图

8.5.1.2　三灯三开关逻辑控制

(1) 控制要求

用三个开关控制三个指示灯，实现或、同或、异或三种逻辑关系控制。

① 开关 1 和开关 2 控制指示灯 1，两个开关有一个为 ON 时，则指示灯 1 为 ON。

② 开关 2 和开关 3 控制指示灯 2，两个开关同为 ON 或者同为 OFF 时，则指示灯 2 为 ON。

③ 开关 1 和开关 3 控制指示灯 3，两个开关不同时为 ON 或者不同时为 OFF 时，则指示灯 3 为 ON。

(2) I/O 分配

逻辑控制 I/O 分配如下。

输入：I1——开关 1
　　　I2——开关 2
　　　I3——开关 3

输出：Q1——指示灯 1
　　　Q2——指示灯 2
　　　Q3——指示灯 3

(3) 梯形图

满足以上逻辑控制要求的参考程序如图 8-33 所示。

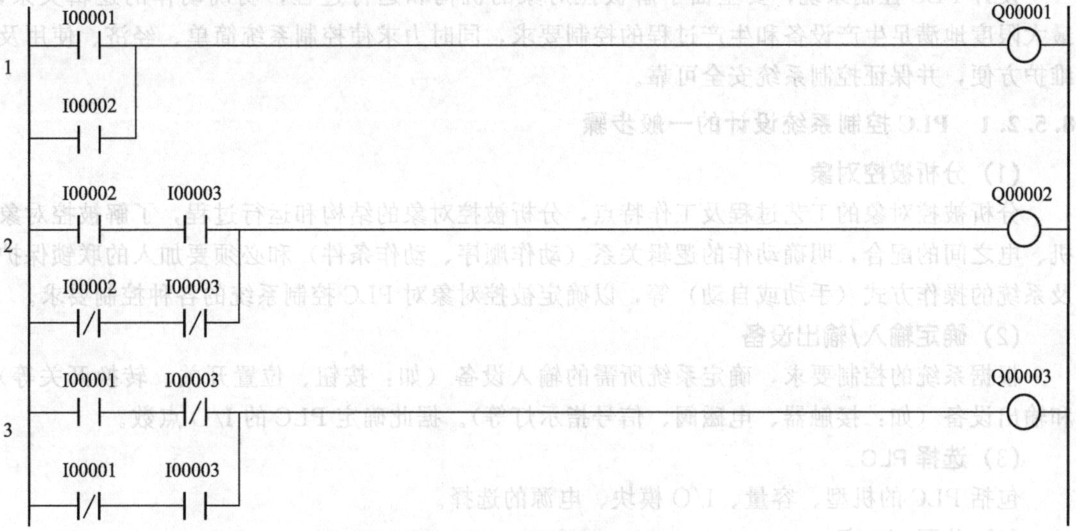

I00001　Q00001
1
I00002
I00002　I00003　Q00002
2
I00002　I00003
I00001　I00003　Q00003
3
I00001　I00003

图 8-33　互锁控制梯形图

8.5.1.3　二分频程序

如图 8-34(a) 所示为二分频控制时序图，图 (b) 是采用正跳变指令构成的二分频 PLC 程序的梯形图。此程序的功能即输出信号变化频率是输入信号变化频率的 1/2。

在 t_1 时刻，输入 I1 信号接通的上升沿，内部辅助继电器 M1 接通一个扫描周期，使输出 Q1 接通，其动合触点 Q1 闭合。在 t_2 时刻，输入 I1 第二个信号脉冲的上升沿到来时，由于 Q1 是接通的，导致内部辅助继电器 M1 接通，其动断触点断开，使 Q1 输出断开。t_3 时刻重复以上过程。综上所述，输入 I1 闭合时，输出 Q1 也闭合，直到输入 I1 的第二个信号脉冲时，Q1 变为断开，即输出 Q1 的变化频率是输入 I1 变化频率的 1/2，所以此程序称

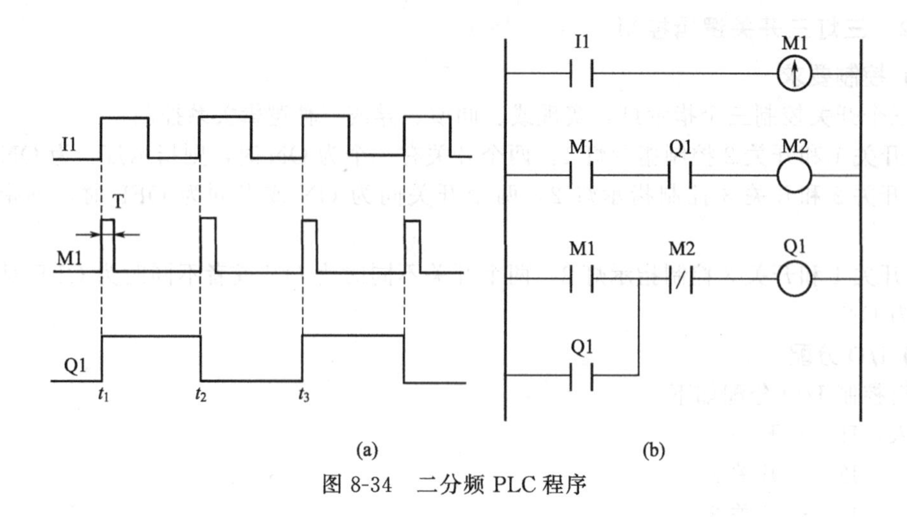

图 8-34 二分频 PLC 程序

为二分频程序。

此梯形图即触发器 PLC 控制程序。即在输入 I1 信号的控制下，输出 Q1 不断翻转（ON/OFF…）。

8.5.2 PLC 控制系统设计

设计 PLC 控制系统，要全面了解被控对象的机构和运行过程，明确动作的逻辑关系，最大限度地满足生产设备和生产过程的控制要求，同时力求使控制系统简单、经济、使用及维护方便，并保证控制系统安全可靠。

8.5.2.1 PLC 控制系统设计的一般步骤

(1) 分析被控对象

分析被控对象的工艺过程及工作特点，分析被控对象的结构和运行过程，了解被控对象机、电之间的配合，明确动作的逻辑关系（动作顺序、动作条件）和必须要加入的联锁保护及系统的操作方式（手动或自动）等，以确定被控对象对 PLC 控制系统的各种控制要求。

(2) 确定输入/输出设备

根据系统的控制要求，确定系统所需的输入设备（如：按钮、位置开关、转换开关等）和输出设备（如：接触器、电磁阀、信号指示灯等）。据此确定 PLC 的 I/O 点数。

(3) 选择 PLC

包括 PLC 的机型、容量、I/O 模块、电源的选择。

(4) 分配 I/O 点

分配 PLC 的 I/O 点，画出 PLC 的 I/O 端子与输入/输出设备的连接图或对应表［可结合第（2）步进行］。

(5) 设计软件及硬件

软件和硬件设计包括 PLC 程序设计、控制柜（台）和 I/O 电气接线图设计及现场施工。编制程序和调试程序时均应按“化整为零”、“积零为整”或“先分后总”的原则，尽量独立分析问题解决问题。由于程序与硬件设计可同时进行，因此 PLC 控制系统的设计周期可大大缩短，而对于继电器系统必须先设计出全部的电气控制电路后才能进行施工设计。

其中硬件设计及现场施工的步骤如下：

① 设计控制柜及操作面板电器布置图及安装接线图；

② 设计控制系统各部分的电气互连图；

③ 根据图纸进行现场接线，并检查。

(6) 联机调试

联机调试是指将模拟调试通过的程序进行在线统调。

(7) 整理技术文件

包括设计说明书、电气安装图、电气元件明细表、程序清单及使用说明书等。

8.5.2.2 PLC 的选择

(1) PLC 的机型选择

① 合理的结构。整体式 PLC 一般用于系统工艺过程较为固定的小型控制系统中；而模块式 PLC 一般用于较复杂系统和环境差（维修量大）的场合。

② 安装方式的选择。集中式不需要设置驱动远程 I/O 硬件，系统反应快、成本低。大型系统因为它们的装置分布范围广，经常采用远程 I/O 式。多台联网的分布式适用于多台设备分别独立控制，又要相互联系的场合。

③ 功能要求。根据生产过程的工艺要求确定 PLC 系统的功能，如开关量处理功能、模拟量处理功能、较强的数据运算和数据处理功能、高速计数功能、PWM 输出功能等。

④ 响应速度的要求。PLC 的扫描工作方式引起的延迟可达 2～3 个扫描周期。然而对于某些个别场合，选用具有高速度 I/O 处理功能指令的 PLC 和中断输入模块的 PLC 等。

⑤ 系统可靠性的要求。对于一般 PLC 的可靠性均能满足，对可靠性要求很高的系统，应考虑是否采用冗余控制系统或热备用系统。

⑥ 机型统一。一个企业，应尽量做到 PLC 的机型统一，以便于系统的设计、管理、使用和维护。同一机型的 PLC，其模块可互为备用，便于备件的采购；其功能及编程方法统一，有利于技术力量的培训、技术水平的提高和功能的开发；其外部设备通用，资源可共享。

(2) PLC 的容量选择

① I/O 点数。应该合理选用 PLC 的 I/O 点的数量，在满足控制要求的前提下力争使用的 I/O 点最少，但必须留有一定的备用量（10%～15%）。

② 用户存储容量。存储容量的选择有两种方法：一种是根据编程实际使用的点数进行精确计算，另一种是根据控制规模和应用目的进行估算。

(3) I/O 模块的选择

① 开关量输入（DI）模块的选择

- 输入信号的类型及电压等级的选择。

常用的开关量输入模块的信号类型有三种：直流输入、交流输入和交流/直流输入。

- 输入接线方式选择。

按输入电路接线方式的不同，开关量输入模块可分为汇点式输入和分组式输入两种，如图 8-35 所示。

② 开关量输出（DO）模块的选择

- 输出方式的选择。

开关量输出模块有三种输出方式：继电器输出、晶体管输出和晶闸管输出。

- 输出接线方式的选择。

PLC 的输出接线方式不同，一般有分组式输出和分隔式输出两种，如图 8-36 所示。

- 输出电流的选择。

输出模块的输出电流必须大于负载电流的额定值。用户应根据实际负载电流的大小选择

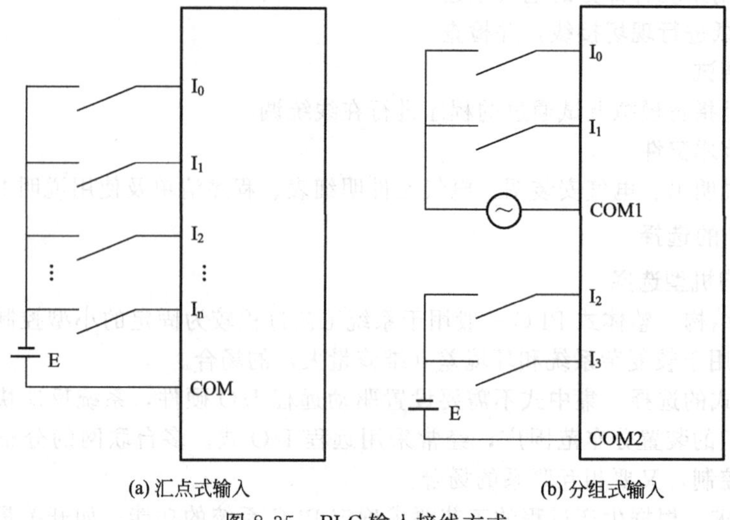

(a) 汇点式输入　　(b) 分组式输入

图 8-35　PLC 输入接线方式

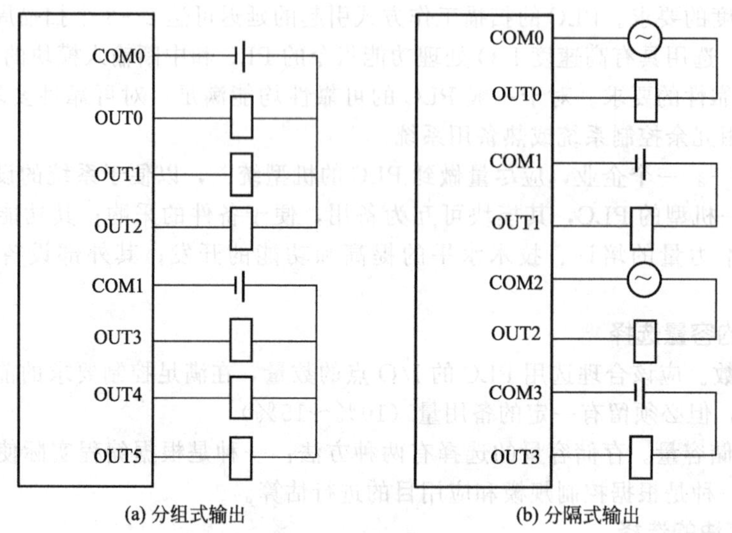

(a) 分组式输出　　(b) 分隔式输出

图 8-36　PLC 输出接线方式

模块的输出电流。

(4) 电源模块及其他外设的选择

① 电源模块的选择。电源模块的选择只需考虑输出电流的大小，即电源模块的额定输出电流必须大于 CPU 模块、I/O 模块、专用模块等消耗电流的总和。

② 编程器的选择。PLC 编程有三种方式：手持编程器、PC 机加 PLC 软件包编程和图形编程器编程。用户应根据系统的大小与难易，开发周期的长短等具体功能要求合理选用 PLC 编程器。

8.5.3　梯形图与继电控制图的区别

梯形图语言是在可编程控制器编程中应用最广的语言，它与继电器控制电路图的画法十分相似，信号的输入和输出方式以及控制功能也大致相同。所以对于熟悉继电控制系统设计原理的工程技术人员来说，掌握梯形图语言编程无疑是十分方便和快捷的。但是二者所表示的系统工作特点却有一定的差异，下面简述这些差异。

（1）并行工作与串行工作

对继电控制电路图所表示的线路来说，只要接通电源，整个电路都处于带电状态，该闭合的继电器同时闭合，不该闭合的继电器因受控制条件的制约而不能闭合。也就是说继电器动作的顺序同它在电路图中的位置及顺序无关。这种工作方式称为并行工作方式。

而在梯形图中，却没有真正的电流流动。根据 PLC 循环扫描的工作特点，可以看做在梯形图中有一个指令流在流动，其流动方向是自上而下、从左到右单方向的循环。所以梯形图中的继电器都处于周期性的循环接通状态，各继电器的动作次序决定于扫描顺序，与它们在梯形图中的位置有关。这种工作方式称为串行工作方式。

由于 PLC 采用循环扫描工作方式，所以即使是同一元件，在梯形图中所处的位置不同，其工作状态也会随扫描周期的不同而有所不同，而这种情况在继电控制电路图中是不可能出现的。

（2）软继电器和软触点

在继电控制电路图中，继电器及其触点都是实际的物理器件，其数量是有限的。而在梯形图中，所用的都是所谓的“软继电器”。这些“软继电器”实际是 PLC 内部寄存器的“位”，该位可以置“1”，也可以置“0”，并可反复读写。所以每个“软继电器”提供的触点可以有无限多个。在梯形图中可以无数次地使用这些触点，既可以用它的常开形式，也可以用它的常闭形式。

8.5.4 梯形图的化简及变换

在继电控制电路中，元器件的排列一般不必过多考虑，但在梯形图中，这种排列可能会带来较大影响，有时甚至使程序无法运行。所以为了使程序简短、清晰、执行速度快，常需要对电路结构加以变换和化简。下面举例说明编写程序的基本原则和方法。

① 用电路变换来化简程序。

下面的两个梯形图实现的逻辑功能一样，但程序繁简程度却不同，如图 8-37 所示。

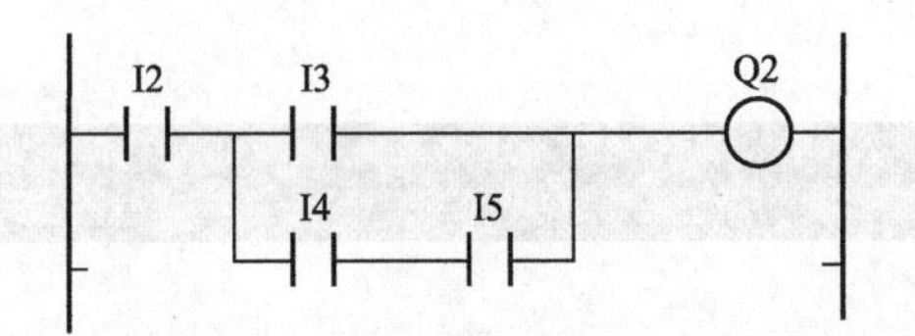

(a) 安排不当的梯形图

(b) 安排得当的梯形图

图 8-37 原则 1 的说明

图 8-37(a) 和图 8-37(b) 的不同在于：将串联的两部分电路左、右对换，并联的两个分支上、下对换。变换后，原有的逻辑关系不变，但程序却简化了。

经验证明，梯形图变换可遵循如下原则，即“左沉右轻”、“上沉下轻”。

② 应使梯形图的逻辑关系尽量清楚，便于阅读检查和输入程序。

图 8-38 中的逻辑关系就不够清楚，给编程带来不便。

改画为图 8-39 后的程序虽然指令条数增多，但逻辑关系清楚，便于阅读和编程。

③ 应避免出现无法编程的梯形图。

如图 8-40 所示的桥式电路无法编程，可改画成图 8-41 所示形式。

④ 梯形图中串联触点使用的次数没有限制，但必要时可使用延续线圈和延续触点。

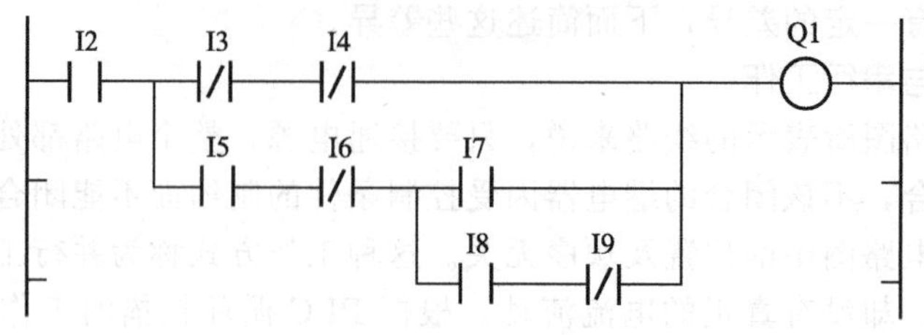

图 8-38　原则 2 的说明

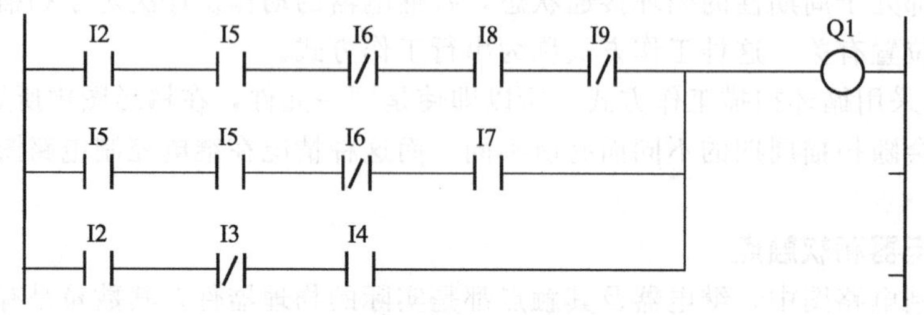

图 8-39　逻辑关系清楚的梯形图

⑤ 两个或两个以上线圈可以并联输出。

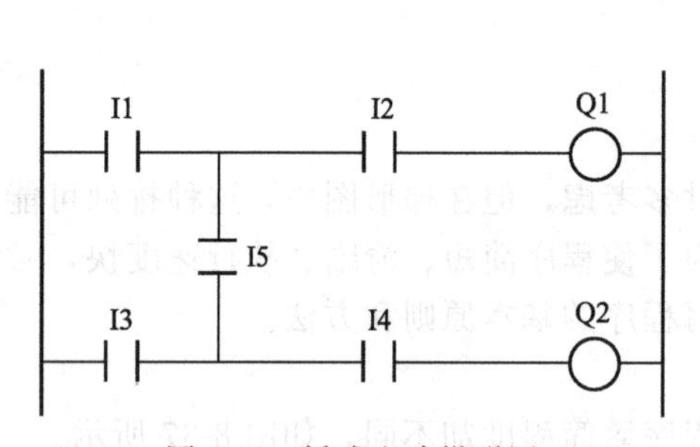

图 8-40　桥式电路梯形图

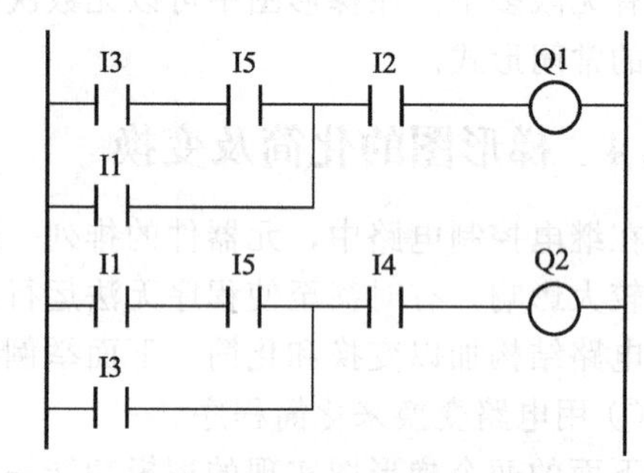

图 8-41　改画后的桥式电路梯形图

8.6 思考题与习题

8-1　I、Q、M 的地址是如何编号的？

8-2　如何理解“位”与“字”之间的关系？

8-3　试编程实现双灯单按钮控制功能，控制时序如图 8-42 所示。

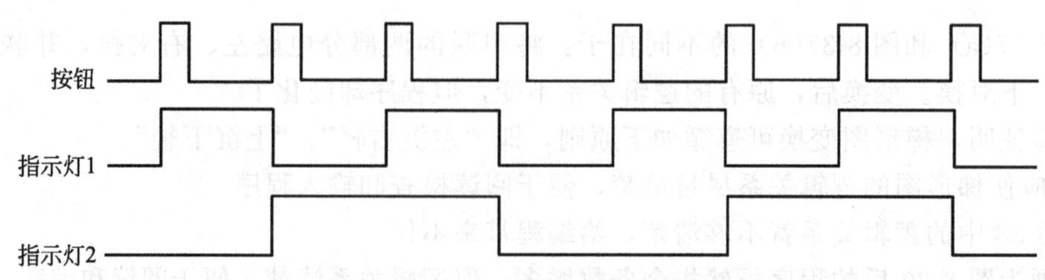

图 8-42　双灯单按钮控制时序图

8-4　试编程实现三地控制一盏灯。要求在三个不同的地方独立控制一盏灯，任何一地的开关动作都可以使灯的状态发生改变。即不管开关是开还是关，只要有开关动作则灯的状态就发生改变。按此要求可分配I/O如下。

输入：I1　　A地开关

　　　I2　　B地开关

　　　I3　　C地开关

输出：Q1　　灯

项目 9

电动机星-三角降压启动PLC控制

9.1 项目目标

① 熟练掌握 I/O 分配及接线方法。
② 熟练掌握 PLC 编程软件的功能和基本操作方法。
③ 掌握定时器、计数器指令的功能及应用。
④ 掌握用 PLC 实现电气控制的思路和方法。

9.2 知识准备

9.2.1 定时器指令

GE PLC 的定时器分为三种类型，分别是接通延时定时器（TMR）、保持型接通延时定时器（ONDTR）、断开延时定时器（OFDT）。定时器的时基有四种：1s（SEC）、0.1s（TENTHS）、0.01s（HUNDS）和 0.001s（THOUS）。预置值的范围为 0～32767 个时间单位。则延时时间 t=预置值×时基。三种定时器的功能如表 9-1 所示。

表 9-1 定时器的类型及功能

功能	助记符	计时单位(分辨率)	说　明
接通延时定时器	TMR_SEC	1s	一般接通延时定时器。当接受到使能信号时计时,当使能信号停止时,则重置为零
	TMR_TENTHS	0.1s	
	TMR_HUNDS	0.01s	
	TMR_THOUS	0.001s	
保持型接通延时定时器	ONDTR_SEC	1s	当接收到使能信号时计时,在使能信号停止时保持其值
	ONDTR_TENTHS	0.1s	
	ONDTR_HUNDS	0.01s	
	ONDTR_THOUS	0.001s	
断开延时定时器	OFDT_SEC	1s	当使能信号为 ON 时,CV(定时器的当前值)被置零; 当使能信号为 OFF 时,CV 增加; 当 CV=PV(预置值),能流信号不再向右端传递直到使能信号再次为 ON
	OFDT_TENTHS	0.1s	
	OFDT_HUNDS	0.01s	
	OFDT_THOUS	0.001s	

每个定时器需要一个一维的、由三个字数组排列的%R存储器，输入的定时器的地址为起始地址，从起始地址开始的连续三个字（每个字占16位）分别储存下列信息：

Word 1：当前值（CV）

Word 2：预置值（PV）

Word 3：控制字

其中Word 1只能读取不能写入；Word 3存储与定时器/计数器相关的布尔逻辑输入、输出状态，如图9-1所示。

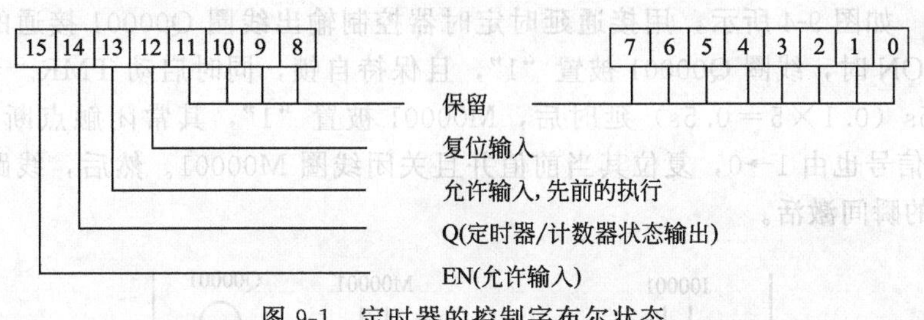

图9-1 定时器的控制字布尔状态

注意：

① 在使用定时器前，必须先为三个字的WORD队列（三个字的寄存器块）设定一个开始地址。

② 不能使用两个连续的寄存器作为两个定时器的起始地址。

对于寄存器块重叠不进行检查也不进行警告。如果将第二个定时器的当前值放置在前一个定时器的预置值之上，则定时器将不工作。

③ 当使用位测试，位置位，位清零，或位定位函数，位号是从1到16，而不是如图9-1所显示的0到15。

(1) 接通延时定时器（TMR）

① 指令格式：如图9-2所示。

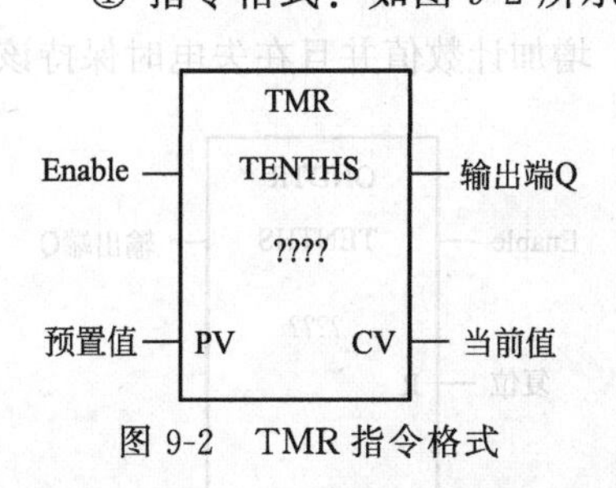

图9-2 TMR指令格式

其中，“TENTHS”表示该定时器的时基为0.1s，若为“SEC”则表示时基为1s，若为“HUNDS”则表示时基为0.01s，若为“THOUS”则表示时基为0.001s。“????”应标注为定时器的起始地址。预置值的最大值为32767。

② 指令功能：当接收到使能信号，则接通延时定时器TMR开始计时，CV从零开始加1递增。当使能停止，定时器被复位。

当CV等于或超过预置值PV，只要定时器输入使能信号保持为ON，则定时器的输出端允许输出。定时器继续计时直至到达最大值（32767时间单位）。使能信号输入端由ON变为OFF时，TMR停止累计时间，CV被重置为零并且输出端Q被关闭。其工作波形图如图9-3所示。

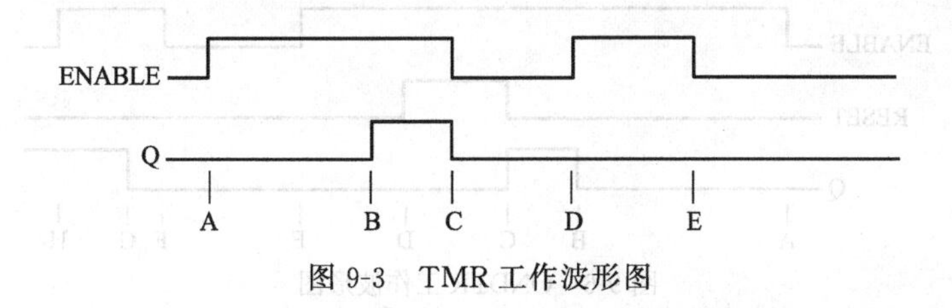

图9-3 TMR工作波形图

图 9-3 中 A～E 点的工作情况说明如下：

A：当 ENABLE 端由 0→1 时，定时器开始计时。

B：当计时计到后，即 CV＝PV，输出端 Q 置“1”，定时器继续计时。

C：当 ENABLE 端由 1→0 时，输出端 Q 置“0”，定时器停止计时并且 CV 被清零。

D：当 ENABLE 端由 0→1 时，定时器开始计时。

E：在 CV 没有达到 PV 时，ENABLE 端由 1→0 时，输出端 Q 仍然为“0”，定时器停止计时，并且 CV 被清零。

【例 9-1】 如图 9-4 所示，用接通延时定时器控制输出线圈 Q00001 接通的时间。当输入 I00001 为 ON 时，线圈 Q00001 被置“1”，且保持自锁，同时启动 TMR。当 TMR 达到其预设值 0.5s（0.1×5＝0.5s）延时后，M00001 被置“1”，其常闭触点断开输出线圈。TMR 的使能信号也由 1→0，复位其当前值并且关闭线圈 M00001。然后，线路准备好了另一次 I00001 的瞬间激活。

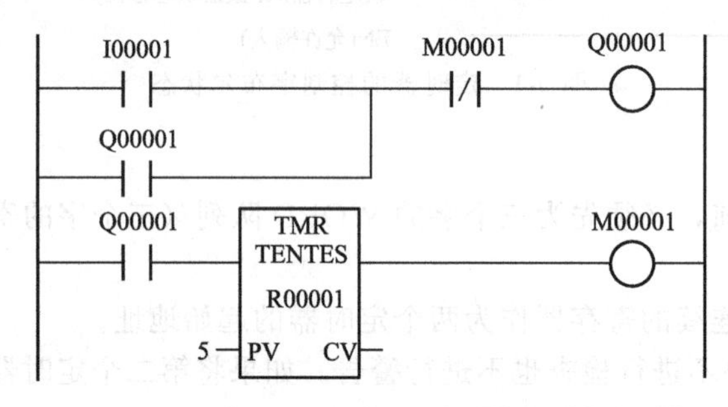

图 9-4　TMR 指令示例

（2）保持型接通延时定时器（ONDTR）

① 指令格式：如图 9-5 所示。

格式中各符号的意义与 TMR 相同。

② 指令功能：保持型接通延时定时器（ONDTR）通电时，增加计数值并且在失电时保持该值。只要 ONDTR 保持通电，该定时器就累计计时。当前值大于等于预置值时，不论输入使能端状态如何，则定时器的输出端允许输出，并且该定时器的位逻辑状态发生改变。

当输入使能端断开时，当前值停止计时并保持。而只要定时器输入使能端再次允许，定时器 CV 在上次保持的值的基础上累计计时，直至 CV 等于最大值 32767 时为止，此时，当前值保持，同时，输出端允许输出。

当复位端允许时，当前值返回为零，输出端断开。

其工作波形图如图 9-6 所示。

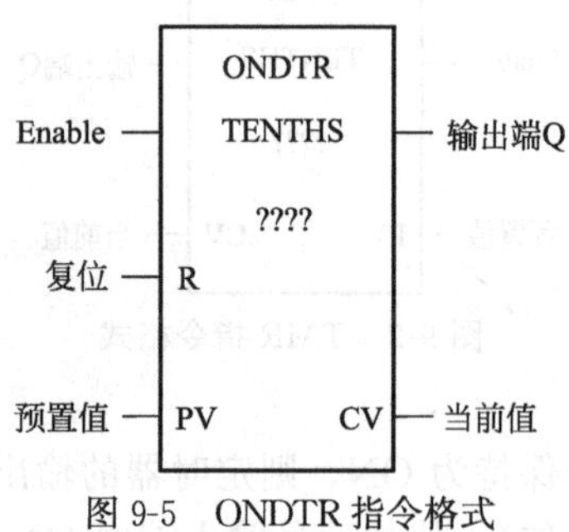

图 9-5　ONDTR 指令格式

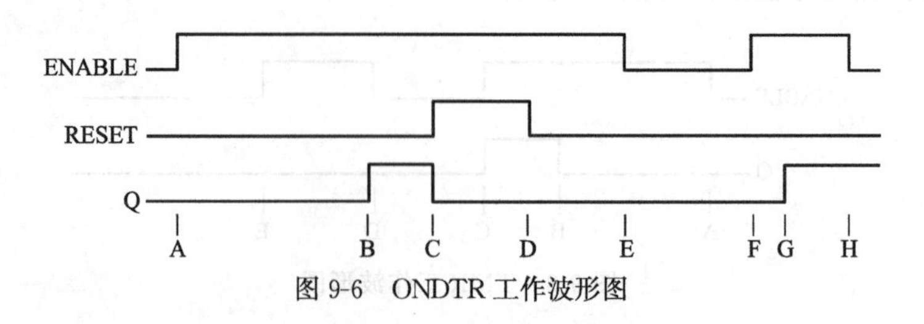

图 9-6　ONDTR 工作波形图

图 9-6 中 A～H 点的工作情况说明如下：

A：当 ENABLE 端由 0→1 时，定时器开始计时。

B：当计时计到后，即 CV＝PV，输出端 Q 置“1”，定时器继续计时。

C：当复位 RESET 由 0→1 时，输出端 Q 被清零，计时值被复位（CV＝0）。

D：当复位 RESET 由 1→0 时，且 ENABLE 为 1，定时器重新开始计时。

E：当 ENABLE 端由 1→0 时，定时器停止计时，但当前值被保持。

F：当 ENABLE 端再次由 0→1 时，定时器从前一次的保持值开始计时。

G：当计时计到后，即 CV＝PV，输出端 Q 置“1”。定时器继续计时，直到 ENABLE 端变为“0”，且 RESET 变为“1”或 CV 达到最大的时间值。

H：当 ENABLE 端由 1→0 时，定时器停止计时，但输出端 Q 仍为“1”。

【例 9-2】 如图 9-7 所示，在 Q0010 开启后，ONDTR 被用来产生一个接通时间为 8s 的信号（Q0011），当 Q0010 常闭触点闭合时，Q0011 信号就关闭。

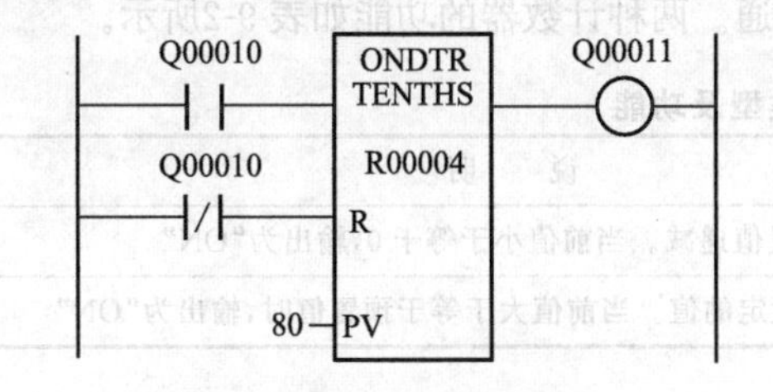

图 9-7 ONDTR 指令示例

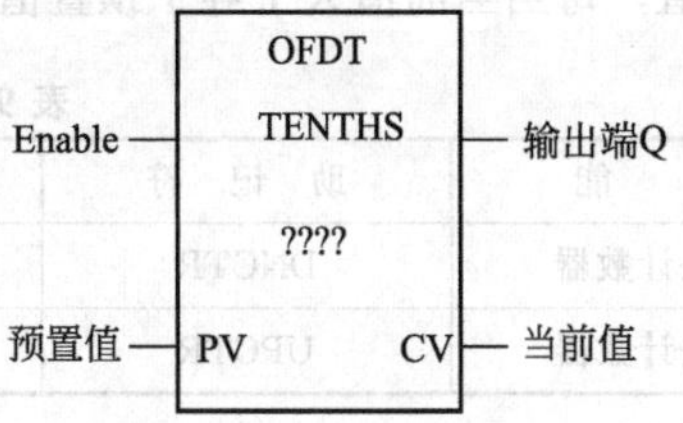

图 9-8 OFDT 指令格式

（3）断开延时定时器（OFDT）

① 指令格式：如图 9-8 所示。

格式中各符号的意义与 TMR 相同。

② 指令功能：当输入使能端断开时，断开延时定时器当前值增加计数值，当输入使能端也允许时，当前值复位到零。当断开延时定时器初次通电时，当前值为零，此时即使预置值为零，输出端也允许输出。当定时器输入使能端断开时，输出端仍然保持输出，此时当前值开始计数，当前值等于预置值时，停止计数并且输出使能端断开。

其工作波形图如图 9-9 所示。

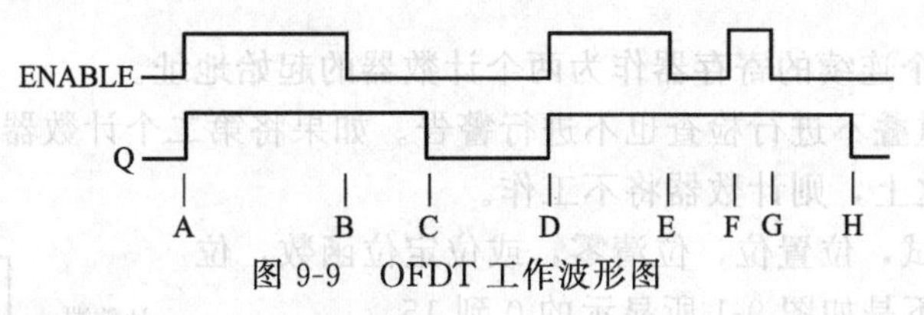

图 9-9 OFDT 工作波形图

图 9-9 中 A～H 点的工作情况说明如下：

A：当 ENABLE 端由 0→1 时，输出端也由 0→1，定时器重置（CV＝0）。

B：当 ENABLE 端由 1→0 时，定时器开始计时，输出端继续为“1”。

C：当计时计到后，即 CV＝PV，输出端由 1→0，定时器停止计时。

D：当 ENABLE 端由 0→1 时，定时器复位（CV＝0）。

E：当 ENABLE 端由 1→0 时，定时器开始计时。

F：当 ENABLE 端又由 0→1 时，且当前值小于预置值时，定时器复位（CV＝0）。

G：当 ENABLE 端由 1→0 时，定时器开始计时。

H：当计时计到后，即 CV＝PV，输出端由 1→0，并且定时器停止计时。

【例9-3】 如图9-10所示，只要I00001接通，则OFDT使线圈Q00001接通。在I00001断开后，Q00001保持接通两秒钟，然后断开。

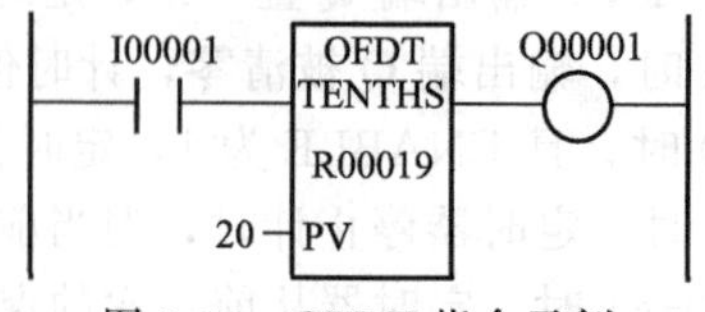

图9-10 OFDT指令示例

9.2.2 计数器指令

GE PLC的计数器有两种：减法计数器（DNCTR）和加法计数器（UPCTR）。减法计数器是指从一预置值递减计数，每当当前值小于等于零时，输出被接通。加法计数器是指递增计数到一个指定值，每当当前值大于等于预置值时，输出被接通。两种计数器的功能如表9-2所示。

表9-2 计数器的类型及功能

功　能	助 记 符	说　明
减法计数器	DNCTR	从预置值递减。当前值小于等于0，输出为"ON"
加法计数器	UPCTR	递增到一个设定的值。当前值大于等于预置值时，输出为"ON"

每个计数器需要一个一维的、由三个字数组排列的%R存储器，输入计数器的地址为起始地址，从起始地址开始的连续三个字（每个字占16位）分别储存下列信息：

Word 1：当前值（CV）

Word 2：预置值（PV）

Word 3：控制字

其中Word 1只能读取不能写入；Word 3存储与定时器/计数器相关的布尔逻辑输入、输出状态，各个位的功能与定时器相同，参照图9-1。

注意：

① 要使用一个计数器，必须先为三个字的WORD队列（三个字的寄存器块）设定一个开始地址。

② 不能使用两个连续的寄存器作为两个计数器的起始地址。

对于寄存器块重叠不进行检查也不进行警告。如果将第二个计数器的当前值放置在前一个计数器的预置值之上，则计数器将不工作。

③ 当使用位测试，位置位，位清零，或位定位函数，位号是从1到16，而不是如图9-1所显示的0到15。

(1) 加法计数器

① 指令格式：如图9-11所示。

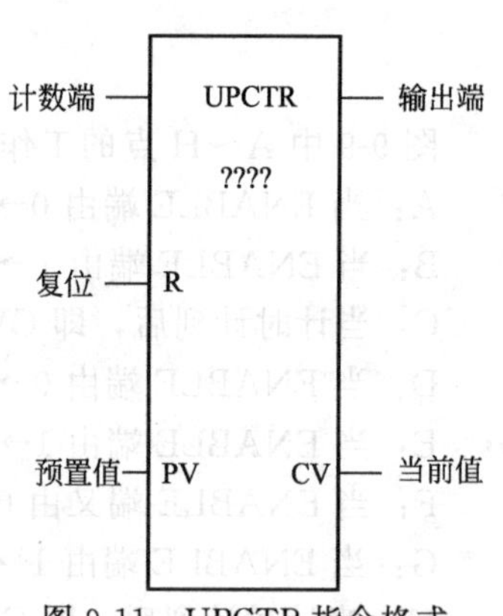

图9-11 UPCTR指令格式

② 指令功能：加法计数器（UPCTR）运行时递增计数。当计数端输入由0→1（脉冲信号），当前值（CV）加"1"，当前值等于预置值时，输出端置"1"。只要当前值大于或等于预置值，输出端始终为"1"，而且该输出端带有断电自保功能，再上电时不自动初始化。CV值的增加可以超过预置值（PV），当前值（CV）到达32767，则保持其值直到复位。计数端的输入信号一定要是脉冲信号，否则将会屏蔽下

一次计数。

该计数器是复位优先的计数器，当复位端为“1”时（无需上升沿跃变），当前值与预置值均被清零，如有输出，也被清零。

该计数器计数范围为 0～32767。

【例 9-4】 如图 9-12 所示，每当输入 I00012 由 OFF 变为 ON，加法计数器就加 1；当计数到 100 时，M00001 被置“1”。同时，M00001 一变为 ON 状态，则计数器重新置零。

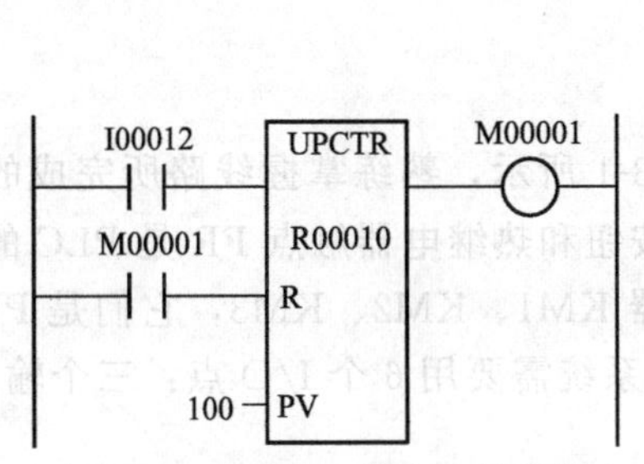

图 9-12　UPCTR 指令应用举例

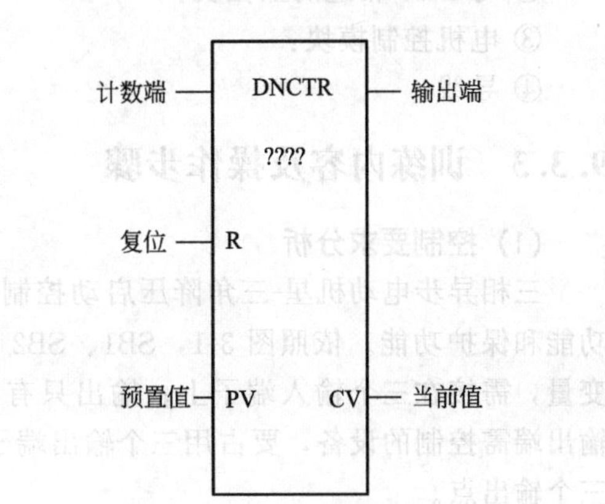

图 9-13　DNCTR 指令格式

(2) 减法计数器

① 指令格式：如图 9-13 所示。

② 指令功能：当计数端输入由“0→1”（脉冲信号），当前值减“1”，当前值等于“0”时，输出端置“1”。只要当前值小于或等于预置值，输出端始终为“1”，而且该输出端带有断电自保功能，再上电时不自动初始化。计数端的输入信号一定要是脉冲信号，否则将会屏蔽下一次计数。

该计数器是复位优先的计数器，当复位端为“1”时（无需上升沿跃变），当前值被置成预置值，如有输出，也被清零。

该计数器计数的最小预置值是零，最大预置值是 32767，最小当前值为－32767。

【例 9-5】 如图 9-14 所示，DNCTR 计数 5000，然后激活输出 Q00005。

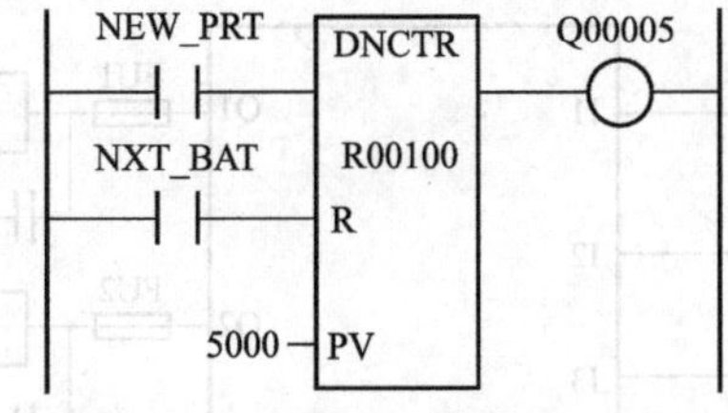

图 9-14　DNCTR 指令应用举例

9.3　项目训练——电动机星-三角降压启动 PLC 控制

9.3.1　训练目的

① 熟练掌握 I/O 分配及接线方法。

② 熟练掌握 PLC 编程软件的功能和基本操作方法。

③ 掌握定时器、计数器指令的功能及应用。

④ 掌握用 PLC 实现电气控制的思路和方法。

9.3.2 训练器材

① PLC 训练装置： 1套

② 与 PLC 相连的上位机： 1台

③ 电机控制模块： 1块

④ 导线： 若干

9.3.3 训练内容及操作步骤

(1) 控制要求分析

三相异步电动机星-三角降压启动控制线路如图 3-1 所示，熟练掌握线路所完成的控制功能和保护功能。依照图 3-1，SB1、SB2 两个外部按钮和热继电器触点 FR 是 PLC 的输入变量，需接在三个输入端子上；输出只有三个接触器 KM1、KM2、KM3，它们是 PLC 的输出端需控制的设备，要占用三个输出端子。故整个系统需要用 6 个 I/O 点：三个输入点，三个输出点。

(2) 硬件设计

① 主电路。三相异步电动机星-三角降压启动控制主电路与图 3-1 所示主电路相同。

② I/O 分配与接线图。根据控制要求分析确定输入/输出设备，并将 I/O 地址分配填入表 9-3。

表 9-3 电动机星-三角降压启动 I/O 地址分配表

输入			输出		
I/O 名称	I/O 地址	功能说明	I/O 名称	I/O 地址	功能说明
I1	%I00001	停止运行按钮 SB1	Q1	%Q00001	电源控制接触器 KM1
I2	%I00002	启动按钮 SB2	Q2	%Q00002	三角形控制接触器 KM2
I3	%I00003	热继电器保护触点 FR	Q3	%Q00003	星形控制接触器 KM3

绘制三相异步电动机星-三角降压启动控制 PLC 的 I/O 接线如图 9-15 所示。

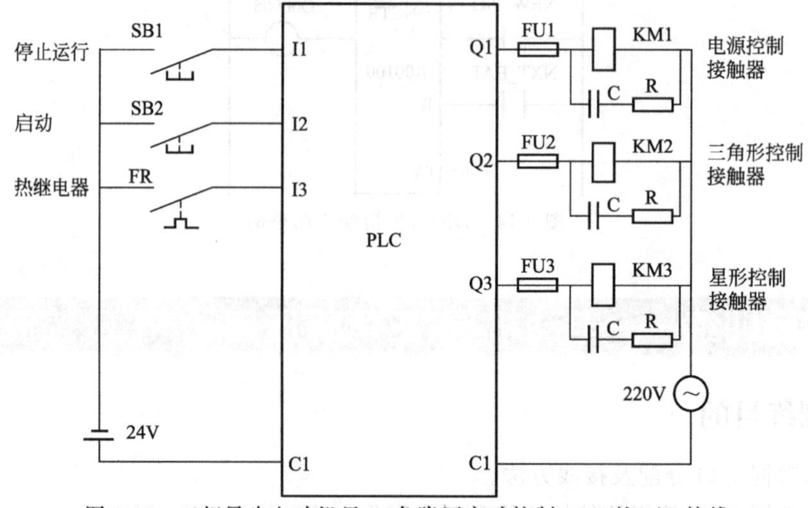

图 9-15 三相异步电动机星-三角降压启动控制 PLC 的 I/O 接线

③ 软件设计：用定时器/计数器指令编写电动机星-三角降压启动控制程序。

④ 输入三相异步电动机星-三角降压启动控制程序并下载到 PLC。参考程序如图 9-16 所示。

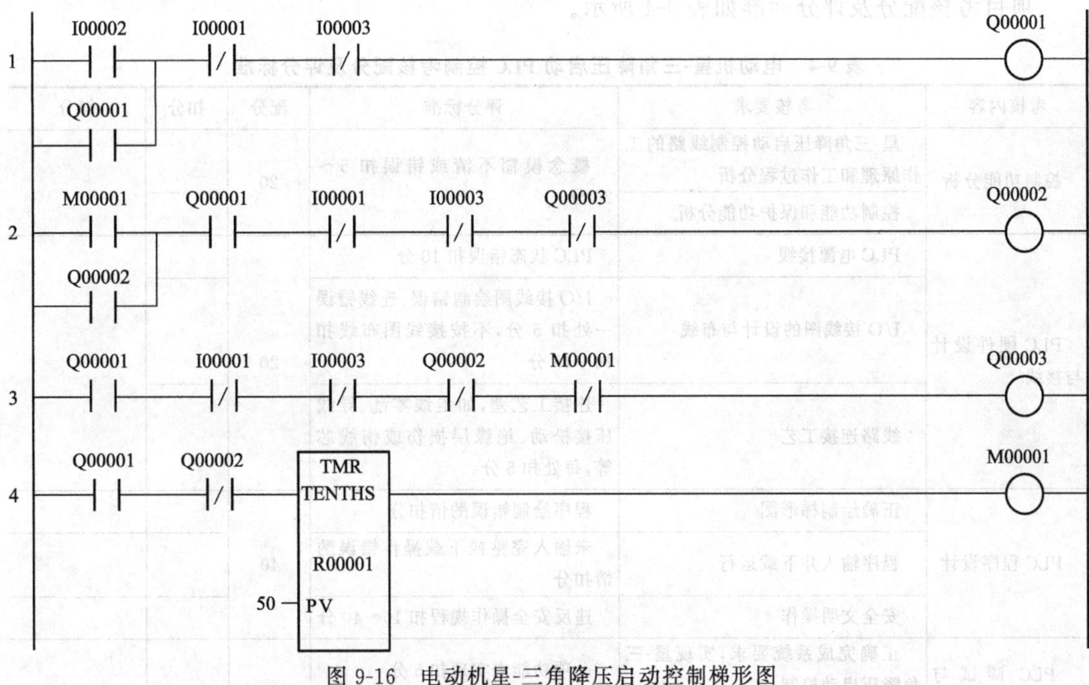

图 9-16 电动机星-三角降压启动控制梯形图

⑤ 运行程序，根据控制功能要求操作相应输入设备，并观察 I/O 动作状态，是否实现了全部控制功能和保护功能。

⑥ 训练技术文件整理（I/O 地址分配表、I/O 接线图、程序清单及注释等）。

9.3.4 注意事项

① 下载程序前，应确认 PLC 供电正常。

② 连线时，应先连 PLC 电源线，再连 I/O 接线。

③ 注意定时器、计数器的起始地址。程序中使用多个定时器、计数器指令时，注意灵活运用触点联锁启停定时器。

④ I/O 点数的确定应满足控制功能的要求，经济而不浪费。程序中的各输入、输出点应与外部 I/O 的实际接线完全对应。

⑤ 实验过程中，认真观察 PLC 的输入输出状态，以验证分析结果是否正确。

⑥ 训练结束后，应将 PLC 设备断电。

9.3.5 思考和讨论

① 如在电动机正反转控制程序的基础上，如何进行硬件和软件修改实现星-三角降压启动控制？

② 若定时器/计数器的设定值由外部拨码盘设定，I/O 口应如何连线？程序应如何编制？

③ 如何选用系统状态参考变量和外部开关做计数器的 CP 端？

9.4 项目考评

项目考核配分及评分标准如表 9-4 所示。

表 9-4 电动机星-三角降压启动 PLC 控制考核配分及评分标准

考核内容	考核要求	评分标准	配分	扣分	得分
控制功能分析	星-三角降压启动控制线路的工作原理和工作过程分析	概念模糊不清或错误扣 5～20 分	20		
	控制功能和保护功能分析				
PLC 硬件设计与接线	PLC 电源接线	PLC 状态错误扣 10 分	20		
	I/O 接线图的设计与布线	I/O 接线图绘制错误、连线错误一处扣 5 分，不按接线图布线扣 10～15 分			
	线路连接工艺	连接工艺差，如走线零乱、导线压接松动、绝缘层损伤或伤线芯等，每处扣 5 分			
PLC 程序设计	正确绘制梯形图	程序绘制错误酌情扣分	40		
	程序输入并下载运行	未输入完整或下载操作错误酌情扣分			
	安全文明操作	违反安全操作规程扣 10～40 分			
PLC 调试与运行	正确完成系统要求，实现星-三角降压启动控制	一项功能未实现扣 5 分	20		
	能进行简单的故障排查	概念模糊不清或错误酌情扣分			
时限	在规定时间内完成	每超时 10min 扣 5 分			
合计			100		

9.5 项目拓展

9.5.1 比较指令

比较功能指令也叫基本关系功能指令，GE PLC 提供以下 8 种比较指令功能：等于（EQ）、不等于（NE）、大于（GT）、大于等于（GE）、小于（LT）、小于等于（LE）、CMP、RANGE，前六种为普通比较指令。相同数据类型才能比较，对于不同数据类型的比较，首先使用转换指令进行数据转换。比较指令功能详见附录 C 中的表 C-11。

比较两个相同类型的值或确定一个值是否在某个指定的范围内，源值不受影响。

(1) 普通比较指令

使用普通比较指令，可执行的功能有：IN1＝IN2，IN1≠IN2，IN1＞IN2，IN1≥IN2，IN1＜IN2，IN1≤IN2。比较指令的梯形图及语法基本类似，现以等于指令为例说明普通比较指令的一般用法。普通比较指令支持的数据类型有：INT、DINT、REAL、UINT。

① 指令格式：如图 9-17 所示。

② 指令功能：比较 IN1 和 IN2 的值，如满足两数相等的条件，且当 Enable 为“1”时

（无需上升沿跃变），Q 端置“1”，否则置“0”。

当 Enable 为“1”时，OK 端即为“1”，除非 IN1 或 IN2 不是数值。

(2) CMP 指令

CMP 比较指令执行如下比较：IN1＝IN2，IN1＞IN2，IN1＜IN2。

① 指令格式：如图 9-18 所示。

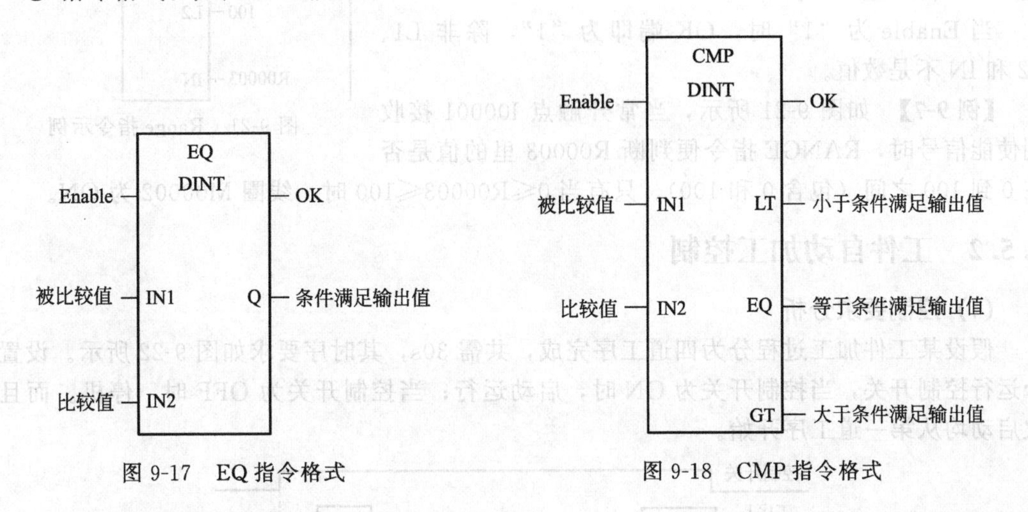

图 9-17　EQ 指令格式　　图 9-18　CMP 指令格式

② 指令功能：比较 IN1 和 IN2 的值，且当 Enable 为“1”时（无需上升沿跃变），如 IN1＞IN2，则 GT 端置“1”；IN1＝IN2，则 EQ 端置“1”；IN1＜IN2，则 LT 端置“1”。

当 Enable 为“1”时，OK 端即为“1”，除非 IN1 或 IN2 不是数值。

【例 9-6】 如图 9-19 所示，当 I00001 为 ON，SHIPS 与 BOATS 进行比较。内部线圈 M00001、M00002 和 M00003 显示比较结果。当 SHIPS 小于 BOATS 时，M00001 接通；当 SHIPS 等于 BOATS 时，M00002 接通；当 SHIPS 大于 BOATS 时，M00003 接通。

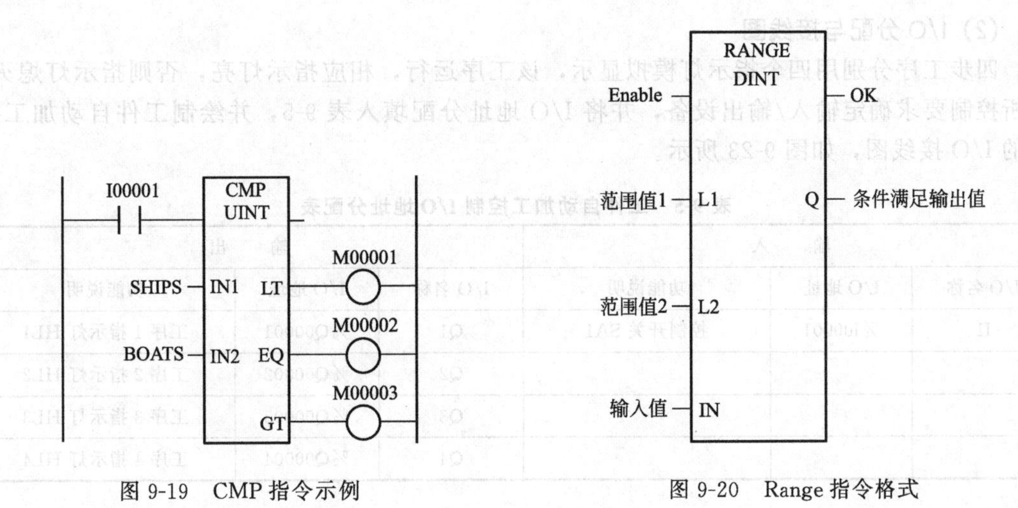

图 9-19　CMP 指令示例　　图 9-20　Range 指令格式

(3) Range 指令

Range 指令为数值范围寻找指令，用于寻找输入值是否在指定的某个范围内，Range 指令支持的数据类型有：INT、DINT、UINT、WORD、DWORD。

① 指令格式：如图 9-20 所示。

② 指令功能：当 Enable 为“1”时（无需上升沿跃变），该指令比较输入端 IN 是否在 L1 和 L2 所指定的范围内（L1≤IN≤L2 或 L2≤IN≤L1），如条件满足，Q 端置“1”，否则置“0”。

当 Enable 为“1”时，OK 端即为“1”，除非 L1、L2 和 IN 不是数值。

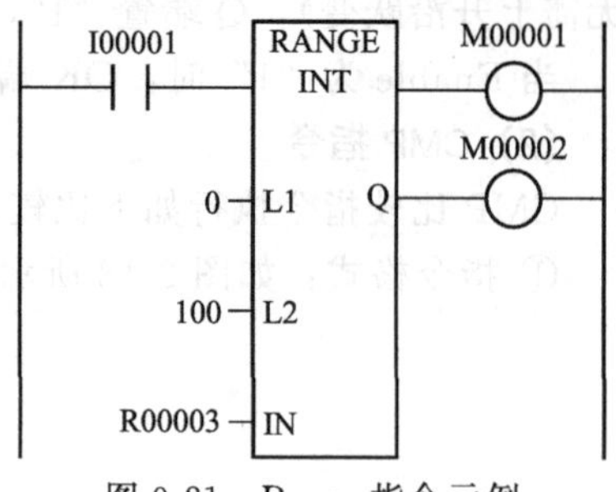

图 9-21　Range 指令示例

【例 9-7】 如图 9-21 所示，当常开触点 I00001 接收到使能信号时，RANGE 指令便判断 R00003 里的值是否在 0 到 100 之间（包含 0 和 100）。只有当 0≤R00003≤100 时，线圈 M00002 为 ON。

9.5.2　工件自动加工控制

(1) 控制要求分析

假设某工件加工过程分为四道工序完成，共需 30s，其时序要求如图 9-22 所示。设置一个运行控制开关，当控制开关为 ON 时，启动运行；当控制开关为 OFF 时，停机。而且每次启动均从第一道工序开始。

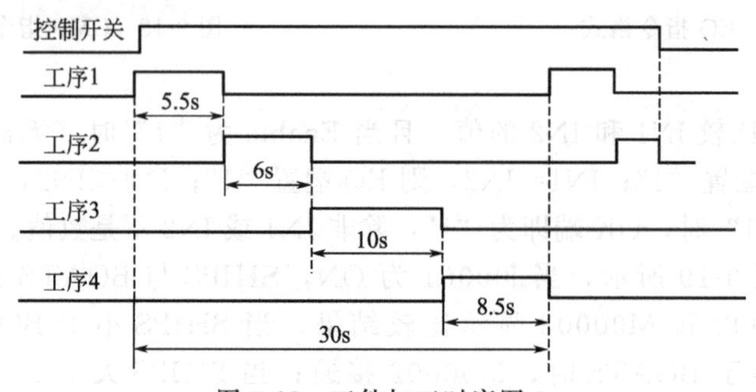

图 9-22　工件加工时序图 1

(2) I/O 分配与接线图

四步工序分别用四个指示灯模拟显示，该工序运行，相应指示灯亮，否则指示灯熄灭。分析控制要求确定输入/输出设备，并将 I/O 地址分配填入表 9-5，并绘制工件自动加工控制的 I/O 接线图，如图 9-23 所示。

表 9-5　工件自动加工控制 I/O 地址分配表

输　入			输　出		
I/O 名称	I/O 地址	功能说明	I/O 名称	I/O 地址	功能说明
I1	%I00001	控制开关 SA1	Q1	%Q00001	工序 1 指示灯 HL1
			Q2	%Q00002	工序 2 指示灯 HL2
			Q3	%Q00003	工序 3 指示灯 HL3
			Q4	%Q00004	工序 4 指示灯 HL4

(3) 程序设计要求

编程前应充分熟悉各定时器、计数器指令的功能和作用。编程时应注意：凡是用定时器指令实现的功能均可以用计数器指令完成，而用计数器指令实现的功能不一定能用定时器指令完成。这是因为定时器指令使用的只是内部的四个固定周期脉冲（SEC、TENTHS、

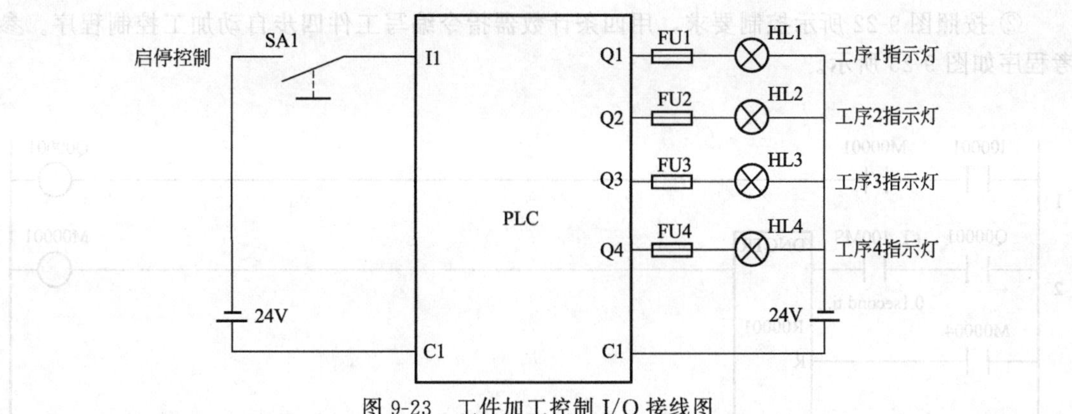

图 9-23　工件加工控制 I/O 接线图

HUNDS 和 THOUS)，而计数器指令的计数脉冲可以是内部的脉冲（%S0003～%S0006)，也可以是外部的周期性脉冲或非周期性脉冲。

① 按照图 9-22 所示控制要求，用四条定时器指令编写工件四步自动加工控制程序。参考程序如图 9-24 所示。

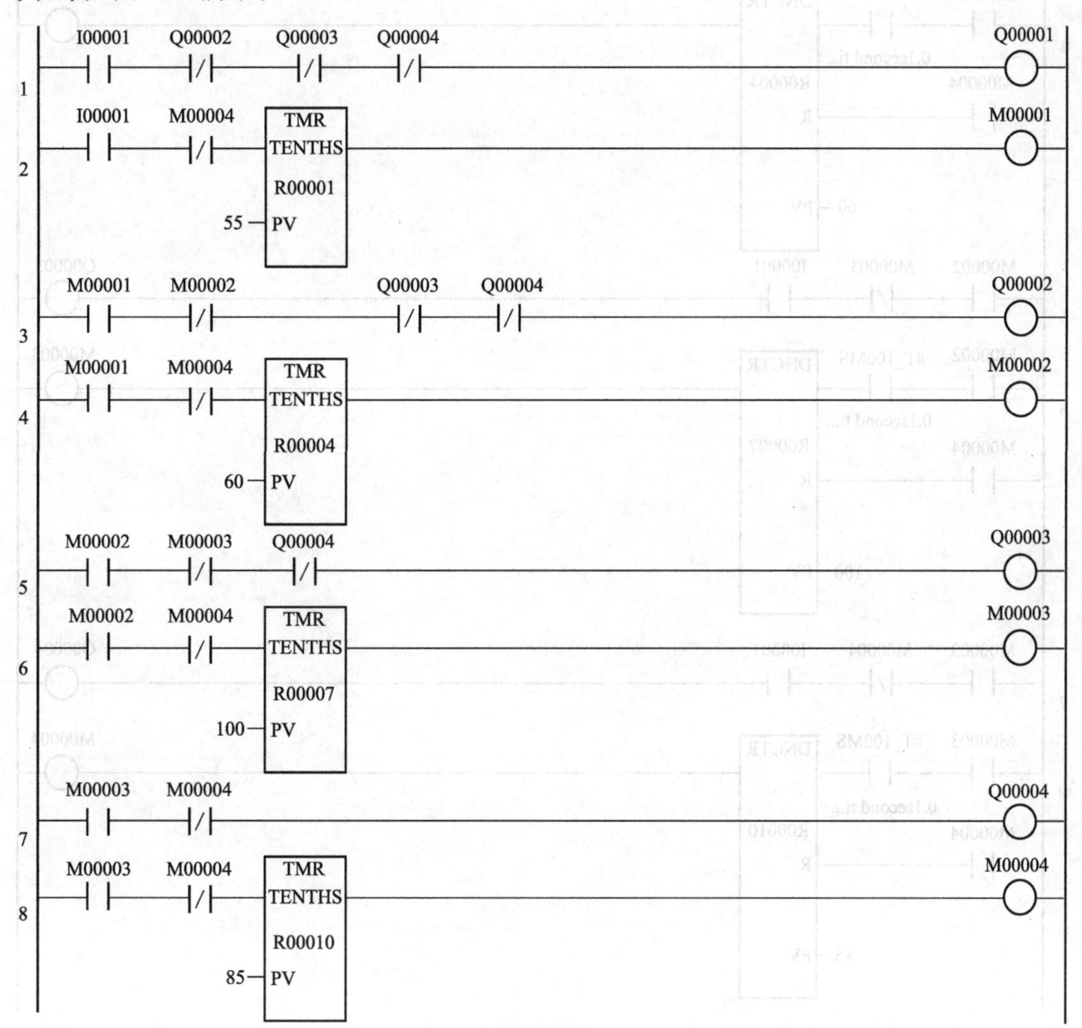

图 9-24　用定时器编制的工件加工梯形图

② 按照图 9-22 所示控制要求，用四条计数器指令编写工件四步自动加工控制程序。参考程序如图 9-25 所示。

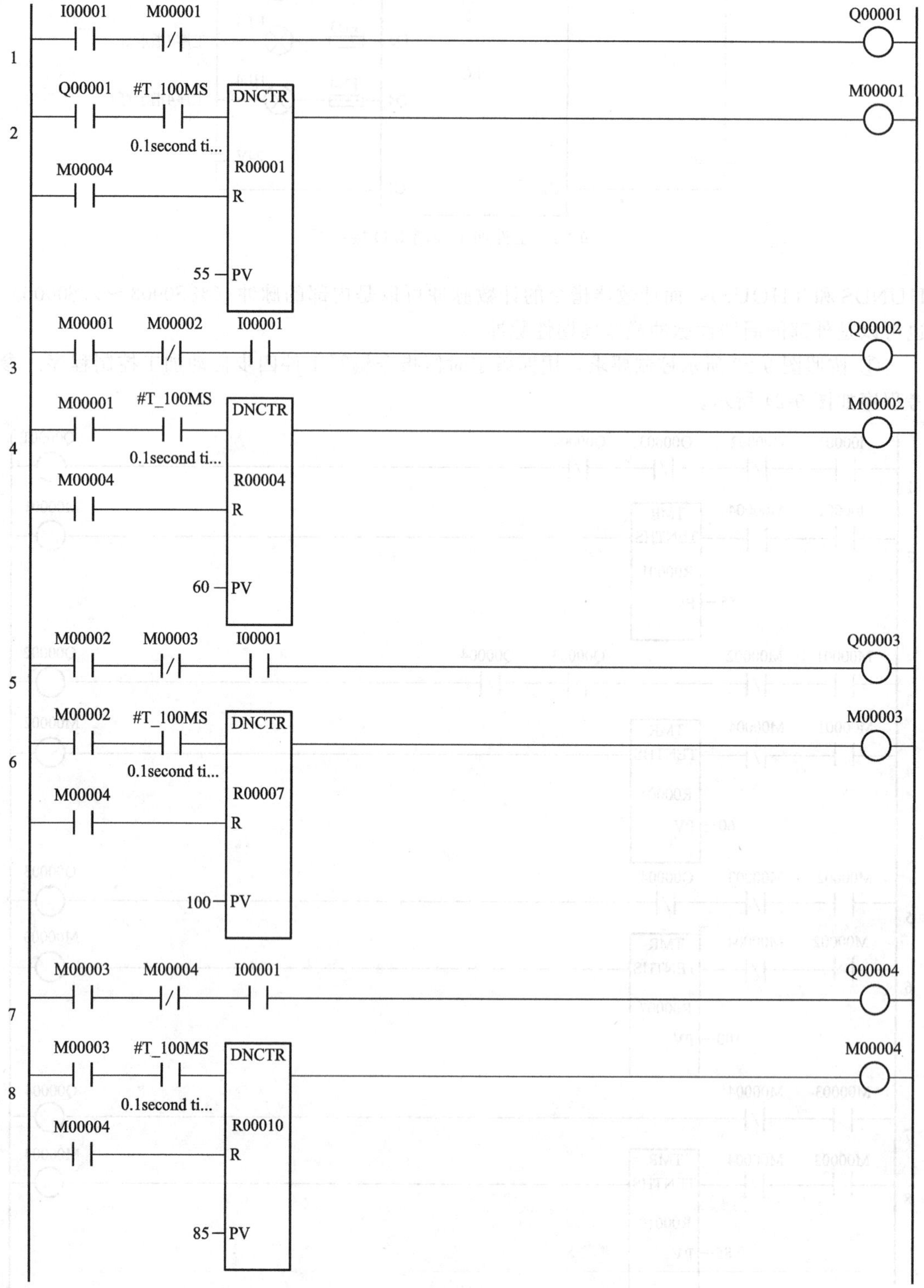

图 9-25　用计数器编制的工件加工梯形图

③ 将图 9-22 所示的工件四步加工时序改为五步加工时序，每步加工时间自定，用定时器指令编写工件五步自动加工控制程序。

④ 将图 9-22 所示的工件四步加工时序改为五步加工时序，每步加工时间自定，用计数器指令编写工件五步自动加工控制程序。

⑤ 按照图 9-22 所示控制要求，若改用由一个定时器（或一个计数器）设置全过程时间，再用若干条比较指令来判断和启动各道工序。程序应如何改写？

⑥ 若工件自动加工时序如图 9-26 所示，分别用定时器、计数器编程实现相应控制功能。

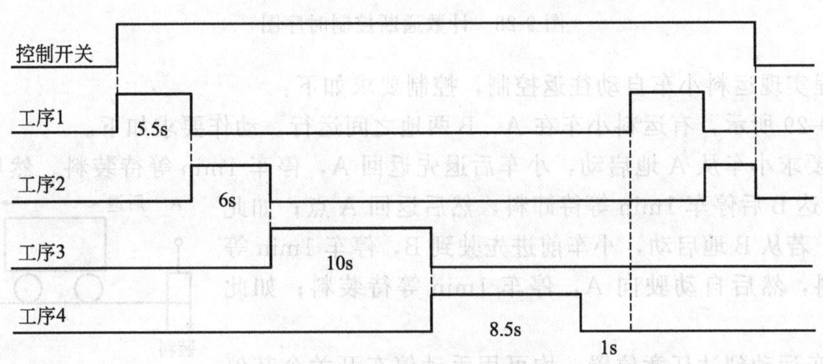

图 9-26　工件加工时序图 2

(4) 程序调试与运行

① 分别输入各个不同控制要求的工件自动加工控制程序。

② 分别将程序下载到 PLC，操作控制开关启动程序运行，并观察各个定时器（或计数器）的通、断情况，定时器（或计数器）经过值的变化情况和各步工序自动切换的运行过程，与相应控制时序对比，观察 I/O 动作状态，是否实现了工作工序自动控制并自动循环的控制功能。

9.6 思考题与习题

9-1　简述定时器指令和计数器指令的区别与联系。

9-2　在项目 8 中完成了正反转控制的设计与编程，如果在按动停止按钮后，禁止立即重新启动电动机，而是需要冷却一段时间（如 5s）后，才能再次启动电动机，用 PLC 完成上述控制功能，应如何进行硬件和软件设计。

9-3　用多个定时器串联使用，实现长延时控制。可采用定时器和计数器组合，或多个计数器组合构成长延时电路。

9-4　利用定时器/计数器指令编程，产生连续方波信号输出，其周期设为 3s，占空比为 1∶2。

9-5　如图 9-27 所示的三盏灯控制时序图，认真分析各盏灯的亮灭要求，编制 PLC 控制

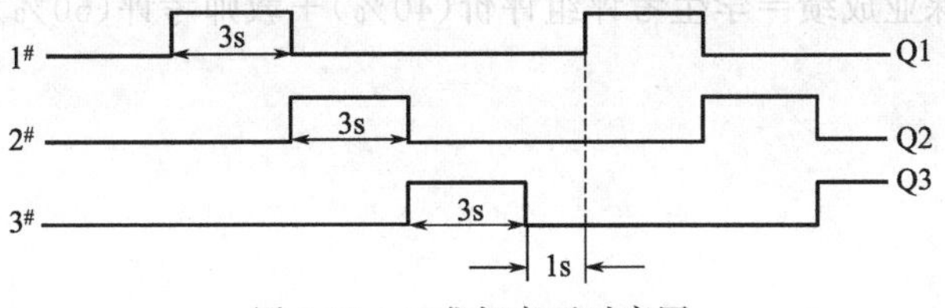

图 9-27　三盏灯亮灭时序图

程序。

9-6 试用计数器指令，根据图 9-28 给出的控制时序编写梯形图程序。具体要求：按钮按下 3 次，信号灯亮；再按下 2 次，信号灯灭。

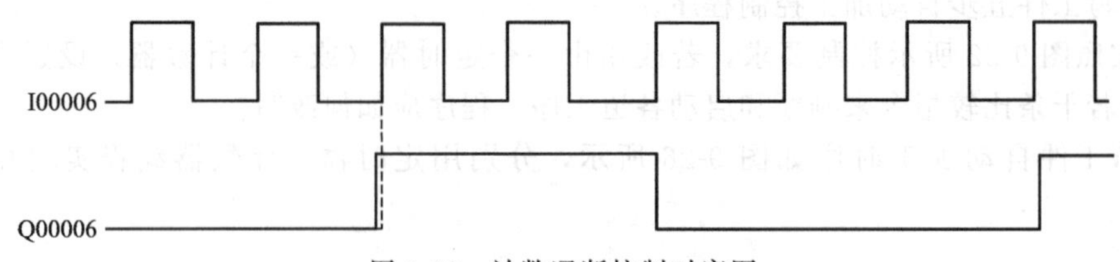

图 9-28 计数通断控制时序图

9-7 试编程实现运料小车自动往返控制，控制要求如下：

如图 9-29 所示，有运料小车在 A、B 两地之间运行，动作要求如下。

① 若要求小车从 A 地启动，小车后退先返回 A，停车 1min 等待装料，然后自动驶向 B；到达 B 后停车 1min 等待卸料，然后返回 A 点；如此往复。若从 B 地启动，小车前进先驶到 B，停车 1min 等待卸料，然后自动驶向 A，停车 1min 等待装料；如此往复。

图 9-29 运料小车示意图

② 小车运动到达任意位置，均可用手动停车开关令其停车。再次启动后，小车重复①中内容。

③ 小车前进、后退过程中，分别由指示灯指示其行进方向。

9.7 课业

(1) 课业题目

基于 PLC 的××控制系统分析（必须为工程应用实例）。

(2) 课业目标

① 对比理解计算机控制、单片机控制、继电器-接触器控制和 PLC 控制的优缺点及其不同的应用场合。

② 培养系统选型和系统总体设计的工程应用能力。

(3) 课业实施

① 学生选题、分组阶段。学生分组查阅资料，确定拟详细了解和学习的 PLC 控制系统，并进行任务分解。

② 资料查询、学习阶段。资料查询或市场调研，然后小组成员对资料进行汇总、分析、讨论、整理，并形成总结报告，最后制作 PPT，准备课业汇报与交流。

③ 课业交流讨论阶段。以课业小组为单位组织课业成果交流讨论，指导教师最后总结讲评。

④ 课业评价：课业成绩＝学生考评组评价(40％)＋教师考评(60％)。

项目 10

流水灯控制

10.1 项目目标

① 掌握数据移动指令和位操作指令的特点、功能及应用。

② 熟悉编程方法、步骤和编程技巧。

10.2 知识准备

10.2.1 数据移动指令

GE PLC 提供以下 6 条数据移动（传送）指令：MOVE、BLKMOV、BLKCLR、SHFR、SWAP。所有数据移动指令功能如附录 C 中的表 C-6 所示。

(1) 数据移动指令（MOVE）

该指令可以将数据从一个存储单元复制到另一个存储单元。由于数据是以位的格式复制的，所以新的存储单元无需与原存储单元具有相同的数据类型。数据移动指令的数据类型可以是 BOOL、INT、DINT、UINT、REAL、WORD、DWORD。其指令助记符有：MOVE _ BOOL、MOVE _ DINT、MOVE _ DWORD、MOVE _ INT、MOVE _ REAL、MOVE _ UINT、MOVE _ WORD。

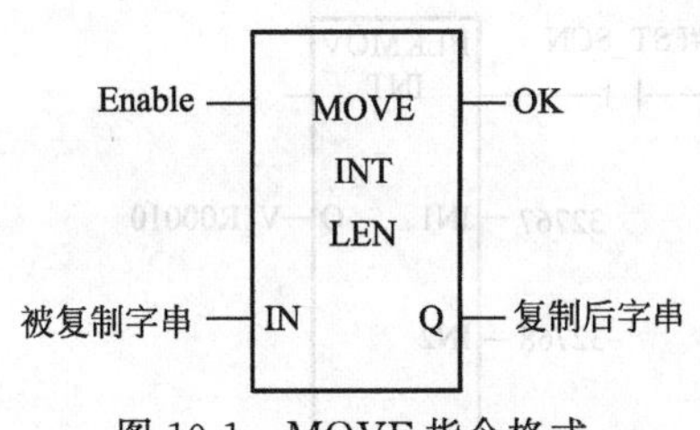

图 10-1 MOVE 指令格式

① 指令格式：如图 10-1 所示。

其中，Enable：输入使能端；OK：输出使能端；IN：被复制字串；Q：复制后字串；LEN：字串长度，范围为 1～32767。

② 指令功能：当 Enable 为“1”时（无需上升沿跃变），OK 端即为“1”。

例如，若在 IN 处指定了常数值 4，则 4 便被放在 Q 指定的存储区域。若指定常数的长度大于 1，那么这个常数被放置在以 Q 指定的为首地址、长度为指定长度的连续区域中。不允许 IN 和 Q 处的地址交叠。MOVE 指令运行的结果由指令所选的数据类型来决定。

【例 10-1】 如图 10-2(a) 所示，移动数据类型为 BOOL 变量，所以移动的是常数 9 的最低 4 个 Bit。而图 10-2(b) 所示，移动数据类型为 WORD 变量。被移动的字串是由 IN 处指定常数值 9 且长度为 4，则 9 被放置到由 Q 指定的区域以及接下来的三个连续区域。

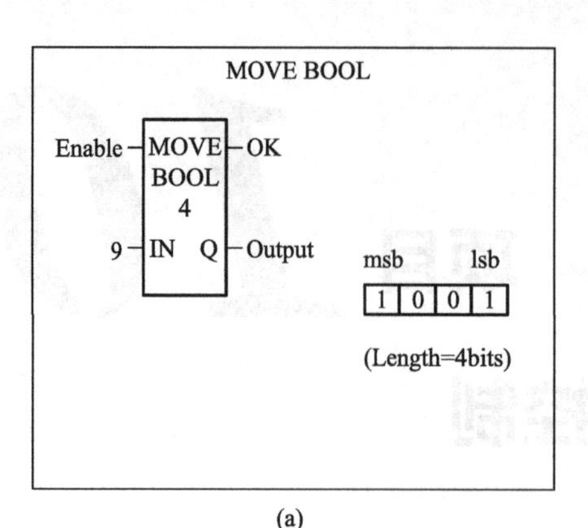

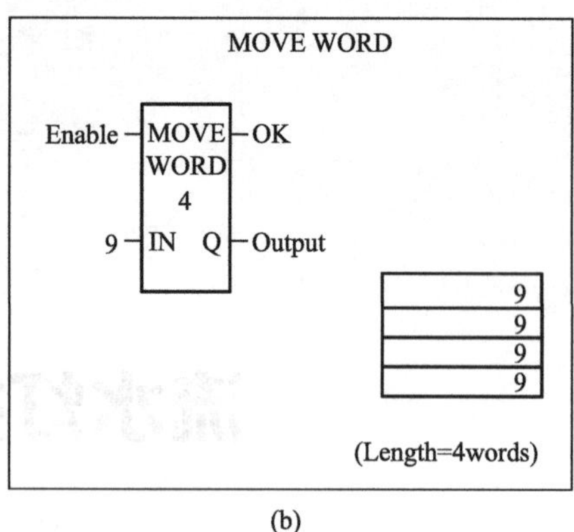

(a) (b)

图 10-2　MOVE 指令示例 1

【例 10-2】 如图 10-3 所示。只要 I00003 被置位，三个位数据 M00001，M00002 和 M00003 分别被移到 M00100，M00101，和 M00102。

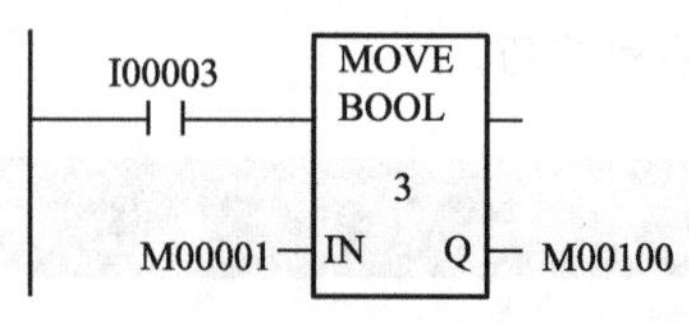

图 10-3　MOVE 指令示例 2

(2) 数据块移动指令（BLKMOV）

块移动指令可将 7 个常数复制到指定的存储单元。该指令支持 INT、WORD、REAL 三种数据类型。

① 指令格式：如图 10-4 所示。

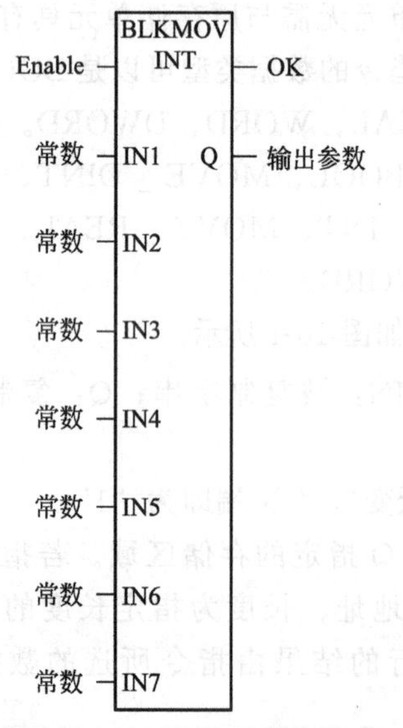

图 10-4　BLKMOV 指令格式

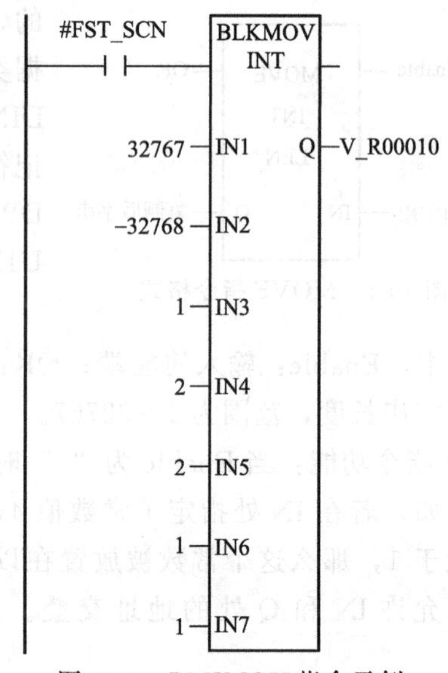

图 10-5　BLKMOV 指令示例

其中，Enable：输入使能端；OK：输出使能端；IN1～IN7：7 个常数；Q：输出参数。

② 指令功能：当 Enable 为“1”时（无需上升沿跃变），OK 端即为“1”，将 IN1～IN7

的 7 个常数复制到由输出参数所指定的存储单元。

【例 10-3】 如图 10-5 所示。当输入使能端“#FST_SCN”为 ON 时，“BLKMOV_INT”复制七个输入的常量到存储区%R00010 到%R00016。%R00010 是变量 V_R00010 的参考地址。

(3) 数据块清零指令（BLKCLR）

数据块清零指令对指定的地址区清零。该指令支持 WORD 数据类型。

① 指令格式：如图 10-6 所示。

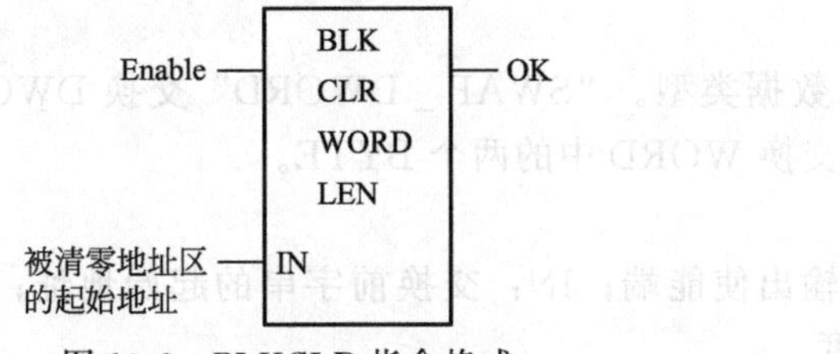

图 10-6 BLKCLR 指令格式

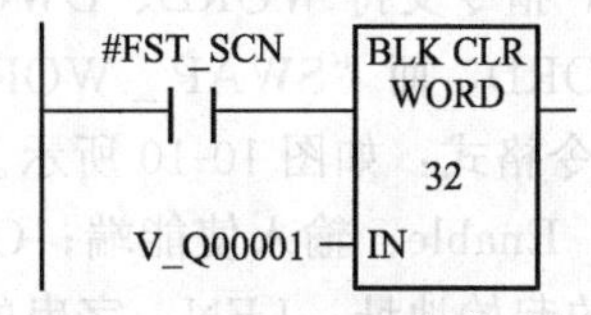

图 10-7 BLKCLR 指令示例

其中，Enable：输入使能端；OK：输出使能端；IN：被清零地址区的起始地址；LEN：被清零地址区的长度，范围为：1～256。

② 指令功能：当 Enable 为“1”时（无需上升沿跃变），OK 端即为“1”，将以 IN 为起始地址，以 LEN 为地址单元数量的数据区清零。

【例 10-4】 如图 10-7 所示。当输入使能端“#FST_SCN”为 ON 时，%Q 存储区从 Q00001 开始的 32 个字（512 个点）被清零。与这些地址有关的转换信息也将被清零。

(4) 移位寄存器（SHFR）

将一个或多个位数据或 WORD 数据从一个参考变量存储单元移位到一个指定的存储区。存储区内原先的数据被移出。允许的最大长度是 256 个位或 256 个字。该指令支持 BIT、WORD 数据类型。

① 指令格式，如图 10-8 所示。

其中，Enable：输入使能端；OK：输出使能端；R：复位端；IN：移入移位字串的值；ST：被移动字串的起始地址；Q：保存移出移位字串的最后一个值；LEN：移位字串的长度（1～256）。

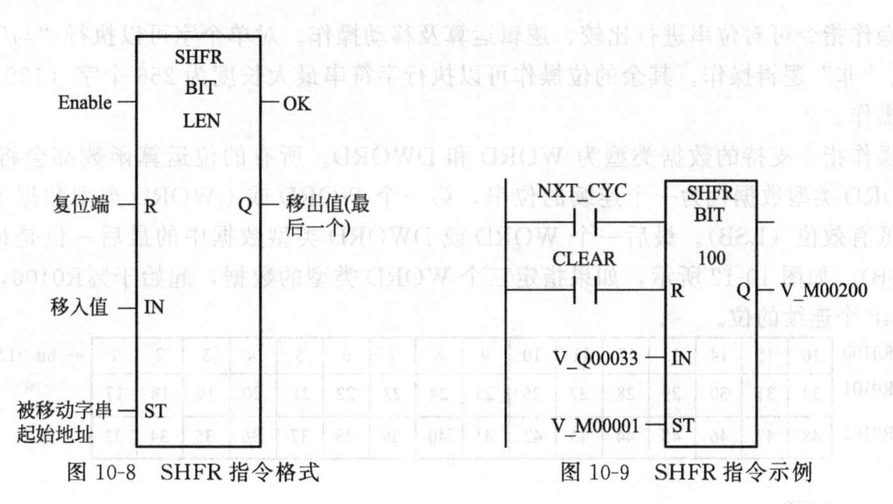

图 10-8 SHFR 指令格式　　图 10-9 SHFR 指令示例

② 指令功能：当 Enable 为“1”时（无需上升沿跃变），OK 端即为“1”，将一个或多

个位数据或WORD数据移位到存储区的指定单元。移位时以ST为起始地址，以LEN为移位长度的数据。

复位输入（R）的优先权比使能端输入高。当复位端为“1”时，移位寄存器的区域（以ST为开始地址，区域长度为“LEN”指定的长度）都将置零。

【例10-5】 如图10-9所示。当输入使能端“NXT _ CYC”为ON，复位端为“0”时，把%M00001的数据转移到%M00100处。把%Q00033的数据转移到%M00001，而从%M00100移出的数据被移到%M00200。

（5）交换指令（SWAP）

SWAP指令支持WORD、DWORD数据类型。“SWAP _ DWORD”交换DWORD中的两个WORD，而“SWAP _ WORD”交换WORD中的两个BYTE。

① 指令格式：如图10-10所示。

其中，Enable：输入使能端；OK：输出使能端；IN：交换前字串的起始地址；Q：交换后字串的起始地址；LEN：字串的长度。

② 指令功能：当Enable为“1”时（无需上升沿跃变），OK端即为“1”。将一个字数据的高、低字节交换，或一个双字数据的高、低字交换。

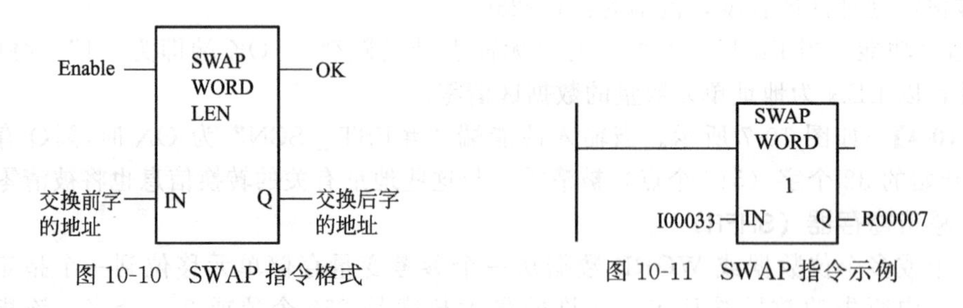

图10-10 SWAP指令格式

图10-11 SWAP指令示例

【例10-6】 如图10-11所示。字串长度为1，则%I00033～%I00048（1个WORD）的高低两个byte相互交换，结果存放在%R00007。

10.2.2 位操作指令

位操作指令可对位串进行比较、逻辑运算及移动操作。对单个字可以执行“与”、“或”、“异或”、“非”逻辑操作。其余的位操作可以执行字符串最大长度为256个字（128个双字）的多字操作。

位操作指令支持的数据类型为WORD和DWORD。所有的位运算函数都会将WORD或DWORD类型数据视为一个连续的位串，第一个WORD或DWORD类型数据中的第一位是最低有效位（LSB）。最后一个WORD或DWORD类型数据中的最后一位是最高有效位（MSB）。如图10-12所示，如果指定三个WORD类型的数据，起始于%R0100，它们被当作是48个连续的位。

%R0100	16	15	14	13	12	11	10	9	8	7	6	5	4	3	2	1	← bit 1(LSB)
%R0101	32	31	30	29	28	27	26	25	24	23	22	21	20	19	18	17	
%R0102	48	47	46	45	44	43	42	41	40	39	38	37	36	35	34	33	
	↑ (MSB)																

图10-12 连续位串示意图

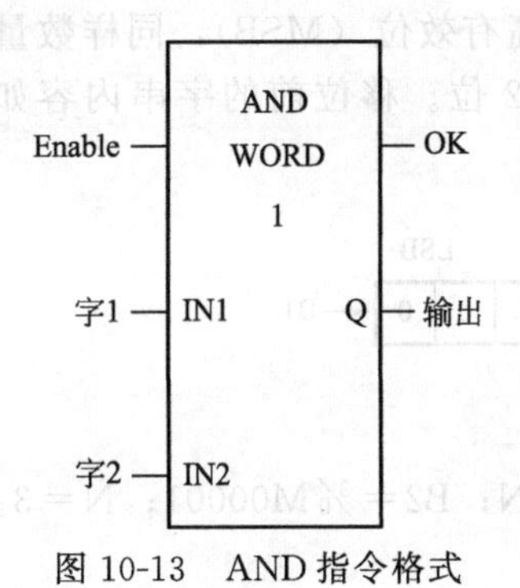

图 10-13 AND 指令格式

GE PLC 提供以下七种位操作类指令功能：位逻辑运算指令、移位指令、循环移位指令、位测试指令、位置位指令/位清零指令、位定位指令和屏幕比较指令。所有位操作指令详见附录 C 中的表 C-8。

(1) 逻辑运算指令

逻辑运算指令包括与、或、非、异或操作，其梯形图及语法基本类似，现以“AND”指令为例说明逻辑运算指令的一般用法。

① 指令格式：如图 10-13 所示。

其中，IN1 和 IN2 为执行“与”指令的字 1、字 2；Q 为“与”后的结果。

② 指令功能：当 Enable 端为“1”时（无需上升沿跃变），该指令执行与操作，将 IN1、IN2 指定的两个字数据逐位进行与运算，运算的结果存储在由“Q”指定的输出寄存器中，其操作功能如图 10-14 所示。

IN1	0	0	0	1	1	1	1	1	1	1	0	0	1	0	0	0
IN2	1	1	0	1	1	1	0	0	0	0	0	0	1	0	1	1
Q	0	0	0	1	1	1	0	0	0	0	0	0	1	0	0	0

图 10-14 AND 指令操作功能示意图

(2) 移位指令（左移、右移指令）

移位指令分左移位指令和右移位指令，除了移动的方向不一致外，其余参数都一致，现以左移指令为例说明移位指令的一般用法。

① 指令格式：如图 10-15 所示。

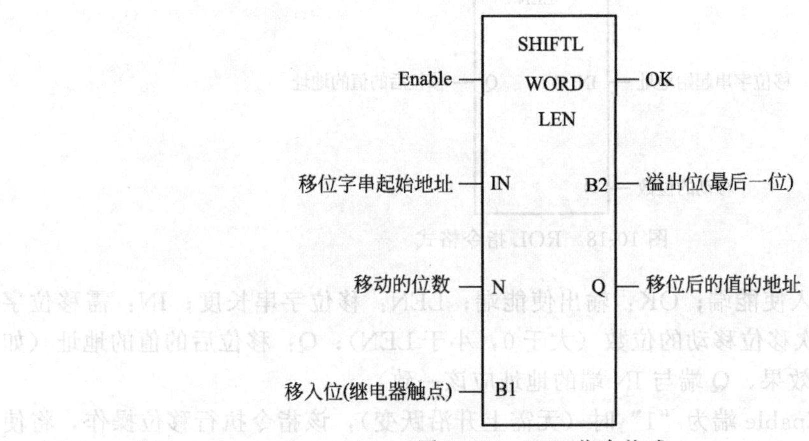

图 10-15 SHL 指令格式

其中，Enable：输入使能端；OK：输出使能端；LEN：移位字串长度；IN：需移位字串的起始地址；N：每次移位移动的位数（大于 0，小于 LEN）；B1：移入位（为一继电器触点），即移位时的数据补入端；B2：溢出位（保留最后一个溢出位）；Q：移位后的值的地址（如要产生持续移位的效果，Q 端与 IN 端的地址应该一致）。

② 指令功能：当 Enable 端为“1”时（无需上升沿跃变），该指令执行移位操作，将使

一个或一组字中的所有位左移指定的位数N。当这些位移出最高有效位（MSB），同样数量的位从最低有效位（LSB）移入。从最高位数，第N位移入B2位。移位前的字串内容如图10-16所示。

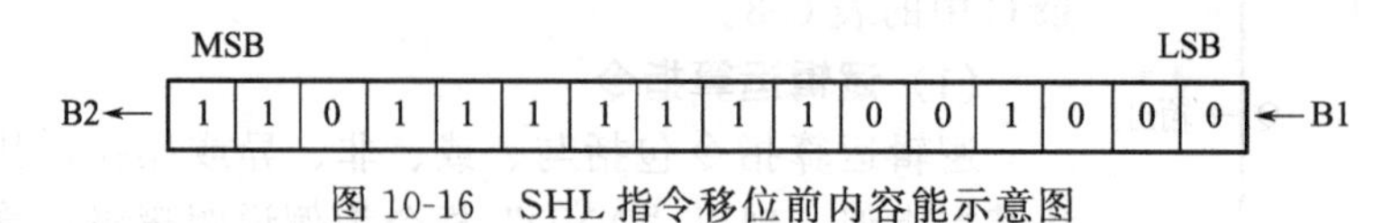

图10-16　SHL指令移位前内容能示意图

若SHL指令中的各参数取值为：IN＝Q；B1＝ALW _ ON；B2＝%M00001；N＝3。则执行左移位指令后的结果如图10-17所示。

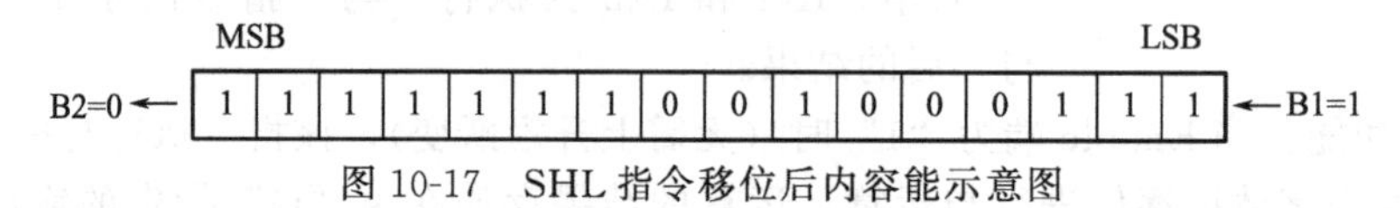

图10-17　SHL指令移位后内容能示意图

左移位时，从最高位数，第3位移入B2位，即%M00001＝0，因移入位为触点ALW _ ON，所以从最低位补入三个“1”。

注意：指定移动（N）的数字必须比0大，但不能比位串（LEN）的位数大；如果你想移位输入位串，输出参数Q必须使用与输入参数IN一样的内存地址。

(3) 循环移位指令

循环移位指令分左循环移位指令和右循环移位指令，除了移动的方向不一致外，其余参数都一致，现以左循环移位指令为例说明循环移位指令的一般用法。

① 指令格式：如图10-18所示。

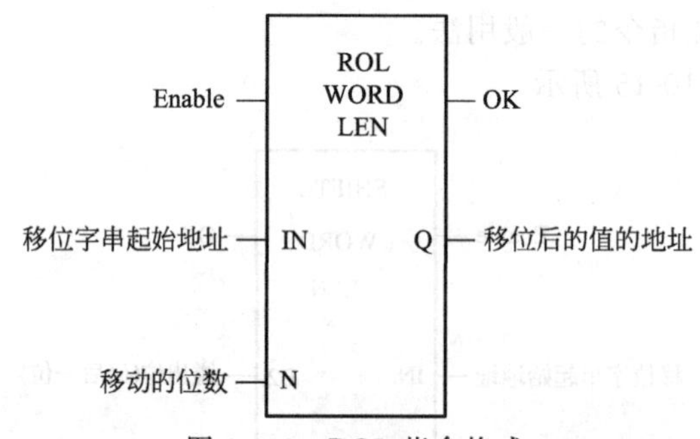

图10-18　ROL指令格式

其中，Enable：输入使能端；OK：输出使能端；LEN：移位字串长度；IN：需移位字串的起始地址；N：每次移位移动的位数（大于0，小于LEN）；Q：移位后的值的地址（如要产生持续循环移位的效果，Q端与IN端的地址应该一致）。

② 指令功能：当Enable端为“1”时（无需上升沿跃变），该指令执行移位操作，将使一个或一组字中的所有位循环左移指定的位数N。当这些位移出最高有效位（MSB），同样数量的位从最低有效位（LSB）移入。从最高位数，第N位移入B2位。移位前的字串内容如图10-19所示。

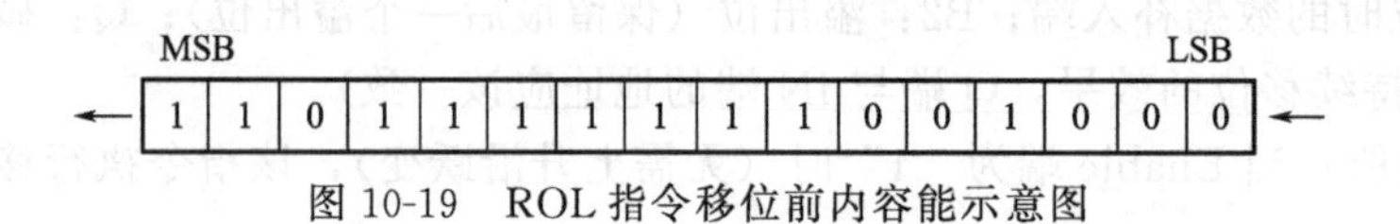

图10-19　ROL指令移位前内容能示意图

若 ROL 指令中的各参数取值为：IN＝Q；N＝3。则执行左循环移位指令后的结果如图 10-20所示。

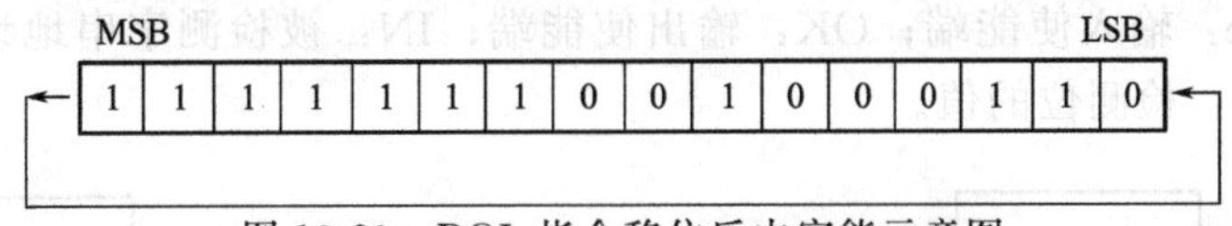

图 10-20　ROL 指令移位后内容能示意图

(4) 位定序器指令（BITSEQ）

该指令为一时序移位指令，每个位序列指令占用三个连续寄存器来存储信息。

① 指令格式：如图 10-21 所示。

其中，Enable：输入使能端；OK：输出使能端；R：复位端；DIR：字串移动方向（为 1 向左移、为 0 向右移）；N：定义整个移位字串开始移位的初始位，当复位端为“1”时，该位置“1”；ST：移位字串的起始地址；LEN：移位字串的长度，从 ST 开始计算，1≤LEN≤256。“????”是 3 个连续字数组的起始地址。word1：当前步数；word2：序列长度，以位为单位；word3：控制字。

② 指令功能：当 Enable 为“1”时（需上升沿跃变），该指令执行。BIT _ SEQ 的执行取决于复位输入端（R）的值和使能端（EN）的前周期值及当前值的状态。如表 10-1 所示。

表 10-1　BIT _ SEQ 指令执行说明

R　当前状态	EN　前周期状态	EN　当前状态	位定序器状态
ON	ON/OFF	ON/OFF	位定序器复位
OFF	OFF	ON	位定序器左移/右移
	ON/OFF	OFF	位排序不执行
	ON	ON/OFF	位排序不执行

复位输入（R）的优先权比使能端输入高。当复位端为“1”时，当前的步数将被复位为可选的 N 端输入的数值。

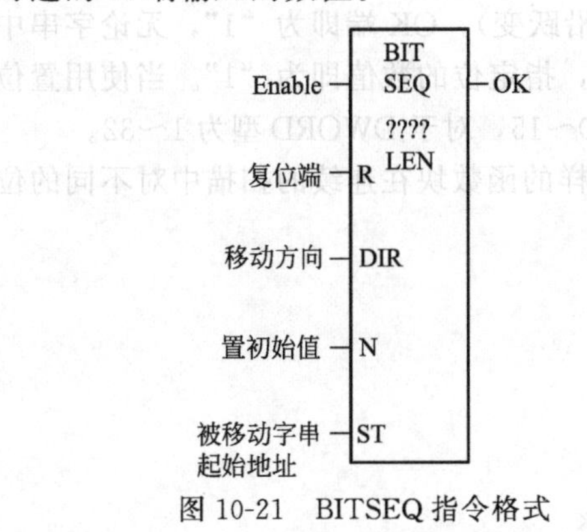

图 10-21　BITSEQ 指令格式

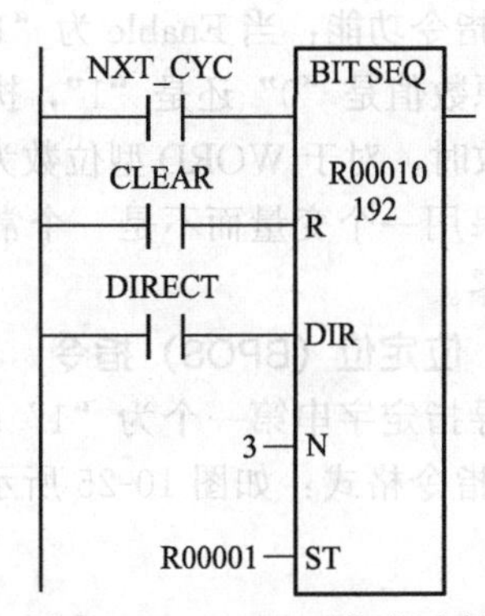

图 10-22　BITSEQ 指令示例

【例 10-7】　如图 10-22 所示。位定序器在寄存器％R00010 运行，其固定数值存储到寄存器％R00010、％R00011 和％R00012。当复位端导通，位定序器重新置位，根据 N 输入指定，当前步数重置为 3。％R00001 的第三位被置为 1，其他位被置为 0。当 NXT _ CYC 导通而 R 端断开，位的步数 3 被清零，步数位 2 或 4 被置位（依据 DIR 是否导通）。

(5) 位测试指令

检测字串中指定位的状态，确定该位的当前值是“1”还是“0”，测试的结果输出至

"Q"。

① 指令格式：如图 10-23 所示。

其中，Enable：输入使能端；OK：输出使能端；IN：被检测字串地址；BIT：检测该字串的第几位；Q：检测位的值。

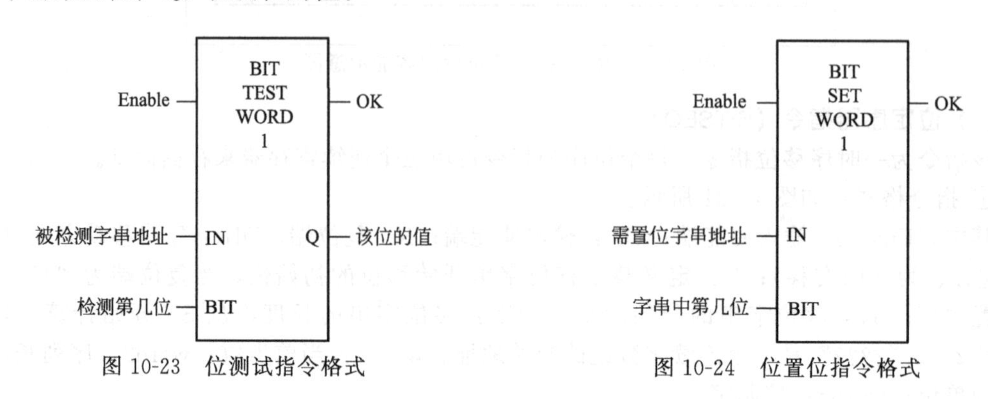

图 10-23　位测试指令格式　　图 10-24　位置位指令格式

② 指令功能：当 Enable 为"1"时（无需上升沿跃变），对由 BIT 指定的位进行检测，确定此位当前值为"0"还是"1"，测试的结果送入输出 Q。当使用位测试功能块时，对于一个字，位数为 1～16，而不是 0～15。对于双字位数为 1～32。

如果指定位数不是一个常数而是一个变量，则用此功能块可以在连续扫描中完成对不同位的测试。

例如，BIT＝5，被检测的字的值为：HF810。位测试指令执行后，第 5 位的值是"1"，则 Q＝1。

(6) 位置位（BSET）与位清零（BCLR）指令

位置位与位清零指令，功能相反，但参数一致，现以位置位指令为例说明位置位与位清零指令的一般用法。

① 指令格式：如图 10-24 所示。

② 指令功能：当 Enable 为"1"时（无需上升沿跃变），OK 端即为"1"，无论字串中指定位的原数值是"0"还是"1"，执行位置位指令后，指定位的数值即为"1"。当使用置位或清零函数时，对于 WORD 型位数为 1～16，而不是 0～15，对于 DWORD 型为 1～32。

如果用一个变量而不是一个常量指定位数，同样的函数块在连续的扫描中对不同的位置位或清零。

(7) 位定位（BPOS）指令

搜寻指定字串第一个为"1"的位的位置。

① 指令格式：如图 10-25 所示。

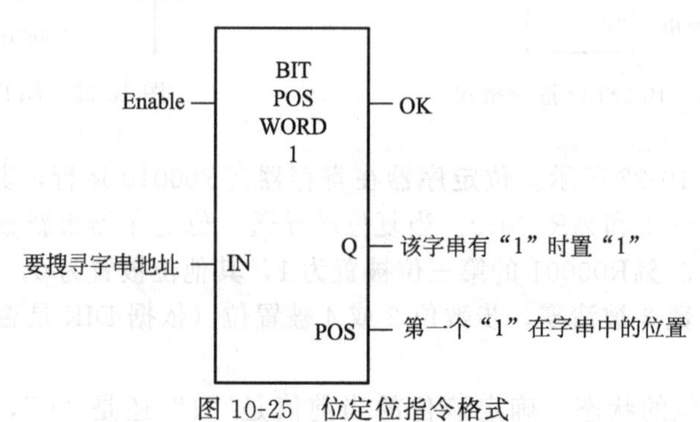

图 10-25　位定位指令格式

② 指令功能：当 Enable 为“1”时（无需上升沿跃变），OK 端即为“1”，对以输入 IN 为开始地址的位串扫描。POS 将对位串中第一个非零位定位，POS 中即为第一个“1”所在的位置，并置 Q 为“1”；如果字符串中没有非零位，POS 将置 0，且 Q＝0。当使用位定位指令时，位的编号是从 1 到 16，而不是从 0 到 15。

例如，要搜寻字串的起始地址为％M00001，其值为：HD910。位定位指令执行后，％M00001～％M00016 中有非零位，则 Q=1，第一个“1”所在的位置为：第 5 位，则 POS=5。

10.3 项目训练——流水灯控制

10.3.1 训练目的

① 掌握移位指令的特点、功能及应用。

② 具有应用多种方法完成流水灯控制的能力。

③ 熟悉编程方法、步骤和编程技巧。

10.3.2 训练器材

① GE PLC 训练装置：　1 套

② 与 PLC 相连的上位机：　1 台

③ 流水灯控制模块：　1 块

④ 导线：　若干

10.3.3 训练内容及操作步骤

① 控制要求分析。

流水灯是一串按一定的规律像流水一样连续闪亮，流水灯的控制，其实就是对 PLC 的多个输出设备按照一定的顺序和规律通电和断电，如果输出设备外接的是指示灯，就会形成一定的图案和效果。流水灯控制是可编程控制器的一个应用，其控制思想在工业控制技术领域也同样适用。流水灯的控制可以用定时器指令实现；可以用计数器指令实现；可以用比较指令实现；也可以用移位指令实现，只要掌握了这四种指令的用法，均可轻松实现不同的流水灯控制功能。该项目是用移位指令实现流水灯的控制。

利用移位指令使 8 个输出的指示灯从低到高依次亮，当 8 个指示灯全亮后再从低至高依次灭。如此反复运行。流水灯控制时序如图 10-26 所示。

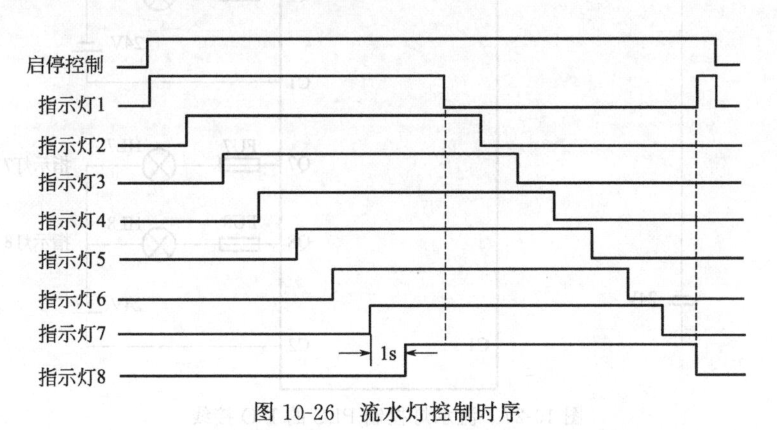

图 10-26　流水灯控制时序

② I/O 分配与接线图。

根据控制要求分析确定输入/输出设备，一个输入开关控制程序启停，8 个输出分别连接 8 个指示灯，将 I/O 地址分配填入表 10-2。

表 10-2 流水灯控制 I/O 地址分配表

输入			输出		
I/O 名称	I/O 地址	功能说明	I/O 名称	I/O 地址	功能说明
I1	%I00001	控制开关(SA1)	Q1	%Q00001	指示灯 1(HL1)
			Q2	%Q00002	指示灯 2(HL2)
			Q3	%Q00003	指示灯 3(HL3)
			Q4	%Q00004	指示灯 4(HL4)
			Q5	%Q00005	指示灯 5(HL5)
			Q6	%Q00006	指示灯 6(HL6)
			Q7	%Q00007	指示灯 7(HL7)
			Q8	%Q00008	指示灯 8(HL8)

绘制流水灯控制 PLC 的 I/O 接线如图 10-27 所示。

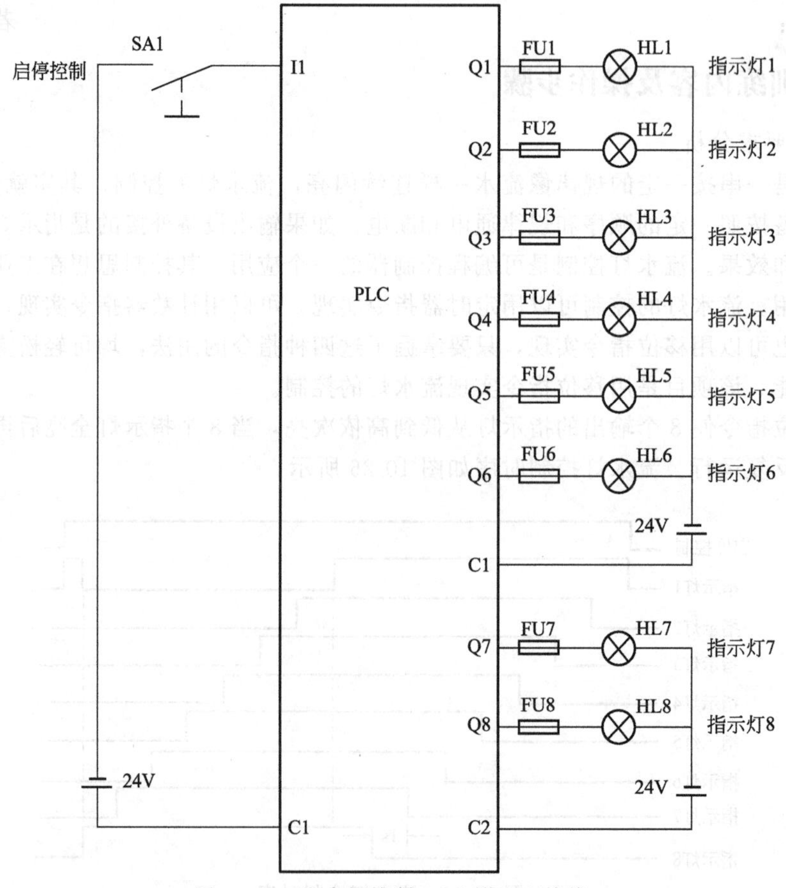

图 10-27 流水灯控制 PLC 的 I/O 接线

③ 用移位指令编写满足控制要求的流水灯控制程序，参考程序如图 10-28 所示。

④ 输入流水灯控制程序并下载到 PLC。

⑤ 运行程序，根据控制功能要求操作相应输入设备，并观察 I/O 动作状态，是否实现了全部控制功能和保护功能。

⑥ 训练技术文件整理（I/O 地址分配表、I/O 接线图、程序清单及注释等）。

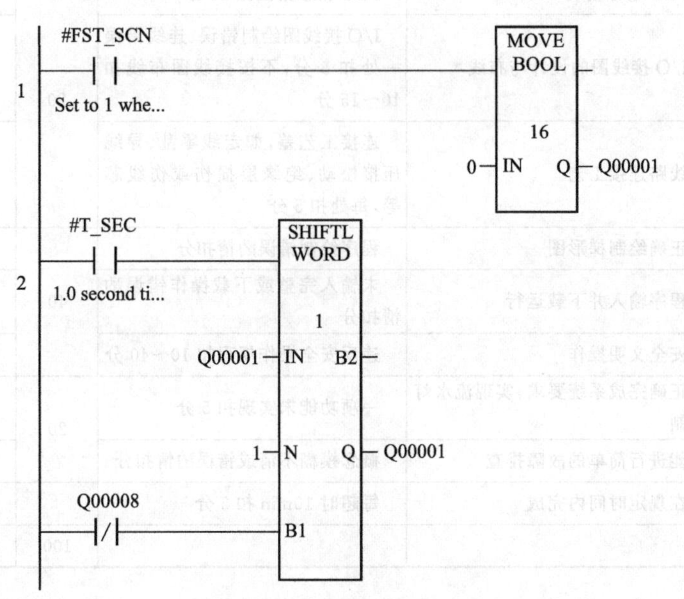

图 10-28　流水灯控制程序

10.3.4　注意事项

① 下载程序前，应确认 PLC 供电正常。

② 连线时，应先连 PLC 电源线，再连 I/O 接线。

③ I/O 点数的确定应满足控制功能的要求，经济而不浪费。程序中的各输入、输出点应与外部 I/O 的实际接线完全对应。

④ 在应用移位指令前，注意待移位寄存器中的初值设定。

⑤ 编程前应充分熟悉各移位指令的功能、特点和应用。

⑥ 实验过程中，认真观察 PLC 的输入输出状态，以验证分析结果是否正确。

⑦ 训练结束后，应将 PLC 设备断电。

10.3.5　思考和讨论

① 利用移位指令使 16 个输出的指示灯从低到高依次亮，当 16 个指示灯全亮后再从低至高依次灭。如此反复运行。流水灯控制时序参考图 10-26 所示。

② 用移位指令，尤其是位定序器指令，还可以编出哪些彩灯控制程序？

③ 如何选用系统变量和外部信号实现移位速度的控制？

10.4 项目考评

项目考核配分及评分标准如表 10-3 所示。

表 10-3　流水灯控制考核配分及评分标准

考核内容	考核要求	评分标准	配分	扣分	得分
控制功能分析	流水灯控制要求分析	概念模糊不清或错误扣 5～20 分	20		
	控制功能和保护功能分析				
PLC 硬件设计与接线	PLC 电源接线	PLC 状态错误扣 10 分	20		
	I/O 接线图的设计与布线	I/O 接线图绘制错误、连线错误一处扣 5 分，不按接线图布线扣 10～15 分			
	线路连接工艺	连接工艺差，如走线零乱、导线压接松动、绝缘层损伤或伤线芯等，每处扣 5 分			
PLC 程序设计	正确绘制梯形图	程序绘制错误酌情扣分	40		
	程序输入并下载运行	未输入完整或下载操作错误酌情扣分			
	安全文明操作	违反安全操作规程扣 10～40 分			
PLC 调试与运行	正确完成系统要求，实现流水灯控制	一项功能未实现扣 5 分	20		
	能进行简单的故障排查	概念模糊不清或错误酌情扣分			
时限	在规定时间内完成	每超时 10min 扣 5 分			
合计			100		

10.5 项目拓展

10.5.1 物流检测

(1) 控制功能分析

图 10-29 是一个物流检测示意图。图中有三个光电传感器 BL1、BL2、BL3。BL1 检测有无次品到来，有次品到则“ON”。BL2 检测凸轮的凸起，凸轮每转一圈则发一个移位脉冲。因物品间隔一定，故每转一圈有一个物品到，所以 BL2 实为检测物品到的传感器。BL3 检测有无次品落下。SB 是手动复位按钮，图中未画。当次品移至 4 号位时，控制电磁阀 YV 打开使次品落到次品箱内。若无次品则物品移至传送带右端，且自动掉入正品箱内，于是将次品和正品分开。

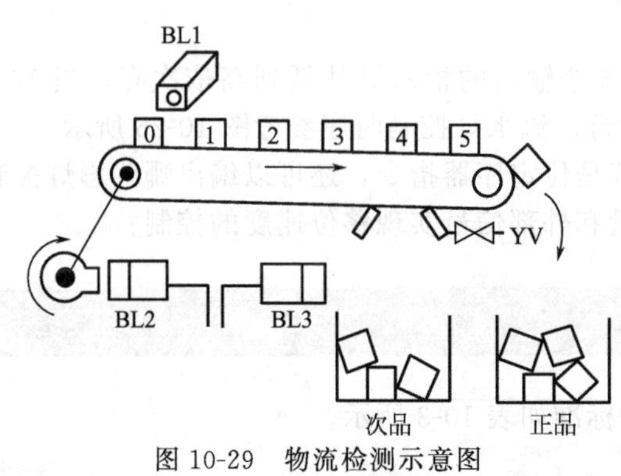

图 10-29　物流检测示意图

(2) I/O分配表

输入：I1　BL1　　输出：Q1　YV

I2　BL2

I3　BL3

I4　SB

(3) 梯形图

物流检测梯形图如图 10-30 所示。

1
I00002
SHIFTL
WORD
1
R00001[0]
IN B2
1 N Q R00001[0]
I00001
B1

2
#ALW_ON
Always ON
BIT TEST
WORD
1
R00001[0] IN Q
5 BIT
Q00001
S

3
I00003
Q00001
R

4
I00004
MOVE
INT
1
0 IN Q R00001[0]

图 10-30　物流检测梯形图

程序说明：当无次品来时，I1 总是“OFF”，于是 R1 中输入“0”。每来一个物品，I2 则“ON”一次，即发一次移位使能信号，于是 R1 中左移一位。但因输入全是“0”，故移位后 R1 各位上也全是“0”，于是 R1 的第 5 位总是“OFF”。R1 与第 5 个 BIT 的关系如下：

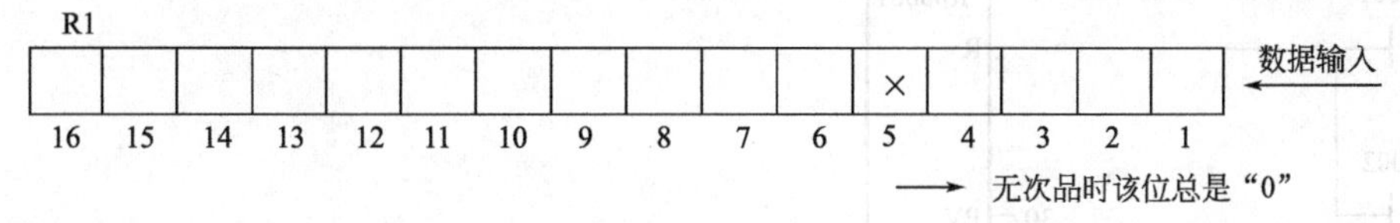

当 Q1 为“OFF”时，电磁阀 YV 不打开，物品全部到正品箱内。而当有次品来时，I1 为“ON”，此时 R1 中输入“1”。此后每来一个物品则 I2“ON”一次，发一次移位信号，使 R1 中的“1”左移一位。到第 4 个移位脉冲来时恰好这个“1”移至 R1 的第 5 位上，于

是 Q1 被置位，将 YV 接通，电磁阀打开，次品落下（此时次品也恰好移到传送带的 4 号位上）。BL3 检测到次品落下后，I3 为“ON”，使 Q1 复位为“OFF”，电磁阀重新关闭。

这样的系统若用传统继电控制实现是很麻烦的，而用 PLC 实现则十分简单。只用几条内部专用指令，编制这样一个简单的小程序即可实现。外围设备也十分简单，由几个输入光电开关、一个电磁阀即可构成这样的检测系统，大大简化了外部接线。而且可以随时根据需要更改程序。

10.5.2 电动机顺序启动控制

(1) 控制功能分析

控制一组电动机（共 16 台），每隔 3s 启动一台电动机，每次都从 1 号电动机开始启动。设置两个控制按钮，一个使控制顺序开始，另一个使全部电动机停止。

(2) I/O 分配

根据以上控制功能分析，1～16 号电动机分别由 Q1～Q16 控制，模拟调试可用 PLC 实训装置上的 16 个输出指示灯分别表示 16 个电动机的工作状态。I/O 分配如下：

输入：I1　　　开始电动机顺序启动控制

　　　I2　　　停止全部电动机

输出：Q1～Q16　1 号至 16 号电动机工作状态

(3) 梯形图

梯形图如图 10-31 所示。

全部电动机启动运行后，如果要求从第 16 台电动机开始，每隔 3s 关闭一台电动机。即实现顺序启动，逆序停车控制，程序自行编制。I/O 分配参考如下：

输入：I1　　　开始电动机顺序启动控制

　　　I2　　　停止全部电动机

　　　I3　　　开始电动机顺序停止控制

输出：Q1～Q16　1 号至 16 号电动机运行控制

I00001　I00002　M00002
M00002
M00002　ONDTR TENTHS　M00001
M00001　R00001　R
I00002
30　PV

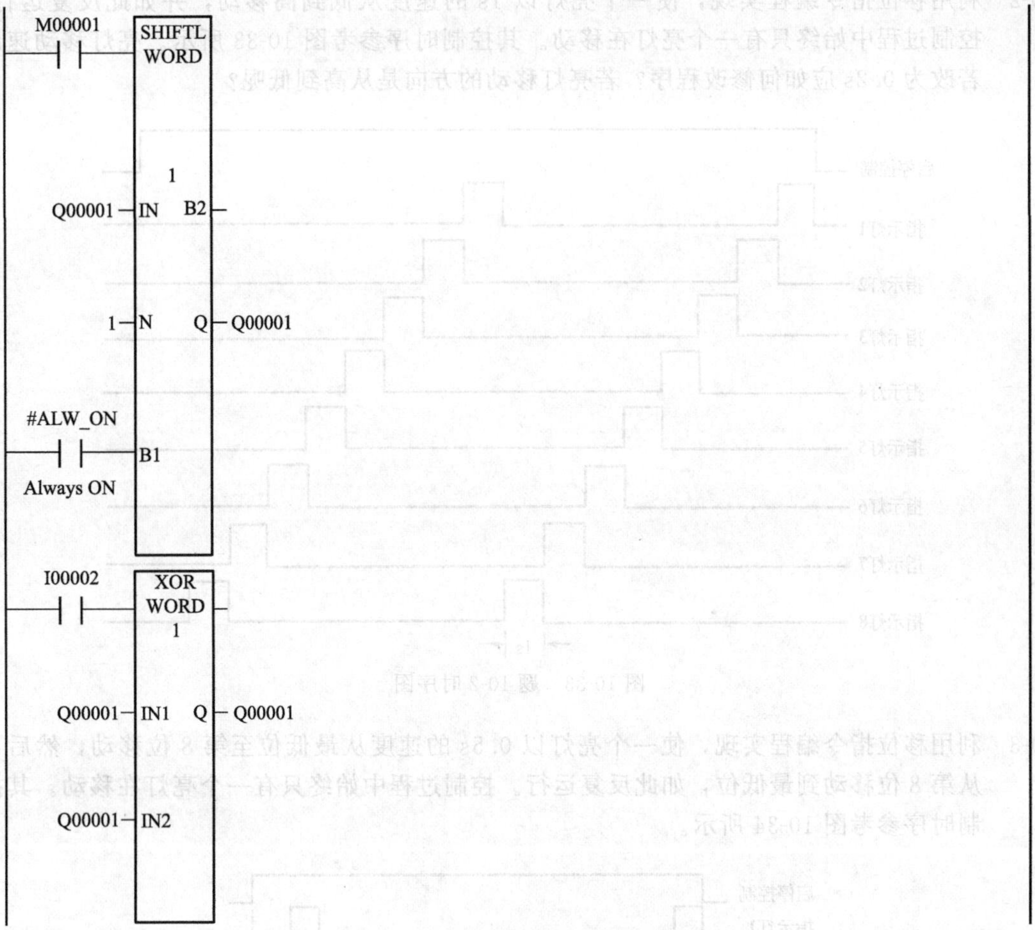

M00001
SHIFTL
WORD
1
Q00001
IN
B2
1
N
Q
Q00001
#ALW_ON
B1
Always ON
I00002
XOR
WORD
1
Q00001
IN1
Q
Q00001
Q00001
IN2

图 10-31　电动机顺序启动控制梯形图

10.6 思考题与习题

10-1　利用移位指令使 8 个输出的指示灯从低到高依次亮，当 8 个指示灯全亮后再从高至低依次灭。如此反复运行。流水灯控制时序参考图 10-32 所示。

启停控制
指示灯1
指示灯2
指示灯3
指示灯4
指示灯5
指示灯6
指示灯7
指示灯8
1s

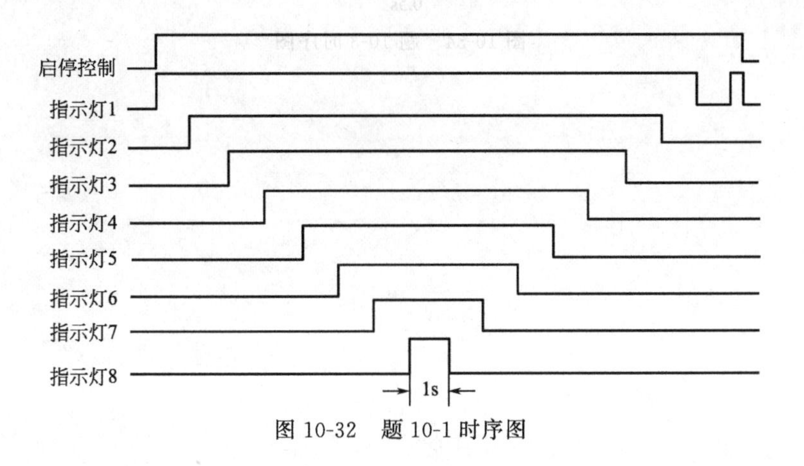

图 10-32　题 10-1 时序图

10-2　利用移位指令编程实现，使一个亮灯以 1s 的速度从低到高移动，并如此反复运行。控制过程中始终只有一个亮灯在移动。其控制时序参考图 10-33 所示。亮灯移动速度若改为 0.2s 应如何修改程序？若亮灯移动的方向是从高到低呢？

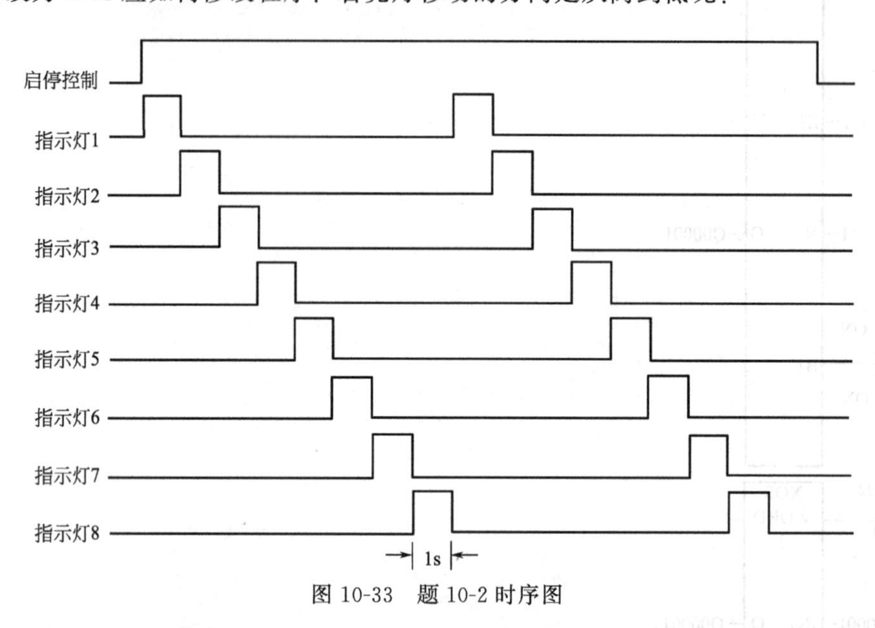

图 10-33　题 10-2 时序图

10-3　利用移位指令编程实现，使一个亮灯以 0.5s 的速度从最低位至第 8 位移动，然后再从第 8 位移动到最低位，如此反复运行。控制过程中始终只有一个亮灯在移动。其控制时序参考图 10-34 所示。

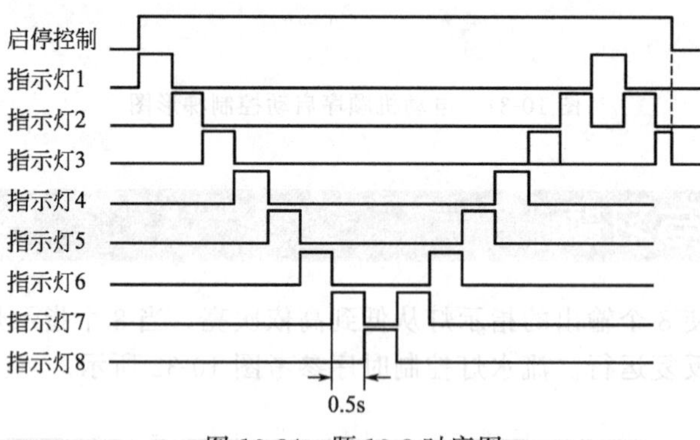

图 10-34　题 10-3 时序图

项目 11

站台超员报警自动控制

11.1 项目目标

① 熟练掌握数据传送、比较指令、算术运算、置位复位指令的特点、功能及应用。
② 熟练掌握 PLC 的编程方法、步骤和编程技巧。
③ 掌握程序调试的步骤和方法。
④ 具备构建实际 PLC 控制系统的能力。

11.2 知识准备

GE PLC 提供以下数学运算功能：加、减、乘、除、取模、开方、求绝对值、三角函数、反三角函数、对数、弧度与角度转换等。这里只介绍几种常用指令，所有数学运算功能指令详见附录 C 中的表 C-12。

数学运算指令的操作数可以是单精度整数（single-precision integer，简称 INT）、双精度整数（double-precision integer，简称 DINT）、实数（REAL）、双精度浮点整数（double-precision floating-point，简称 LREAL）、无符号的单精度整数（unsigned single-precision integer，简称 UINT）。在四则运算中，相同的数据类型才能进行运算。因此，在进行四则运算前，对于不同的数据类型，应通过逻辑功能块进行必要的数据类型转换。

(1) 四则运算

四则运算的梯形图及语法基本类似，现以加法指令为例说明其指令功能及用法。

① 指令格式：如图 11-1 所示。

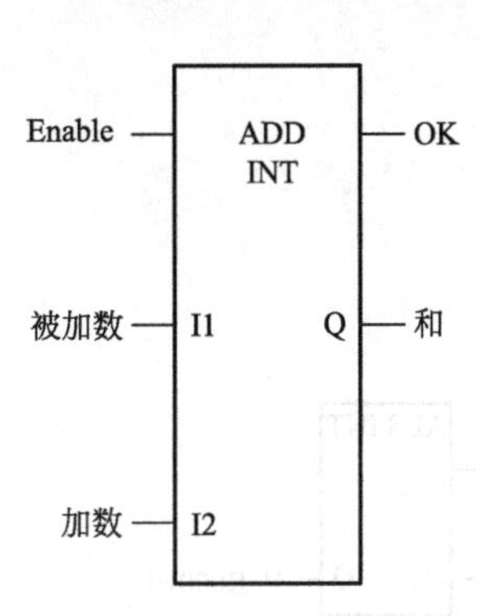

图 11-1 ADD 指令格式

“Enable”表示输入使能端，当该端子为 ON 时，执行指令。“OK”表示输出使能端，表示能流向右输出。“I1”端为被加数，“I2”端为加数，“Q”为和。

② 指令功能：Q=I1+I2。

当 Enable 为“1”时（无需上升沿跃变），指令就被执行。I1、I2 与 Q 是三个不同的地址时，Enable 端是长信号或脉冲信号没有不同。

当 I1 或 I2 之中有一个地址与 Q 地址相同时，即

$$I1(Q)=I1+I2 \text{ 或 } I2(Q)=I1+I2$$

其 Enable 端要注意是长信号还是脉冲信号。是长信号时，

该加法指令成为一个累加器，每个扫描周期执行一次，直至溢出。是脉冲信号时，当Enable端为“1”时执行一次。

当计算结果发生溢出时，Q保持当前数型的最大值（如是带符号的数，则用符号表示是正溢出还是负溢出）。

当Enable端为“1”时，指令正常执行时，没有发生溢出时，OK端为“1”，除非发生以下情况：对ADD来说，(+∞)+(−∞)；对SUB来说，(±∞)−(−∞)；对MUL来说，0×(∞)；对DIV来说，0/0，1/∞；I1和（或）I2不是数字。

【例 11-1】 如图11-2所示，当%I00001闭合时，PLC每扫描一次则ADD功能就执行一次，%R00002的值加1。例如：如果在五次扫描中%I00001一直保持关闭，那么%I00001尽管在这段时间仅关闭了一次，输出仍然增加了五次。

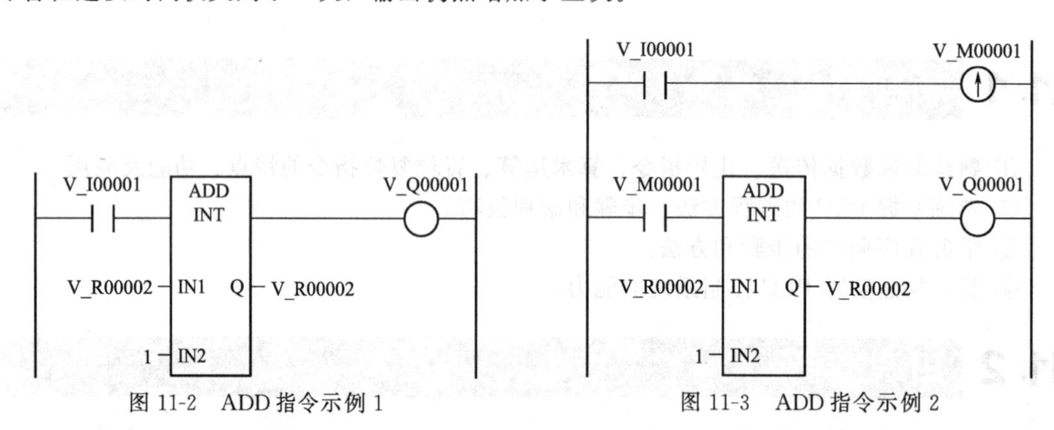

图 11-2　ADD指令示例1　　　图 11-3　ADD指令示例2

【例 11-2】 如图11-3所示，该程序实现对开关（%I00001）开闭次数的累计，总次数储存在%R00002。为完成此功能，需考虑开关闭合一次，PLC仅执行一次ADD功能。因此，%I00001控制跳变“一个扫描周期有效”线圈%M00001。每次%I00001闭合，%M00001只是在一次扫描中使ADD接受到使能信号。为了使%M00001再次闭合，%I00001必须再次断开，再闭合。

在执行四则运算时，如果运算结果出现溢出，则结果为带有符号的最大数，并且输出使能端断开。如果没有溢出，除法运算按向下四舍五入进位到整数。图11-4为乘除法示意图。

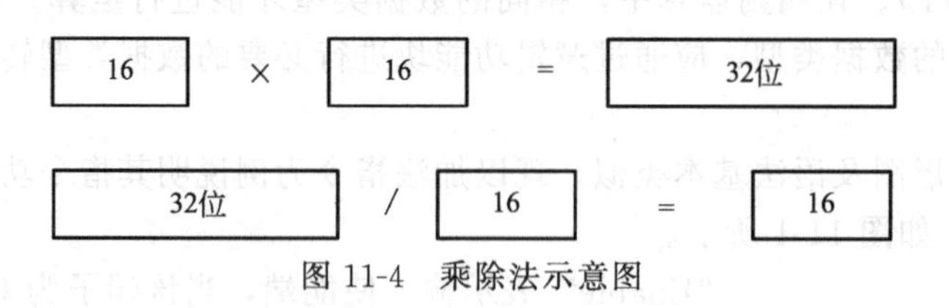

图 11-4　乘除法示意图

(2) 绝对值

① 指令格式：如图11-5所示。

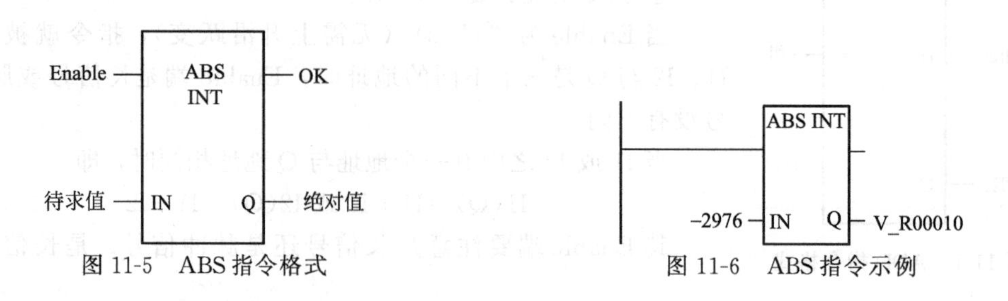

图 11-5　ABS指令格式　　　图 11-6　ABS指令示例

② 指令功能：求 IN 端的绝对值。当 Enable 为“1”时（无需上升沿跃变），Q 端为 IN 的绝对值。

当 Enable 为“1”时，OK 端就为“1”，除非发生下列情况：对数型 INT 来说，IN 是最小值；对数型 DINT 来说，IN 是最小值；对数型 REAL 来说，IN 不是数值。

【例 11-3】 求－2976 的绝对值，即 2976，并把结果放置在%R00010 中。程序如图 11-6 所示。

11.3 项目训练——站台超员报警自动控制程序设计

11.3.1 训练目的

① 熟练掌握数据传送、比较指令、算术运算、置位复位指令的特点、功能及应用。

② 掌握程序调试的步骤和方法。

③ 掌握构建实际 PLC 控制系统的能力。

11.3.2 训练器材

① PLC 训练装置： 1 套

② 与 PLC 相连的上位机： 1 台

③ 导线： 若干

11.3.3 训练内容及操作步骤

① 控制要求分析。

为了利于管理，保证乘车人员安全有序的乘车，火车站台或地铁站台均要求对进站和出站人数进行统计和监控，并对站台上的人数进行有效控制。为了调试程序方便，易于观察控制结果，假设站台只能容纳 10 人，超过 10 人就报警，要求实现声音报警和灯光报警。站台进口装设一传感器，站台出口装设一传感器，试编制控制程序实现站台超员报警功能。

② I/O 分配与接线图。

根据控制功能分析，站台超员报警控制系统的输入只有两个：1 个入口传感器，1 个出口传感器。编程调试时用两个按钮分别模拟实现入口和出口传感器动作。输出也只有两个：1 个蜂鸣器作声音报警，1 个指示灯实现灯光报警。本系统的输入输出点数并不多，采用 VersaMax Micro 64 型 PLC 控制。I/O 地址如表 11-1 所示。

表 11-1 站台超员报警控制 I/O 接口地址分配表

输入		输出	
输入	功能说明	输出	功能说明
I1	进口传感器	Q1	蜂鸣器
I2	出口传感器	Q2	指示灯

站台超员报警控制系统 I/O 电气接口线路图如图 11-7 所示。

③ 程序设计。

实现站台超员报警控制可用加法指令和比较指令实现。根据控制要求以及 I/O 地址分配，用 PLC 实现站台超员报警参考程序如图 11-8 所示。

④ 输入站台超员报警控制程序并下载到 PLC。

⑤ 运行程序，根据控制功能要求操作相应输入设备，并观察 I/O 动作状态，是否实现了全部控制功能和保护功能。

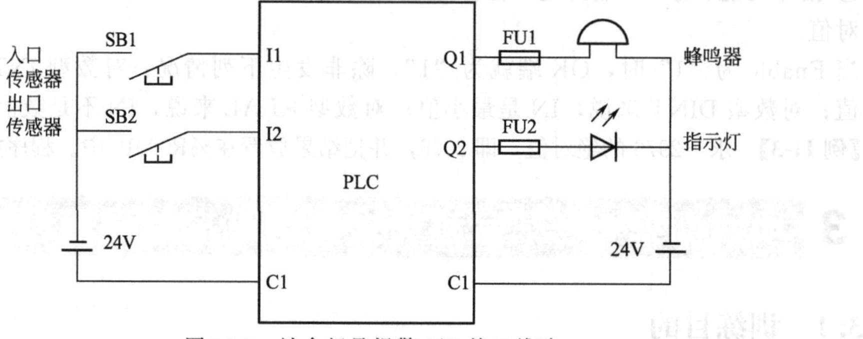

图 11-7 站台超员报警 I/O 接口线路

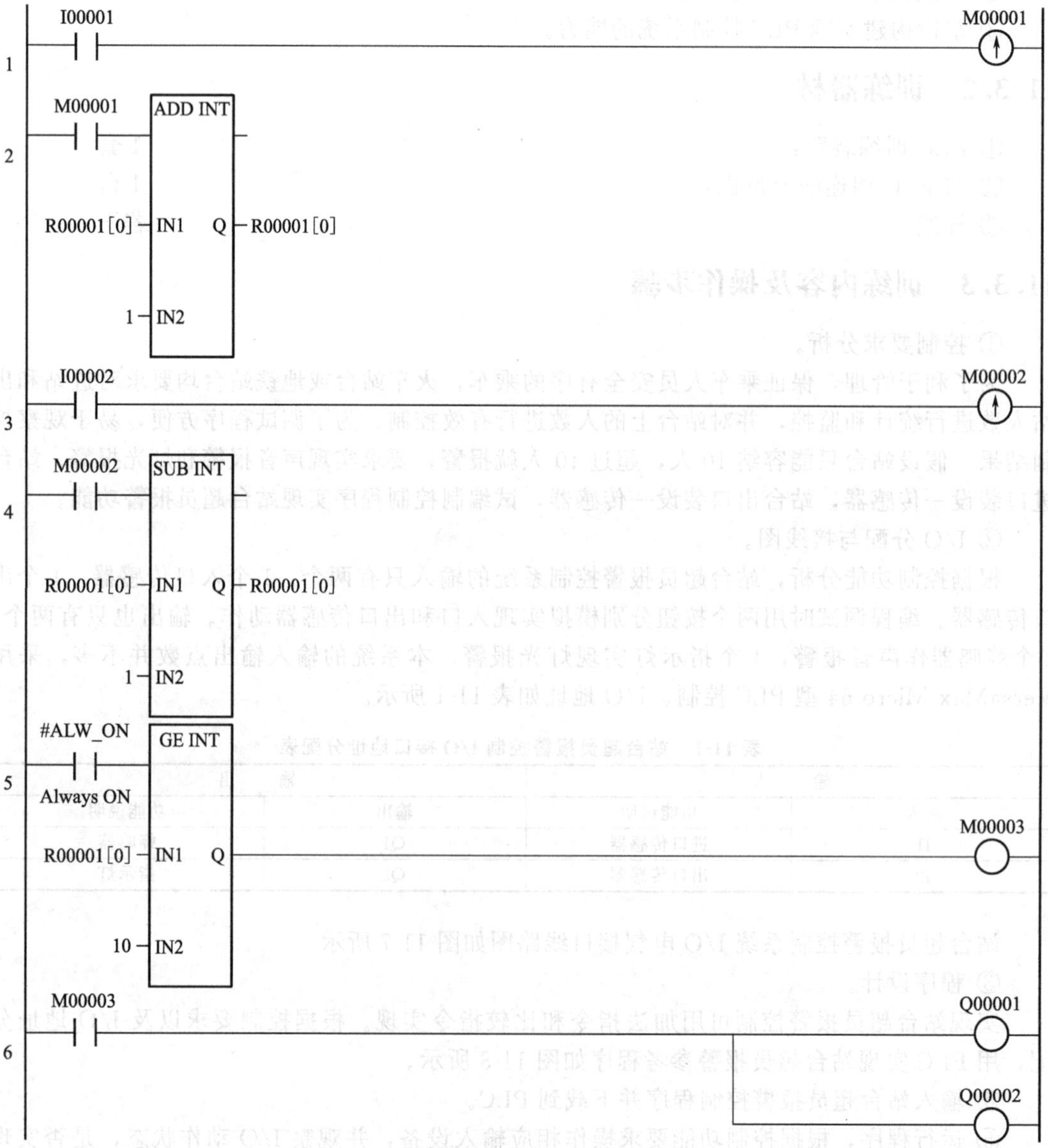

1 I00001 M00001

2 M00001 ADD INT R00001[0] IN1 Q R00001[0] 1 IN2

3 I00002 M00002

4 M00002 SUB INT R00001[0] IN1 Q R00001[0] 1 IN2

5 #ALW_ON Always ON GE INT R00001[0] IN1 Q M00003 10 IN2

6 M00003 Q00001 Q00002

图 11-8 站台超员报警控制梯形图

⑥ 训练技术文件整理（I/O 地址分配表、I/O 接线图、程序清单及注释等）。

11.3.4 注意事项

① 下载程序前，应确认 PLC 供电正常。

② 连线时，应先连 PLC 电源线，再连 I/O 接线。

③ I/O 点数的确定应满足控制功能的要求，经济而不浪费。程序中的各输入、输出点应与外部 I/O 的实际接线完全对应。

④ 编程前应充分熟悉各加法指令、比较指令的功能、特点和应用。

⑤ 实验过程中，认真观察 PLC 的输入输出状态，以验证分析结果是否正确。

⑥ 训练结束后，应将 PLC 设备断电。

11.3.5 思考和讨论

① 如何实现加 1、减 1 控制功能？

② 二进制加法和 BCD 码加法有何不同？

③ 如果站台容纳人数为 16 呢？1600 人呢？如何利用数制转换指令完成站台超员报警功能？

11.4 项目考评

项目考核配分及评分标准如表 11-2 所示。

表 11-2 站台超员报警控制考核配分及评分标准

考核内容	考核要求	评分标准	配分	扣分	得分
控制功能分析	站台超员报警控制要求分析	概念模糊不清或错误扣 5～20 分	20		
	控制功能和保护功能分析				
PLC 硬件设计与接线	PLC 电源接线	PLC 状态错误扣 10 分	20		
	I/O 接线图的设计与布线	I/O 接线图绘制错误、连线错误一处扣 5 分，不按接线图布线扣 10～15 分			
	线路连接工艺	连接工艺差，如走线零乱、导线压接松动、绝缘层损伤或伤线芯等，每处扣 5 分			
PLC 程序设计	正确绘制梯形图	程序绘制错误酌情扣分	40		
	程序输入并下载运行	未输入完整或下载操作错误酌情扣分			
	安全文明操作	违反安全操作规程扣 10～40 分			
PLC 调试与运行	正确完成系统要求，实现站台超员报警控制	一项功能未实现扣 5 分	20		
	能进行简单的故障排查	概念模糊不清或错误酌情扣分			
时限	在规定时间内完成	每超时 10min 扣 5 分			
合计			100		

11.5 项目拓展

11.5.1 声光报警控制

当控制系统出现故障时，执行此程序能及时报警，发出声和光通知操作人员，采取相应措施。

如图 11-9(a) 所示为报警控制时序示意图，I/O 分配如表 11-3 所示。I/O 电气接口线路图自行绘制。

表 11-3 声光报警控制 I/O 接口地址分配表

输　入		输　出	
输　入	功能说明	输　出	功能说明
I1	故障信号	Q1	蜂鸣器
I2	报警确认按钮	Q2	指示灯

图 11-9(b) 为报警控制参考程序。当有故障报警信号输入时，I1 动合触点接通，此时内部辅助继电器 M1 未导通，其动断触点是闭合的，所以输出 Q1 动合触点接通，与之相连的报警蜂鸣器通电发声报警；与此同时，%S0005（是 1s 时钟触点）导通后周期性的通断，通过接通的 I1 动合触点使输出 Q2 也是周期性通断，使接在 Q2 输出处的报警指示灯闪烁发光。待操作人员发现警声、光后，按一下报警蜂鸣器的复位按钮，使 I2 动合触点接通，因为与之串联的 I1 是接通的，导致内部继电器 M1 接通。M1 动断触点断开，输出继电器 Q1 随之断开，蜂鸣器停响；M1 动合触点接通，使输出继电器 Q2 持续接通，报警指示灯持续发光（停止闪烁）。如再去掉报警输入信号，使 I1 动合触点断开，报警指示灯熄灭。

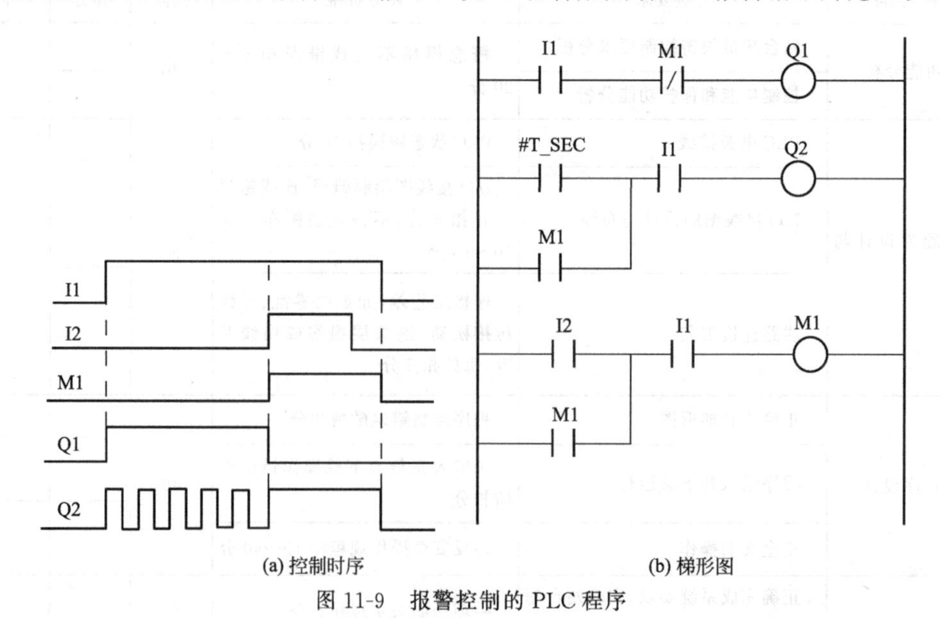

图 11-9　报警控制的 PLC 程序

11.5.2 超时报警控制

控制要求：指示灯 A 亮 3s，指示灯 B 亮 5s，如果在这间隔的两秒内按下 I1 按钮，则指示灯 B 闪烁，否则，蜂鸣器报警。I/O 分配如表 11-4 所示。I/O 电气接口线路图自行绘制。

表 11-4　超时报警控制 I/O 接口地址分配表

输　入		输　出	
输　入	功能说明	输　出	功能说明
I1	信号按钮	Q1	指示灯 A
		Q2	指示灯 B
		Q3	蜂鸣器

超时报警参考程序如图 11-10 所示。

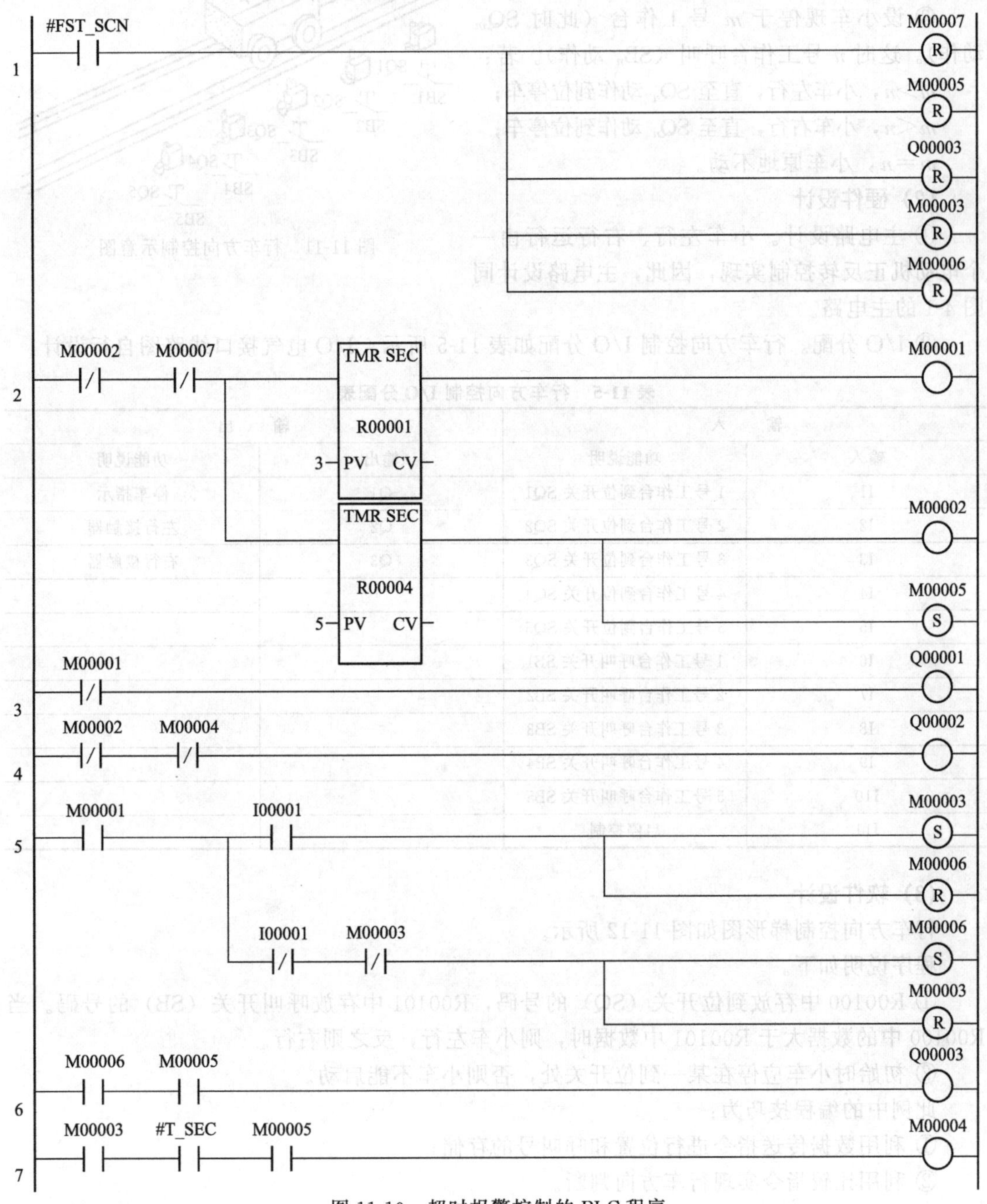

图 11-10　超时报警控制的 PLC 程序

11.5.3 行车方向控制

(1) 控制要求

某车间有5个工作台，小车往返工作台之间运料，如图11-11所示。每个工作台设有一个到位行程开关（SQ）和一个呼叫开关（SB）。

具体控制要求如下：

① 小车初始时应停在5个工作台任意一个到位行程开关位置上。

② 设小车现停于m号工作台（此时SQ_m动作）。这时n号工作台呼叫（SB_n动作）。若：

$m>n$，小车左行，直至SQ_n动作到位停车；

$m<n$，小车右行，直至SQ_n动作到位停车；

$m=n$，小车原地不动。

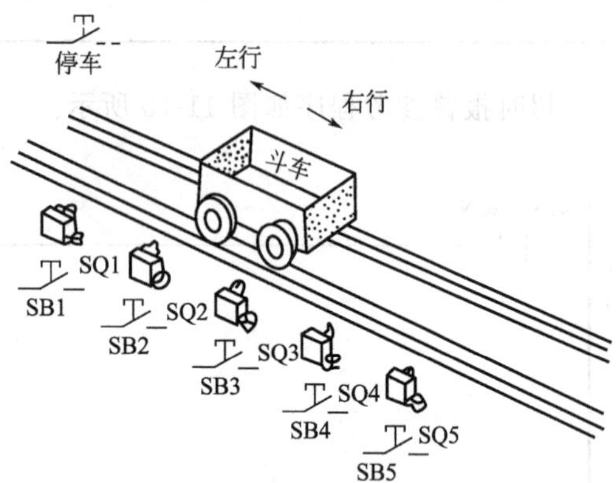

图11-11 行车方向控制示意图

(2) 硬件设计

① 主电路设计。小车左行、右行运行由一个电动机正反转控制实现，因此，主电路设计同图4-1的主电路。

② I/O分配。行车方向控制I/O分配如表11-5所示。I/O电气接口线路图自行设计。

表11-5 行车方向控制I/O分配表

输入		输出	
输入	功能说明	输出	功能说明
I1	1号工作台到位开关SQ1	Q1	停车指示
I2	2号工作台到位开关SQ2	Q2	左行接触器
I3	3号工作台到位开关SQ3	Q3	右行接触器
I4	4号工作台到位开关SQ4		
I5	5号工作台到位开关SQ5		
I6	1号工作台呼叫开关SB1		
I7	2号工作台呼叫开关SB2		
I8	3号工作台呼叫开关SB3		
I9	4号工作台呼叫开关SB4		
I10	5号工作台呼叫开关SB5		
I11	启停控制		

(3) 软件设计

行车方向控制梯形图如图11-12所示。

程序说明如下。

① R00100中存放到位开关（SQ）的号码，R00101中存放呼叫开关（SB）的号码。当R00100中的数据大于R00101中数据时，则小车左行，反之则右行。

② 初始时小车应停在某一到位开关处，否则小车不能启动。

此例中的编程技巧为：

① 利用数据传送指令进行位置和呼叫号的存储；

② 利用比较指令实现行车方向判断。

这些控制在传统继电控制中难于实现。

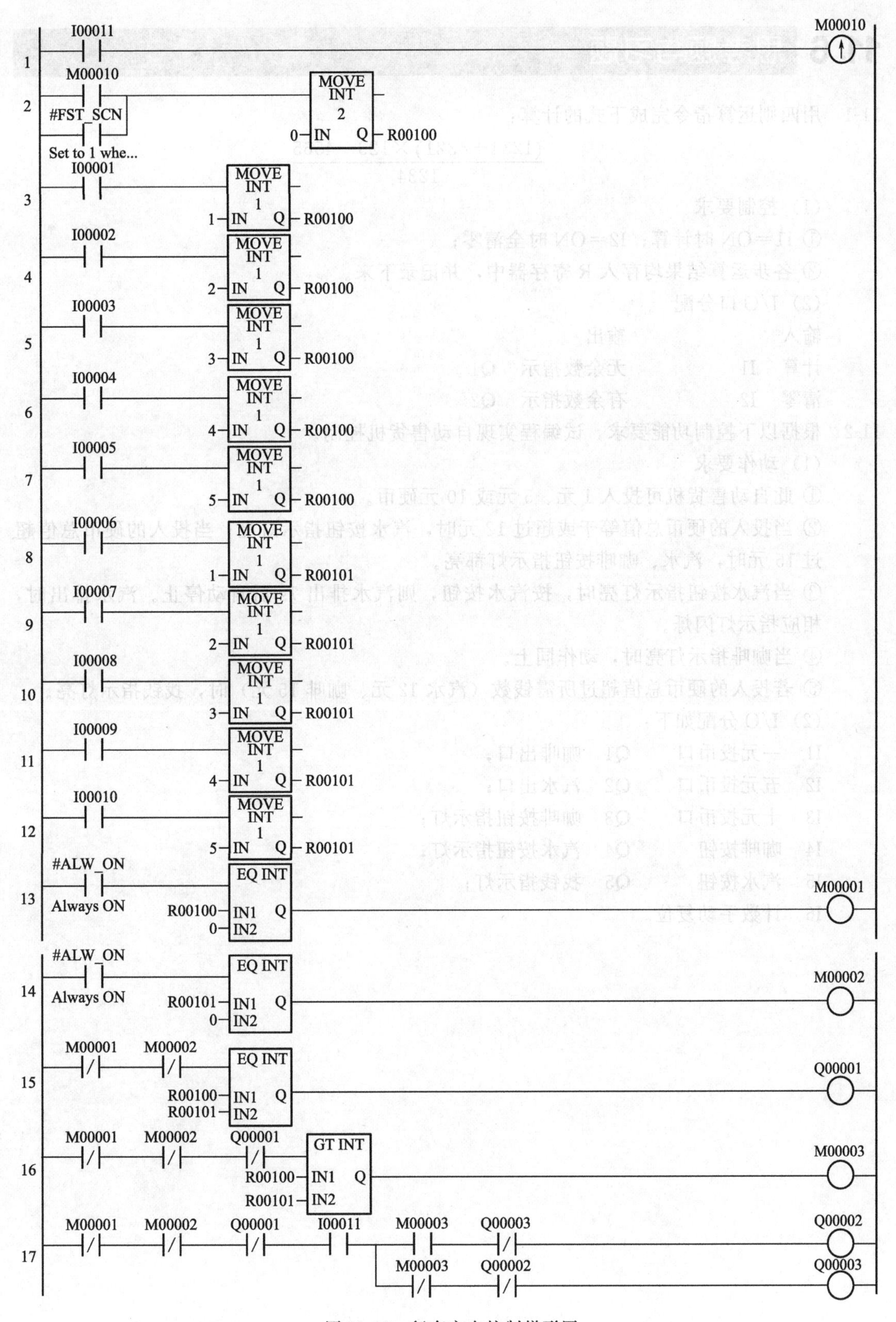

图 11-12 行车方向控制梯形图

11.6 思考题与习题

11-1　用四则运算指令完成下式的计算：

$$\frac{(1234+4321)\times 123-4565}{1234}$$

（1）控制要求

① I1＝ON 时计算；I2＝ON 时全清零；

② 各步运算结果均存入 R 寄存器中，并记录下来。

（2）I/O 口分配

输入		输出	
计算	I1	无余数指示	Q1
清零	I2	有余数指示	Q2

11-2　根据以下控制功能要求，试编程实现自动售货机控制。

（1）动作要求

① 此自动售货机可投入 1 元、5 元或 10 元硬币。

② 当投入的硬币总值等于或超过 12 元时，汽水按钮指示灯亮；当投入的硬币总值超过 15 元时，汽水、咖啡按钮指示灯都亮。

③ 当汽水按钮指示灯亮时，按汽水按钮，则汽水排出 7s 后自动停止。汽水排出时，相应指示灯闪烁。

④ 当咖啡指示灯亮时，动作同上。

⑤ 若投入的硬币总值超过所需钱数（汽水 12 元、咖啡 15 元）时，找钱指示灯亮。

（2）I/O 分配如下：

I1	一元投币口	Q1	咖啡出口；
I2	五元投币口	Q2	汽水出口；
I3	十元投币口	Q3	咖啡按钮指示灯；
I4	咖啡按钮	Q4	汽水按钮指示灯；
I5	汽水按钮	Q5	找钱指示灯；
I6	计数手动复位。		

项目12

多种液体自动混合装置的控制

12.1 项目目标

① 熟练掌握定时器、计数器指令和置位复位指令的特点、功能及应用。
② 熟练掌握 PLC 的编程方法、步骤和编程技巧。
③ 掌握程序调试的步骤和方法。
④ 具备构建实际 PLC 控制系统的能力。

12.2 项目训练——两种液体自动混合控制程序设计

12.2.1 训练目的

① 用 PLC 构建两种液体自动混合控制系统。
② 掌握程序调试的步骤和方法。
③ 具备构建实际 PLC 控制系统的能力。

12.2.2 训练器材

① PLC 训练装置：1 套
② 与 PLC 相连的上位机：1 台
③ 多种液体混合装置模块：1 块
④ 导线：若干

12.2.3 训练内容及操作步骤

(1) 控制要求分析

液体混合系统是模拟化工、水处理等行业的某些现场控制系统工作流程的系统，是练习自动化控制系统中逻辑控制的经典项目。

图 12-1 为两种液体混合装置示意图。其中 L1、L2、L3 为液面传感器，液面淹没该点时为 ON。液体 A 与液体 B 的阀门与混合液的阀门由电磁阀 YV1、YV2、YV3 控制，M 为搅拌电机。具体控制要求如下。

① 初始状态。装置投入运行时，液体 A、B 阀门关闭，混合液阀门打开 2s 将容器放空后关闭。

② 启动操作。按一下启动按钮 SB1，开始按下列规律操作：

- 液体 A 阀门打开，液体 A 流入容器。当液面升到 L3 时，L3 接通；A 阀门继续打开；
- 当液面升到 L2 时，此时，L2、L3 均为 ON，使 YV1 为 OFF，YV2 为 ON，即关闭液体 A 阀门，打开液体 B 阀门。
- 当液面升到 L1 时，使 YV2 为 OFF，M 为 ON，即关掉液体 B 阀门，开始搅拌。
- 搅拌 6s 后，停止搅拌（M 为 OFF），混合液体阀门打开，开始放出混合液体（YV3 为 ON）。
- 当液面降到 L1 所对应的液面时，L1 断开（L1 从 ON→OFF）；当液面降到 L2 所对应的液面时，L2 断开（L2 从 ON→OFF）；当液面降到 L3 时（L3 从 ON→OFF），再过 2s 后，容器即可放空，混合液阀门关闭（YV3 为 OFF），由此完成一个混合搅拌周期。随后将开始一个新的周期。

③ 停止操作。按一下停止按钮 SB2 后，只有在当前的混合操作处理完毕后，才停止操作（停在初始状态上）。

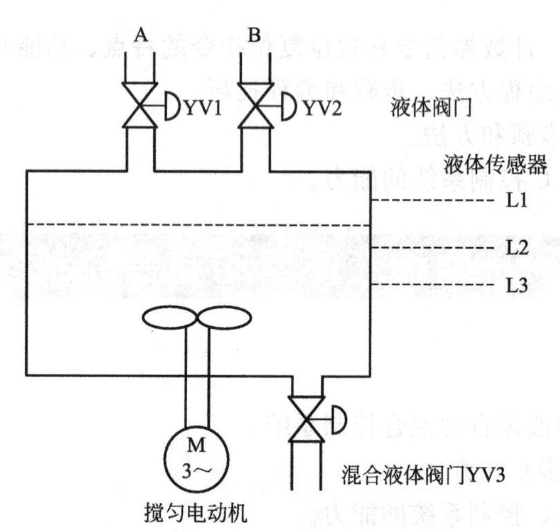

图 12-1　两种液体混合装置示意图

(2) I/O 分配与接线图

本系统设置两个外接按钮：启动、停止，三个液位传感器（L1、L2、L3），三个电磁阀（YV1、YV2、YV3），一个搅拌电动机。传感器用开关模拟实现，电磁阀和搅拌电动机均用发光二极管模拟指示其状态。系统的输入输出点数并不多，采用 VersaMax Micro 64 型 PLC 控制。I/O 地址如表 12-1 所示。

表 12-1　两种液体混合控制 I/O 接口地址分配表

输　入		输　出	
输入	功能说明	输出	功能说明
I1	启动按钮	Q1	液体 A 阀门
I2	停止按钮	Q2	液体 B 阀门
I3	液位传感器 L1	Q3	混合液体阀门
I4	液位传感器 L2	Q4	搅拌电动机
I5	液位传感器 L3		

两种液体混合控制 I/O 电气接口线路图如图 12-2 所示。

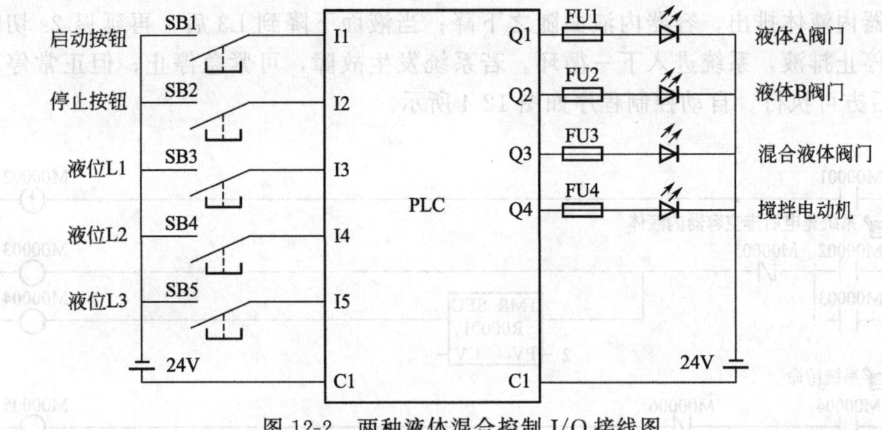

图 12-2 两种液体混合控制 I/O 接线图

(3) 程序设计

程序由主程序和自动程序两个程序模块组成。主程序模块主要负责调度任务。在正常情况下，系统默认运行自动程序，只有系统在待命状态下可由 HMI（人机接口）将其切换到手动模式。自动程序模块的编程思路如下：分析系统工作要求，作出系统运行流程图如图 12-3 所示。系统得电后，排液阀 YV3 打开，系统排液；2s 后排液阀 YV3 关闭，系统进入待命状态；当启动按钮按下时，进料阀 YV1 打开，液体 A 流入容器，容器内的液面随着时间推移逐渐上升；当液面到达液位 L2 时，关闭进液阀 YV1，液体 A 不再流入，同时打开进料阀 YV2，液体 B 流入容器，液面继续上升；当液面到达液位 L1 时，关闭进液阀 YV2，液体 B 不再流入，此时接通搅拌电机将两种液体搅匀；6s 后停止搅拌，打开排液阀

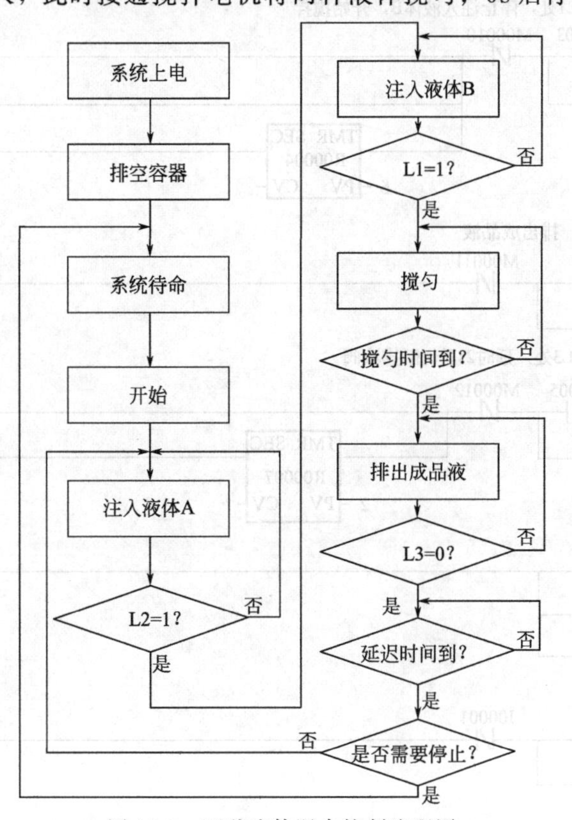

图 12-3 两种液体混合控制流程图

YV3将容器内液体排出，容器内液面随之下降；当液面下降到L3后，再延迟2s切断排液阀YV3，停止排液，系统进入下一循环。若系统发生故障，可紧急停止；但正常停止需等循环结束后方可执行。自动控制程序如图12-4所示。

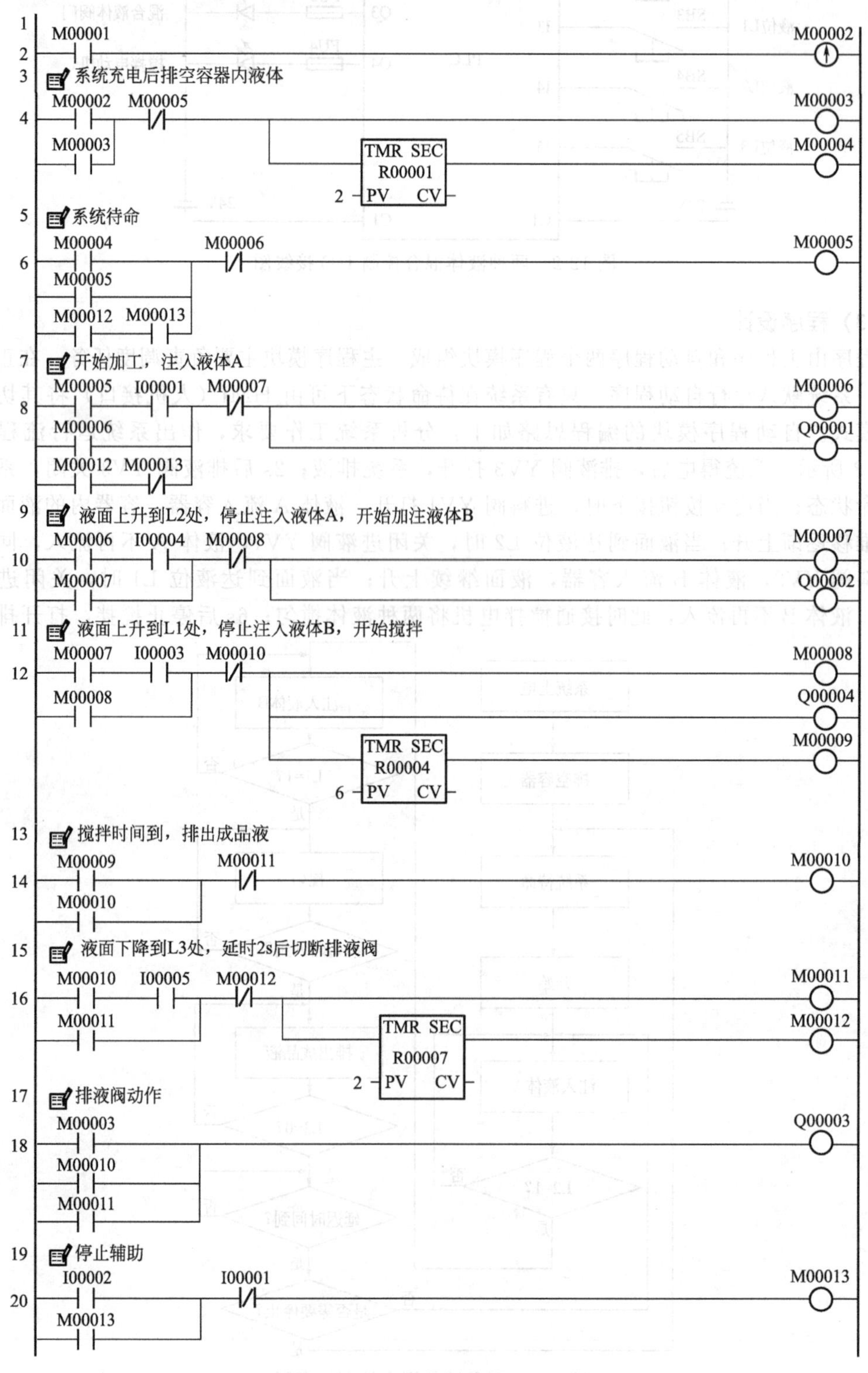

图12-4　两种液体混合控制梯形图

(4) 输入两种液体混合控制程序并下载到 PLC

(5) 运行程序

根据控制功能要求操作相应输入设备，并观察 I/O 动作状态，是否实现了全部控制功能和保护功能。

(6) 训练技术文件整理

包括 I/O 地址分配表、I/O 接线图、程序清单及注释等。

12.2.4 注意事项

① 下载程序前，应确认 PLC 供电正常。

② 连线时，应先连 PLC 电源线，再连 I/O 接线。

③ I/O 点数的确定应满足控制功能的要求，经济而不浪费。程序中的各输入、输出点应与外部 I/O 的实际接线完全对应。

④ 编程前应充分熟悉各定时器、计数器指令、置位复位指令的功能、特点和应用。

⑤ 实验过程中，认真观察 PLC 的输入输出状态，以验证分析结果是否正确。

⑥ 训练结束后，应将 PLC 设备断电。

12.2.5 思考和讨论

① 对于多种液体自动混合控制，尤其是容器内加入温度传感器和加热器后，输入输出应如何重新配置？

② 如果系统采用上位机的人机交互界面（Human Mechanic Interface，HMI）控制，系统可设置自动运行和手动应急两种工作模式。自动模式的启停控制可以由现场控制按钮实现，也可以用手动控制，手动控制只能由上位的 HMI 界面操作控制。

③ 在自动监控画面上，只能显示各阀门的当前状态，阀门状态改变只能通过程序运行来实现。

12.3 项目考评

项目考核配分及评分标准如表 12-2 所示。

表 12-2 液体混合控制考核配分及评分标准

考核内容	考核要求	评分标准	配分	扣分	得分
控制功能分析	液体混合控制要求分析	概念模糊不清或错误扣 5～20 分	20		
	控制功能和保护功能分析				
PLC 硬件设计与接线	PLC 电源接线	PLC 状态错误扣 10 分	20		
	I/O 接线图的设计与布线	I/O 接线图绘制错误、连线错误一处扣 5 分，不按接线图布线扣 10～15 分			
	线路连接工艺	连接工艺差，如走线零乱、导线压接松动、绝缘层损伤或伤线芯等，每处扣 5 分			
PLC 程序设计	正确绘制梯形图	程序绘制错误酌情扣分	40		
	程序输入并下载运行	未输入完整或下载操作错误酌情扣分			
	安全文明操作	违反安全操作规程扣 10～40 分			

续表

考核内容	考核要求	评分标准	配分	扣分	得分
PLC调试与运行	正确完成系统要求，实现液体混合控制	一项功能未实现扣5分	20		
	能进行简单的故障排查	概念模糊不清或错误酌情扣分			
时限	在规定时间内完成	每超时10min扣5分			
合计			100		

12.4 项目拓展

图12-5为三种液体混合装置示意图。L1、L2、L3为液面传感器，液面淹没时接通。T为温度传感器，达到规定温度后接通。液体A、B、C与混合液体阀由电磁YV1、YV2、YV3、YV4控制，M为搅匀电动机，H为加热炉，其控制要求如下。

(1) 初始状态

装置投入运行时，液体A、B、C阀门YV1、YV2、YV3关闭，混合液体阀门YV4打开20s将容器放空后关闭。

(2) 启动操作

按下启动按钮SB1，装置开始按下列给定规律运转：

① 液体A阀门YV1打开，液体A流入容器，当液面到达L3时，L3接通，关闭液体A阀门YV1，打开液体B阀门YV2。

② 当液面到达L2时，关闭液体B阀门YV2，打开液体C阀门YV3。

③ 当液面到达L1时，关闭阀门YV3。搅匀电动机启动，开始对液体进行搅匀。

④ 搅匀电动机工作1min后停止搅动，加热炉开始加热。

⑤ 当加热到一定温度时，温度传感器T接通，加热器停止加热。混合液体阀门YV4打开，开始放出混合液体。

⑥ 当液面下降到L3时，液面传感器L3由接通变断开，再过30s后，容器放空，混合液体阀门YV4关闭，由此完成一个混合搅拌周期，开始下一周期。

图12-6为三种液体混合控制梯形图。

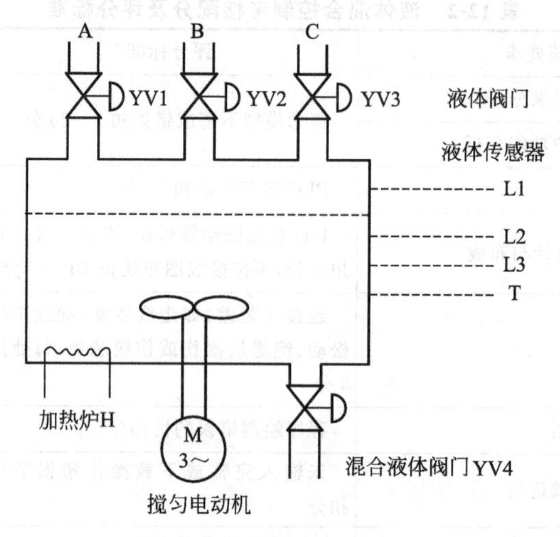

图12-5 三种液体混合装置示意图

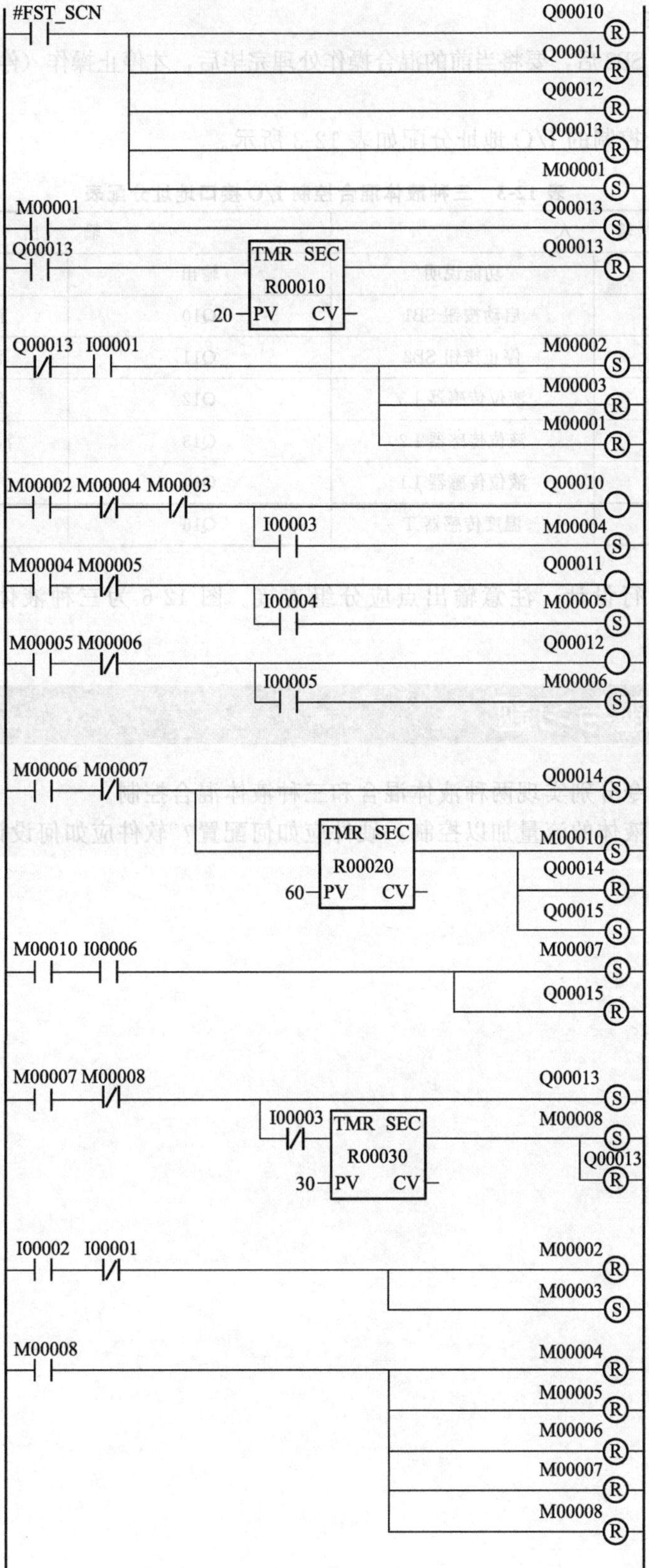

#FST_SCN — Q00010 (R), Q00011 (R), Q00012 (R), Q00013 (R), M00001 (S)

M00001 — Q00013 (S)

Q00013 — TMR SEC R00010, 20 PV CV — Q00013 (R)

Q00013 I00001 — M00002 (S), M00003 (R), M00001 (R)

M00002 M00004 M00003, I00003 — Q00010, M00004 (S)

M00004 M00005, I00004 — Q00011, M00005 (S)

M00005 M00006, I00005 — Q00012, M00006 (S)

M00006 M00007 — Q00014 (S); TMR SEC R00020, 60 PV CV — M00010 (S), Q00014 (R), Q00015 (S)

M00010 I00006 — M00007 (S), Q00015 (R)

M00007 M00008 — Q00013 (S); I00003, TMR SEC R00030, 30 PV CV — M00008 (S), Q00013 (R)

I00002 I00001 — M00002 (R), M00003 (S)

M00008 — M00004 (R), M00005 (R), M00006 (R), M00007 (R), M00008 (R)

图 12-6 三种液体混合控制梯形图

(3) 停止操作

按下停止按钮 SB2 后，要将当前的混合操作处理完毕后，才停止操作（停在初始状态）。

(4) I/O 分配

三种液体混合控制的 I/O 地址分配如表 12-3 所示。

表 12-3 三种液体混合控制 I/O 接口地址分配表

输入		输出	
输入	功能说明	输出	功能说明
I1	启动按钮 SB1	Q10	液体 A 阀门 YV1
I2	停止按钮 SB2	Q11	液体 B 阀门 YV2
I3	液位传感器 L3	Q12	液体 C 阀门 YV3
I4	液位传感器 L2	Q13	混合液体阀门 YV4
I5	液位传感器 L1	Q14	搅拌电动机 M
I6	温度传感器 T	Q15	加热炉 H

I/O 接线图自行设计，注意输出点应分组连接。图 12-6 为三种液体混合控制参考梯形图。

12.5 思考题与习题

12-1 试用移位指令分别实现两种液体混合和三种液体混合控制。

12-2 如果对三种液体的流量加以控制，硬件应如何配置？软件应如何设计？试画出控制流程图。

项目 13

十字路口交通灯控制

13.1 项目目标

① 熟练掌握继电器指令、定时器和计数器指令和数据移动指令的特点、功能及应用。

② 熟练掌握 PLC 的编程方法、步骤和编程技巧。

③ 掌握程序调试的步骤和方法。

④ 掌握构建实际 PLC 控制系统的能力。

13.2 项目训练——十字路口交通灯控制程序设计

13.2.1 训练目的

① 用 PLC 构成十字路口交通灯控制系统。

② 掌握程序调试的步骤和方法。

③ 掌握构建实际 PLC 控制系统的能力。

13.2.2 训练器材

① PLC 训练装置： 1 套

② 与 PLC 相连的上位机： 1 台

③ 交通灯模块： 1 块

④ 导线： 若干

13.2.3 训练内容及操作步骤

① 控制要求分析。

十字路口交通信号灯在人们日常生活中经常可以遇到，其控制通常采用数字电路控制或单片机控制都可以达到目的，这里用 PLC 对其进行控制。

图 13-1 为十字路口两个方向交通灯自动控制工作时序图。

② I/O 分配与接线图。

从图中可以看出，东西方向与南北方向绿、黄和红灯相互亮灯时间是相等的。若单位时间 $t=2$s 时，则整个一次循环时间需要 40s。交通信号灯控制系统输入量有两个，启动和停止控制量，输出量分别为东西和南北方向信号灯各三个。本系统的输入输出点数并不多，采

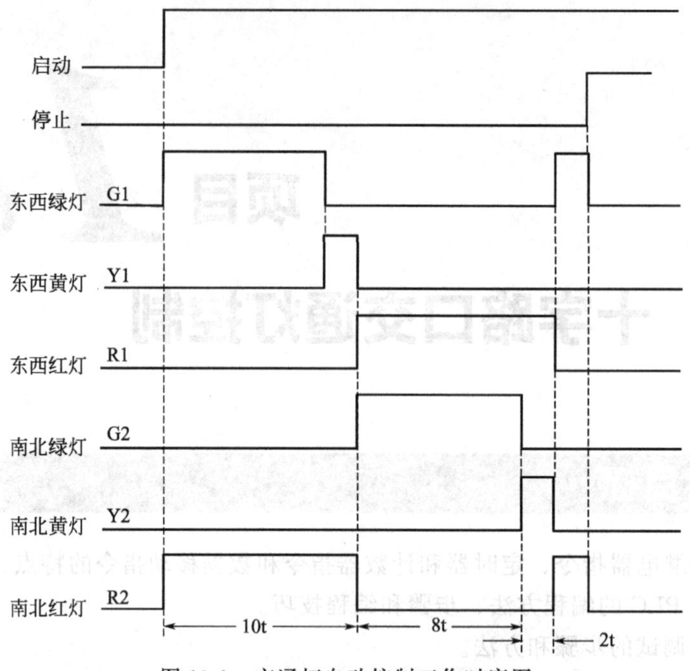

图 13-1　交通灯自动控制工作时序图

用 VersaMax Micro 64 型 PLC 控制。I/O 地址如表 13-1 所示。

表 13-1　交通灯控制 I/O 接口地址分配表

输　入		输　出	
输入	功能说明	输出	功能说明
I1	启停按钮	Q1	东西向绿灯
		Q2	东西向黄灯
		Q3	东西向红灯
		Q4	南北向绿灯
		Q5	南北向黄灯
		Q6	南北向红灯

交通信号灯自动演示装置 I/O 电气接口线路图如图 13-2 所示。

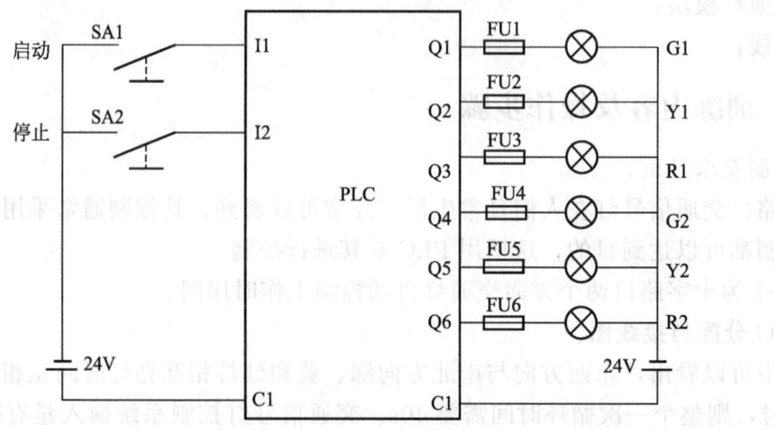

图 13-2　交通灯 I/O 接线图

③ 程序设计。

实现交通灯自动控制可用步进顺控指令实现，也可用移位寄存器等多种方法实现。本项目中用 PLC 继电器顺控指令实现。根据时序图以及 I/O 地址分配，PLC 控制交通信号灯参考程序（梯形图）如图 13-3 所示。

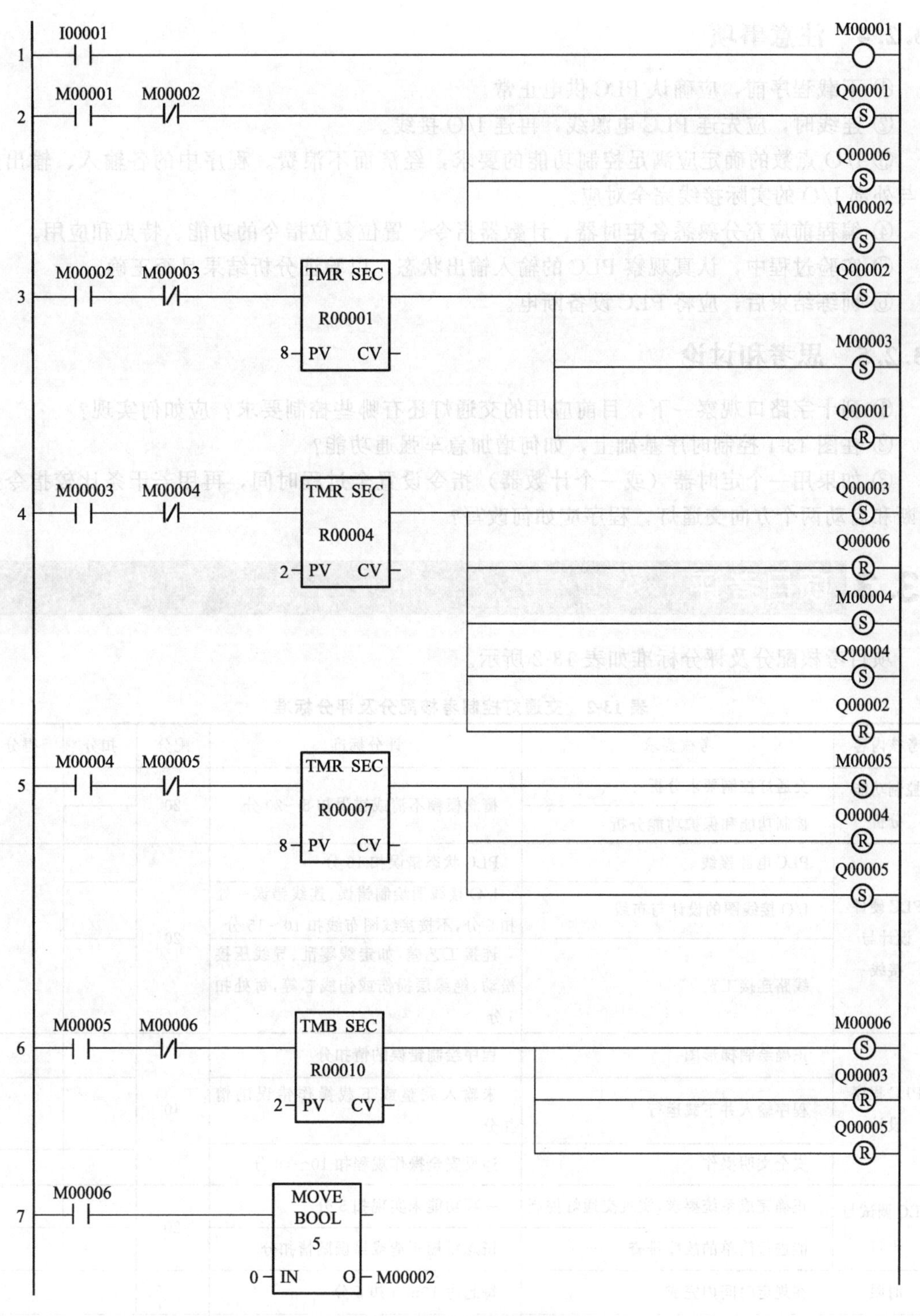

图 13-3 交通灯控制梯形图

④ 输入交通灯控制程序并下载到PLC。

⑤ 运行程序，根据控制功能要求操作相应输入设备，并观察I/O动作状态，是否实现了全部控制功能和保护功能。

⑥ 训练技术文件整理（I/O地址分配表、I/O接线图、程序清单及注释等）。

13.2.4 注意事项

① 下载程序前，应确认PLC供电正常。

② 连线时，应先连PLC电源线，再连I/O接线。

③ I/O点数的确定应满足控制功能的要求，经济而不浪费。程序中的各输入、输出点应与外部I/O的实际接线完全对应。

④ 编程前应充分熟悉各定时器、计数器指令、置位复位指令的功能、特点和应用。

⑤ 实验过程中，认真观察PLC的输入输出状态，以验证分析结果是否正确。

⑥ 训练结束后，应将PLC设备断电。

13.2.5 思考和讨论

① 到十字路口观察一下，目前应用的交通灯还有哪些控制要求？应如何实现？

② 在图13-1控制时序基础上，如何增加急车强通功能？

③ 如果用一个定时器（或一个计数器）指令设置全过程时间，再用若干条比较指令来判断和启动两个方向交通灯，程序应如何改写？

13.3 项目考评

项目考核配分及评分标准如表13-2所示。

表13-2 交通灯控制考核配分及评分标准

考核内容	考核要求	评分标准	配分	扣分	得分
控制功能分析	交通灯控制要求分析	概念模糊不清或错误扣5～20分	20		
	控制功能和保护功能分析				
PLC硬件设计与接线	PLC电源接线	PLC状态错误扣10分	20		
	I/O接线图的设计与布线	I/O接线图绘制错误、连线错误一处扣5分，不按接线图布线扣10～15分			
	线路连接工艺	连接工艺差，如走线零乱、导线压接松动、绝缘层损伤或伤线芯等，每处扣5分			
PLC程序设计	正确绘制梯形图	程序绘制错误酌情扣分	40		
	程序输入并下载运行	未输入完整或下载操作错误酌情扣分			
	安全文明操作	违反安全操作规程扣10～40分			
PLC调试与运行	正确完成系统要求，实现交通灯控制	一项功能未实现扣5分	20		
	能进行简单的故障排查	概念模糊不清或错误酌情扣分			
时限	在规定时间内完成	每超时10min扣5分			
合计			100		

*13.4 项目拓展

13.4.1 舞台艺术灯饰的控制

霓虹灯广告和舞台灯光控制都可以采用PLC进行控制，如灯光的闪耀、移位及时序的变化等。图13-4所示为一舞台艺术灯饰自动控制演示装置，它共有8道灯，上方为5道灯饰呈拱形，下方为3道呈阶梯形，现要求0～7号灯闪亮的时序如下。

① 7号灯一亮一灭交替进行。

② 3～6号灯管共4道灯由内到外依次点亮，再全亮，然后再重复上述过程，循环往复。

③ 2号、1号和0号阶梯由上到下，依次点亮，再全灭，然后重复上述过程，循环往复。

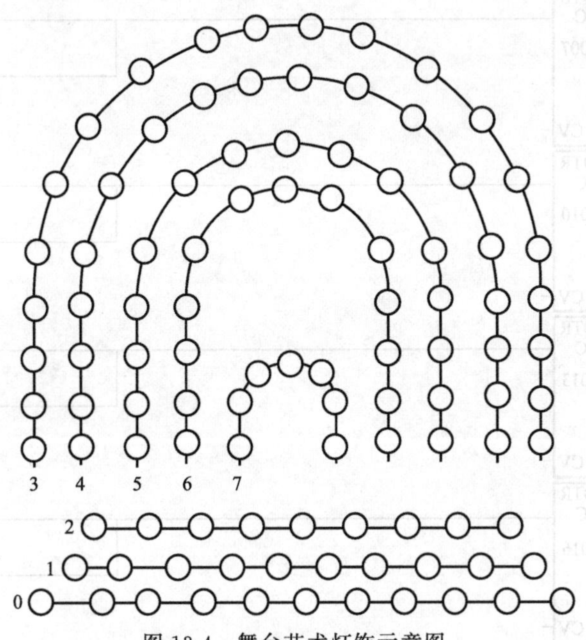

图13-4 舞台艺术灯饰示意图

输入/输出地址为：I1为启停控制信号，Q2～Q9分别控制7～0号灯管。I/O地址分配表如表13-3所示，I/O接线图自行设计，注意输出应分组连接。图13-5为舞台艺术灯饰控制参考梯形图。

表13-3 舞台艺术灯饰控制I/O接口地址分配表

输入		输出	
输入	功能说明	输出	功能说明
I1	启停控制按钮	Q2	7号灯管
		Q3	6号灯管
		Q4	5号灯管
		Q5	4号灯管
		Q6	3号灯管
		Q7	2号灯管
		Q8	1号灯管
		Q9	0号灯管

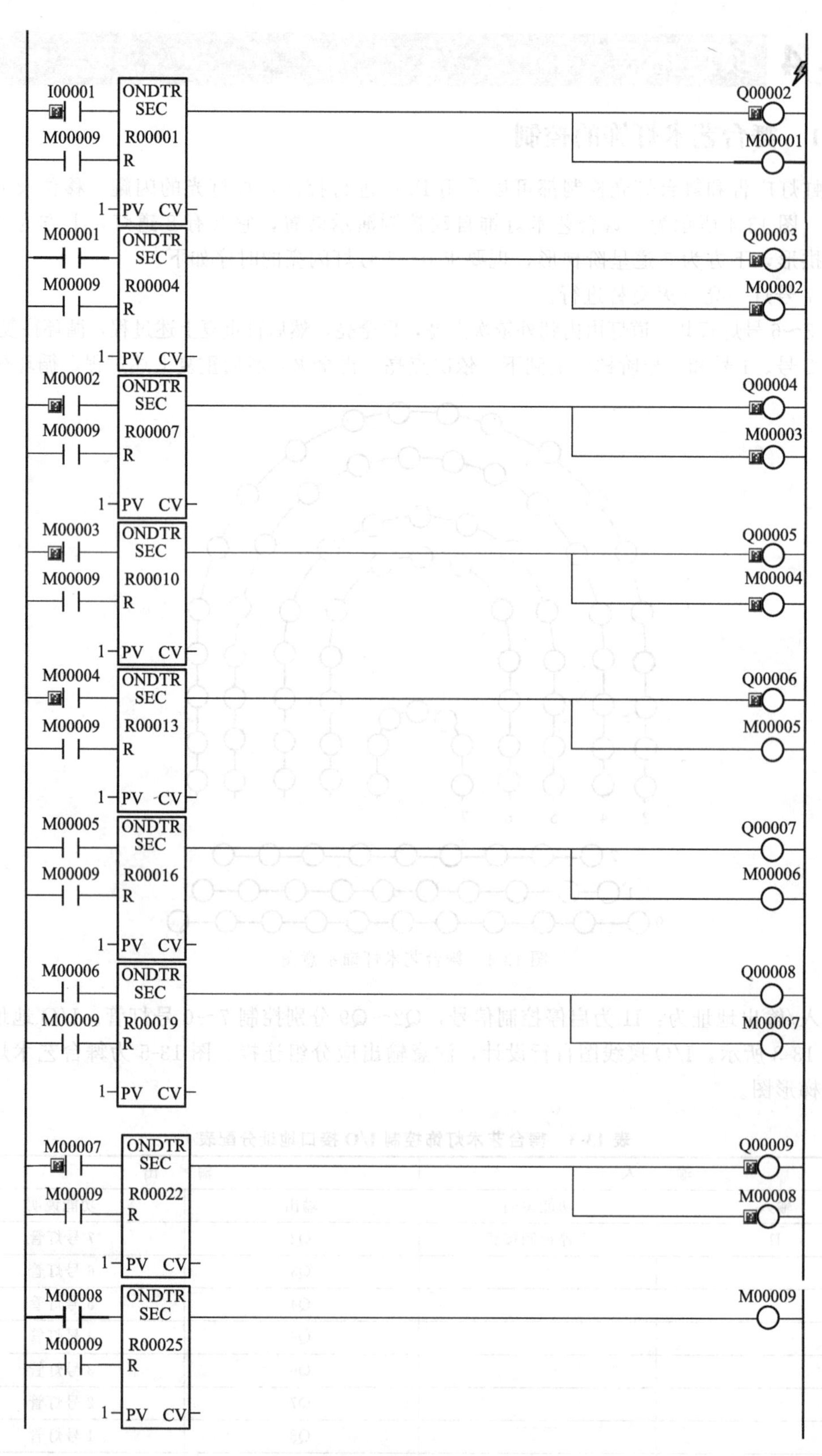

图 13-5 舞台艺术灯饰控制梯形图

13.4.2 急车强通交通灯控制

① 分析图13-6所示的交通灯控制时序图，明确I/O分配。用定时器或计数器指令设计出交通灯常规控制程序，并写出程序清单及注释。

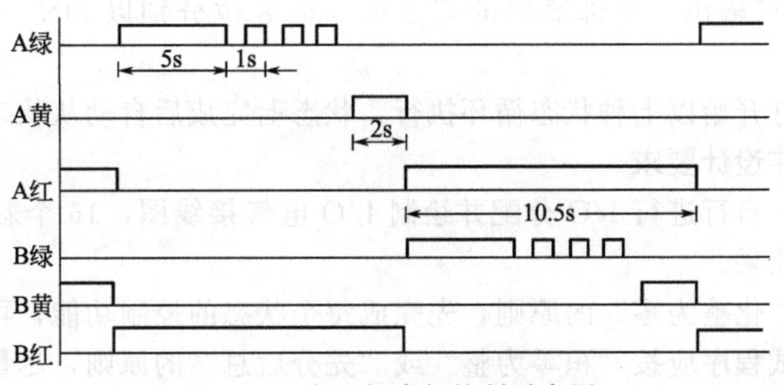

图13-6 交通灯常规控制时序图

② 常规控制改为可急车强通控制，急车强通控制时序如图13-7所示，具体要求如下：

- 无急车来时，与常规控制相同；有急车来时，发出强通信号，不论原来灯亮的状态如何，一律强制让来车方向的绿灯亮，使其放行，另一方向红灯亮，直到解除急车强通信号。
- 急车强通信号一旦为OFF，灯的状态应立即转为来车方向的绿灯闪3次，随后向下顺序运行。

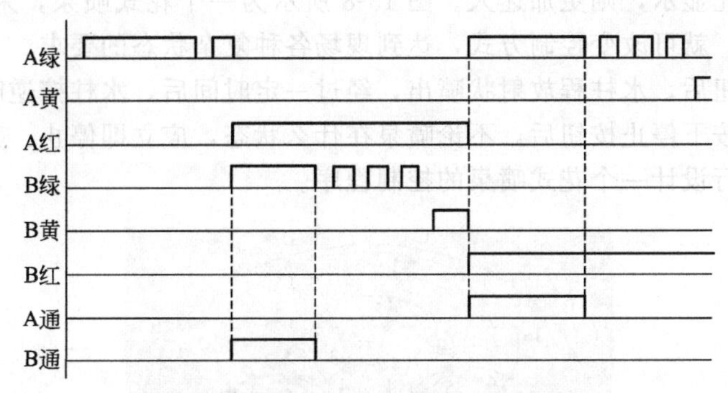

图13-7 交通灯可急车强通控制时序图

- 每次只能响应一个方向的急车，若两个方向先后有“急车强通”要求，则响应先来的一方，随后再响应另一方。

13.4.3 广告牌彩灯闪烁程序设计

(1) 控制功能要求

16个彩灯以七种状态循环执行，七种状态控制要求如下。

① 第一状态要求输出：全亮—全灭—全亮—全灭……2～3次。

② 第二状态要求输出：在全部输出ON的情况下，从最低位到最高位顺次OFF 2～3次。

③ 第三状态要求输出：在全部输出ON的情况下，从最高位到最低位顺次OFF 2～3次。

④ 第四状态要求输出：在全部输出OFF的情况下，从最低位到最高位以两位为一单元顺次ON 2～3次。

⑤ 第五状态要求输出：在全部输出 OFF 的情况下，从最高位到最低位以两位为一单元顺次 ON 2～3 次。

⑥ 第六状态要求输出：在全部输出 ON 的情况下，从最低位到最高位顺序 OFF 1 位，OFF 2 位，OFF 3 位，OFF 4 位，OFF 3 位，OFF 2 位，……直到全 OFF。

⑦ 第七状态要求输出：全部输出的高 8 位与低 8 位分别以 ON、OFF—OFF、ON—ON、OFF 2～3 次。

开机运行，彩灯开始以七种状态循环执行，状态七完成后自动从状态一重新开始循环。

(2) 硬件与软件设计要求

根据控制要求，自行进行 I/O 分配并绘制 I/O 电气接线图，16 个彩灯可任意排列布置以构建较好的显示效果。

编制程序应按“化整为零”的原则，先完成每个状态的控制功能，再完成七个状态的自动控制和循环。调试程序应按“积零为整”或“先分后总”的原则，尽量独立分析问题、解决问题。

13.5 思考题与习题

13-1 自行设计一个霓虹灯广告屏控制程序，霓虹灯的工作时序自定。

13-2 在许多广场、景区等场所，经常看到喷水池安装一定规律喷水或变化样式，在夜晚，配上彩色灯光显示，则更加迷人。图 13-8 所示为一个花式喷泉，采用 PLC 控制，通过改变时序，就可改变控制方式，达到现场各种复杂状态的要求。

按下开始按钮后，水柱程放射状喷出，经过一定时间后，水柱按逆时针方向旋转循环向外喷射。按下停止按钮后，不论喷泉在什么状态，应立即停止。其他工作要求自己拟定，并自行设计一个花式喷泉的控制程序。

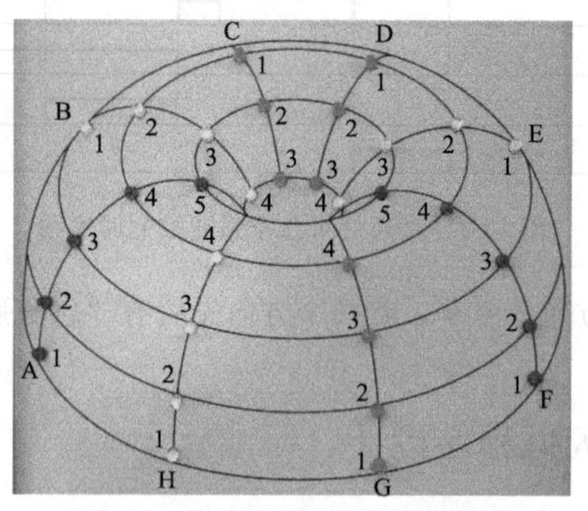

图 13-8 花式喷泉模拟装置示意图

项目14 抢答器控制

14.1 项目目标

① 熟练掌握继电器指令、数据移动指令、数据转换指令、子程序调用指令和计数器指令的特点、功能及应用。

② 熟练掌握 PLC 的编程方法、步骤和编程技巧。

③ 掌握程序调试的步骤和方法。

④ 具备构建实际 PLC 控制系统的能力。

14.2 知识准备

(1) 数码管工作原理

在一些应用系统中，往往需要显示数字量值，系统中要有数字显示功能，在这种情况下，用七（八）段发光二极管构成数字显示器非常合适（常称为 LED 数码管显示器）。

LED 显示器是由发光二极管显示字段的显示器件。通常使用的是八段 LED 显示块，见图 14-1(c)，这八段发光管分别称为 a、b、c、d、e、f、g 和 dp。通过八个发光段的不同组合，可以显示 0～9 和 A～F16 个数字字母，从而可以实现十六进制整数和小数的显示。

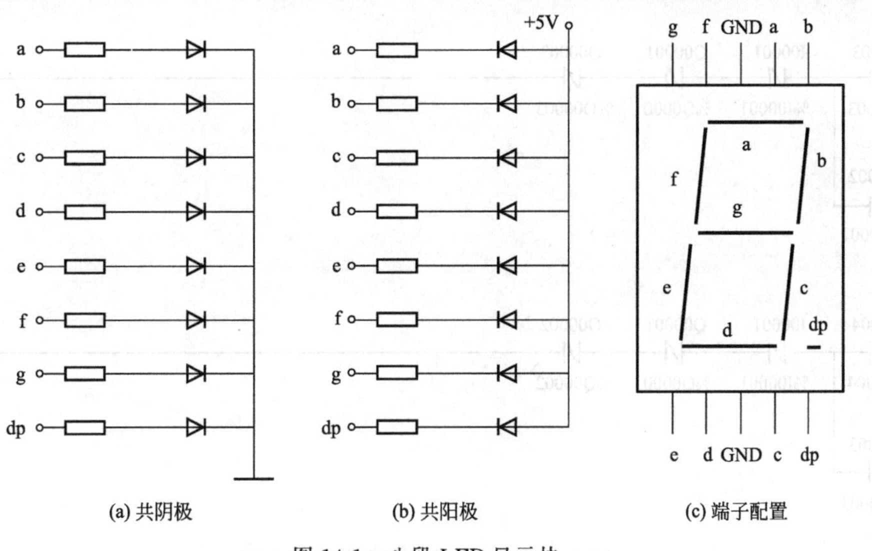

图 14-1　八段 LED 显示块

LED显示块可以分为共阴极和共阳极两种结构，如图14-1(a)、(b) 所示。如果所有的发光二极管的阴极接在一块，称为共阴极结构，则数码显示段输入高电平有效，当某段输入高电平该段便发光。比如：当段a、b、g、e、d输入高电平，而其他段输入低电平时，则显示数字“2”。

如果所有的发光二极管的阳极接在一块，称为共阳极结构，则数码显示段输入低电平有效，当某段接通低电平时该段便发光。比如：当段a、b、g、e、d接低电平，而其他段输入高电平时，则显示数字“2”。

因此要显示某字形就使此字形的相应段的二极管点亮，实际上就是送一个用不同电平组合代表的数据字来控制LED的显示。在八段LED与PLC接口时，将PLC的8个输出点与显示块的八个段对应相连，8个输出点输出不同的段字节数据，便可以驱动LED显示块的不同段发光，从而显示不同的数字。

(2) 控制优先原理

抢答器的功能就是要解决两个问题，一是答，二是抢。

① 答：即如果该组按下相应的按键，对应的指示灯亮并保持，该功能与前面项目2中典型的启-保-停控制程序是完全一致的，可以用输出指令、保持指令、置位复位指令实现。

② 抢：抢答器控制系统的特点就是其随机性，很可能几个组都想回答问题，都按下了本组的按键，但按键的触点动作一定是有先有后的，此时就要体现“优先”的功能，哪组的按键最先动作，则该组的指示灯亮，其他组即使按下按键，其对应的指示灯也不再点亮，也就是说，只要有一组先抢答成功，本次抢答状态就锁定不再变化。我们只要能够实现优先的功能即可以实现优先抢答器的功能了。

这种控制优先的控制功能在工业控制中也很常见。

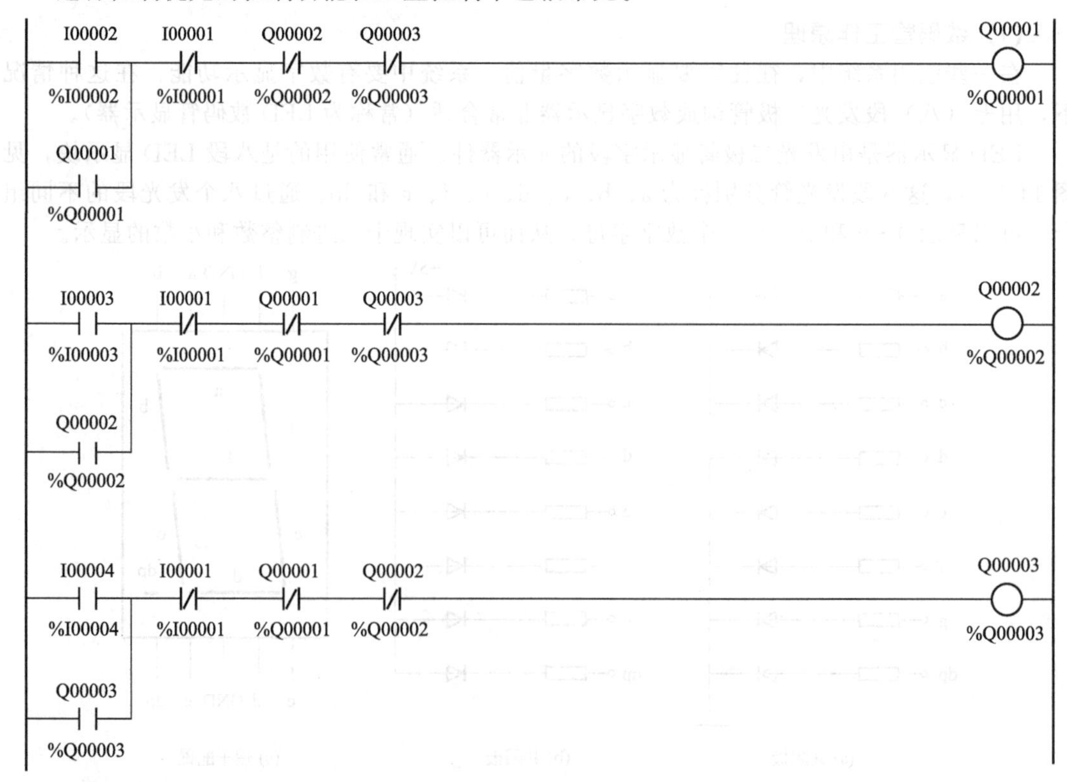

图14-2 三组优先抢答器控制梯形图

(3) 优先抢答功能的实现

依据项目2、项目3训练的连续控制和互锁控制来完成优先抢答的控制功能。在优先抢答器控制中的优先级是同等的，即每个组的优先级都是相同的，所以只要把各组的指示灯都进行互锁即可，具体控制程序如图14-2所示。图中只给出了三组指示灯的控制程序，如果是四组、五组……八组优先控制应如何设计呢？

14.3 项目训练——抢答器控制程序设计

14.3.1 训练目的

① 用PLC构成抢答器控制系统，通过抢答器程序设计，掌握八段码显示器的工作原理。

② 掌握程序调试的步骤和方法。

③ 具备构建实际PLC控制系统的能力。

14.3.2 训练器材

① PLC训练装置：1套

② 与PLC相连的上位机：1台

③ 抢答器模块：1块

④ 导线：若干

14.3.3 训练内容及操作步骤

(1) 控制要求分析。

用继电器指令实现四组抢答器功能。任一组抢答器先按下按键后，显示器能及时显示该组的编号并使蜂鸣器发出响声，同时锁住该抢答器，使其他组按键无效，抢答器有复位开关，复位后可重新抢答。

(2) I/O分配与接线图。

根据控制要求分析确定输入/输出设备，将I/O地址分配填入表14-1。

表14-1 四组抢答器控制I/O地址分配表

输入			输出		
I/O名称	I/O地址	功能说明	I/O名称	I/O地址	功能说明
I1	%I00001	1组按键SB1	Q1	%Q00001	数码管a段
I2	%I00002	2组按键SB2	Q2	%Q00002	数码管b段
I3	%I00003	3组按键SB3	Q3	%Q00003	数码管c段
I4	%I00004	4组按键SB4	Q4	%Q00004	数码管d段
I5	%I00005	复位开关SB5	Q5	%Q00005	数码管e段
			Q6	%Q00006	数码管f段
			Q7	%Q00007	数码管g段
			Q8	%Q00008	声音提示HA

绘制抢答器控制PLC的I/O接线如图14-3所示。

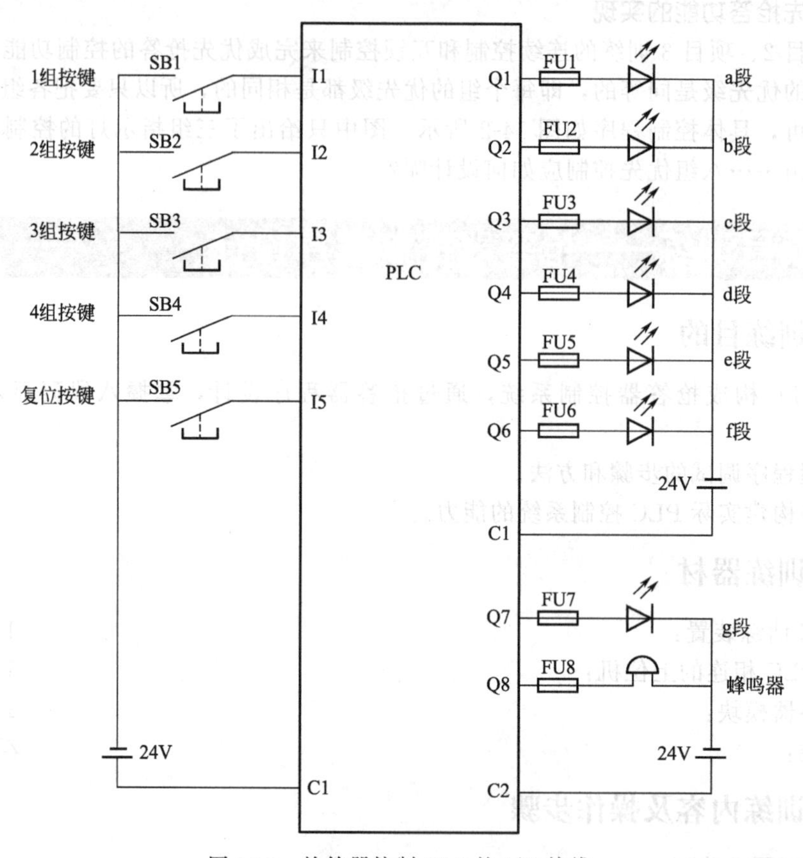

图 14-3　抢答器控制 PLC 的 I/O 接线

③ 用继电器指令编写满足控制要求的抢答器控制程序，参考程序梯形图如图 14-4 所示。

④ 输入抢答器控制程序并下载到 PLC。

⑤ 运行程序，根据控制功能要求操作相应输入设备，并观察 I/O 动作状态，是否实现了全部控制功能和保护功能。

⑥ 训练技术文件整理（I/O 地址分配表、I/O 接线图、程序清单及注释等）。

14.3.4　注意事项

① 下载程序前，应确认 PLC 供电正常。

② 连线时，应先连 PLC 电源线，再连 I/O 接线。

③ 程序中的各输入、输出点应与外部 I/O 的实际接线完全对应，否则会显示错误。

④ 各抢答按键应选用自复式按键。

⑤ 按过复位开关后，应使数码管全暗。

⑥ 实验过程中，认真观察 PLC 的输入输出状态，以验证分析结果是否正确。

⑦ 训练结束后，应将 PLC 设备断电。

14.3.5　思考和讨论

① 根据四组抢答器程序怎样设计五组抢答器程序？

② 用其他指令能实现抢答器控制功能吗？

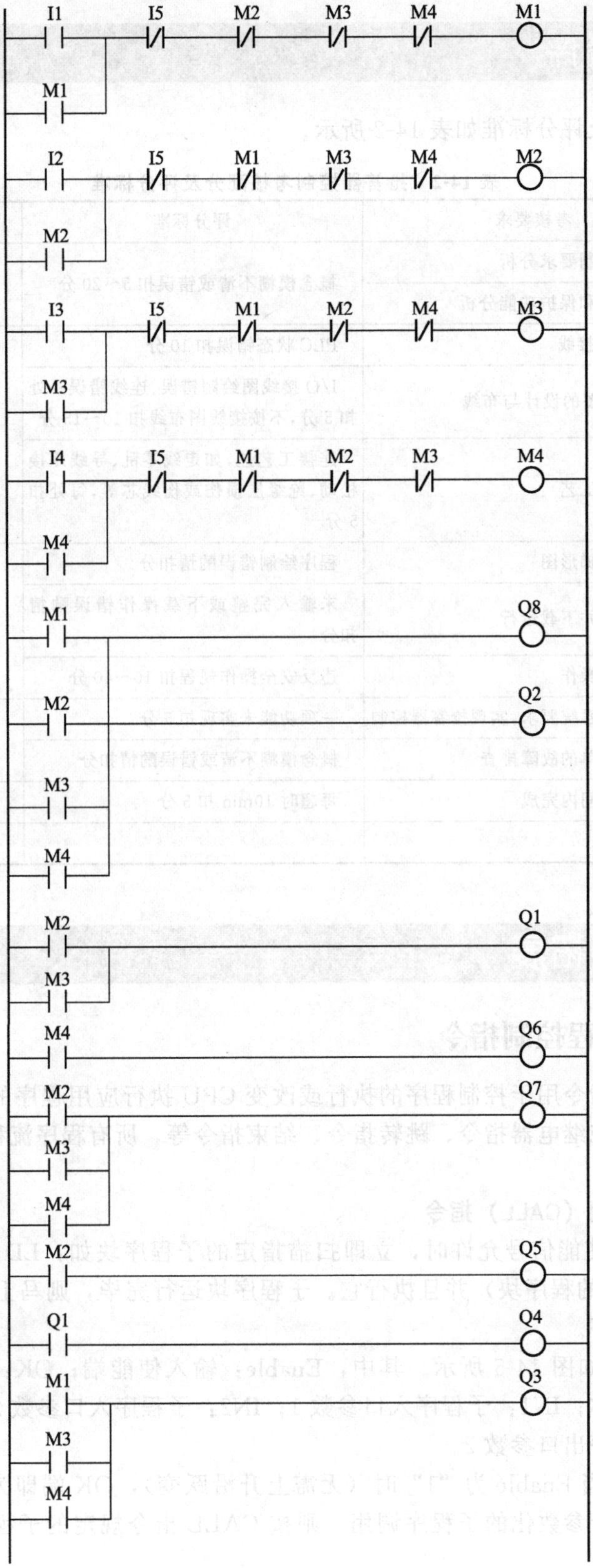

图 14-4　用继电器指令实现的抢答器梯形图

14.4 项目考评

项目考核配分及评分标准如表14-2所示。

表14-2 抢答器控制考核配分及评分标准

考核内容	考核要求	评分标准	配分	扣分	得分
控制功能分析	抢答器控制要求分析	概念模糊不清或错误扣5～20分	20		
	控制功能和保护功能分析				
PLC硬件设计与接线	PLC电源接线	PLC状态错误扣10分	20		
	I/O接线图的设计与布线	I/O接线图绘制错误、连线错误一处扣5分，不按接线图布线扣10～15分			
	线路连接工艺	连接工艺差，如走线零乱、导线压接松动、绝缘层损伤或伤线芯等，每处扣5分			
PLC程序设计	正确绘制梯形图	程序绘制错误酌情扣分	40		
	程序输入并下载运行	未输入完整或下载操作错误酌情扣分			
	安全文明操作	违反安全操作规程扣10～40分			
PLC调试与运行	正确完成系统要求，实现抢答器控制	一项功能未实现扣5分	20		
	能进行简单的故障排查	概念模糊不清或错误酌情扣分			
时限	在规定时间内完成	每超时10min扣5分			
合计			100		

*14.5 项目拓展

14.5.1 程序流程控制指令

程序流程控制指令用于控制程序的执行或改变CPU执行应用程序的路径。主要包括子程序调用指令、主控继电器指令、跳转指令、结束指令等，所有程序流程控制指令详见附录C表C-10。

（1）子程序调用（CALL）指令

当CALL指令使能信号允许时，立即扫描指定的子程序块如：LD块，C块，或IL块（不论是否是参数化的程序块）并且执行它。子程序块运行完毕，则马上转到CALL后面的指令继续执行主程序。

① 指令格式，如图14-5所示。其中，Enable：输入使能端；OK：输出使能端；????：被调用程序块的名称；IN1：子程序入口参数1；IN2：子程序入口参数2；Q1：子程序出口参数1；Q2：子程序出口参数2。

② 指令功能：当Enable为“1”时（无需上升沿跃变），OK端即为“1”，CALL执行指定的子程序。对于参数化的子程序调用，则按CALL指令规定的子程序入口参数和出口参数执行。

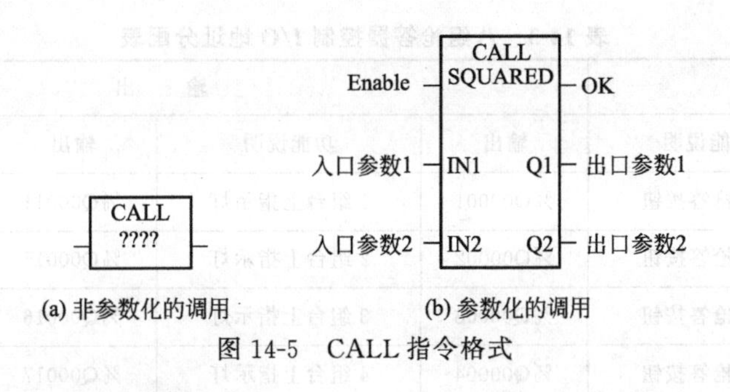

图 14-5 CALL 指令格式

(2) 子程序调用指令注意事项

CALL 指令可用在任何一个 LD 块，包括 _ MAIN 块或参数化的块中；CALL 指令不能调用 _ MAIN 块或 C 程序；在运行 CALL 指令前，要访问的块必须存在。若在向参数化块设置参数前就建立 CALL 要访问的参数化的块，这样将不会有足够的空间给要指定的参数，因此需要在 CALL 的一侧或两侧插入空白区来为参数留足空间。

每个程序块可有 64 个子程序，最多可有 8 级子程序嵌套。

14.5.2 多功能抢答器控制

目前市场上已有的各种各样的智力竞赛抢答器绝大多数采用早期的设计方案，只具有抢答锁定功能，是模拟电路、数字电路或者模拟电路与数字电路相结合的产品。

现在的抢答器具有倒计时、定时、自动（或手动）复位、报警（即声响提示、有的以音乐的方式来体现)、屏幕显示、按键发光等多种功能。但相对来说，电路的功能越多，结构越复杂，且成本偏高，故障率高，显示方式又比较简单（有的甚至没有显示部分)，无法判断提前抢按按键的行为，不便于电路升级换代。

本项目利用 PLC 强大的逻辑处理能力，设计 8 路抢答器，同时使抢答器具有数码显示、声光报警、时间设定等功能，使竞赛真正达到公正、公平、公开。

(1) 控制要求分析

① 抢答器同时供 8 组比赛使用，分别用 8 个按键 SB1～SB8 表示。

② 设置一个系统清除和抢答器控制开关 SA，由主持人控制。

③ 抢答器具有锁存与显示功能，即选手按下按键，锁存相应的编号，并在 LED 数码管上显示，同时蜂鸣器发出报警提示。选手抢答实行优先锁存，优先抢答选手的编号一直保持到主持人将系统中的数据清除为止。

④ 抢答器具有定时抢答功能，且每次抢答的时间由主持人设定（如 30s)。当主持人启动“开始”按键后，定时器进行倒计时，同时扬声器发出短暂的断续的声响（通 0.5s，断 0.5s)。

⑤ 选手在设定的时间内进行抢答，抢答有效，定时器停止工作，显示器上显示选手的编号和抢答的时间，并保持到主持人将系统中的数据清除为止。

⑥ 如果定时时间已到，仍无人抢答，本次抢答无效，系统报警（长音 3s）并禁止抢答，定时显示器上显示 00。

(2) 硬件设计

抢答器控制系统的设计需要使用 24V 直流电源，VersaMax Micro 64 型 PLC 一台，外接抢答按键 8 个，复位按键 1 个，指示灯 8 个，蜂鸣器 1 个，数码管 2 个。若无外接电路，可使用触摸屏代替输入输出设备。I/O 分配如表 14-3 所示。

表 14-3 八组抢答器控制 I/O 地址分配表

输入		输出			
输入	功能说明	输出	功能说明	输出	功能说明
%I00081	1 组抢答按钮	%Q00001	1 组台上指示灯	%Q00014	个位数数码管 d 段
%I00082	2 组抢答按钮	%Q00002	2 组台上指示灯	%Q00015	个位数数码管 e 段
%I00083	3 组抢答按钮	%Q00003	3 组台上指示灯	%Q00016	个位数数码管 f 段
%I00084	4 组抢答按钮	%Q00004	4 组台上指示灯	%Q00017	个位数数码管 g 段
%I00085	5 组抢答按钮	%Q00005	5 组台上指示灯	%Q00021	十位数数码管 a 段
%I00086	6 组抢答按钮	%Q00006	6 组台上指示灯	%Q00022	十位数数码管 b 段
%I00087	7 组抢答按钮	%Q00007	7 组台上指示灯	%Q00023	十位数数码管 c 段
%I00088	8 组抢答按钮	%Q00008	8 组台上指示灯	%Q00024	十位数数码管 d 段
%I00089	主持人复位按钮	%Q00009	蜂鸣器	%Q00025	十位数数码管 e 段
		%Q00011	个位数数码管 a 段	%Q00026	十位数数码管 f 段
		%Q00012	个位数数码管 b 段	%Q00027	十位数数码管 g 段
		%Q00013	个位数数码管 c 段		

(3) 软件设计

程序设计主要分三部分：抢答部分、七段数码显示部分、倒计时部分。抢答部分主要以自锁、互锁控制为主实现抢答优先控制功能。七段数码显示部分需进行编码，实现 0～9 的数字显示功能。由于涉及两个数码管的同时显示，所以设计了一个带参数的子程序来完成本功能。数码显示功能在子程序内部实现，而通过两次调用子程序，在子程序参数输入端分别连接计数器经过值（经过 INT 到 BCD 码的变换）的高 4 位和低 4 位，在子程序参数输出端分别控制数码管显示十位和个位数字。

数码管编码如表 14-4 所示。

表 14-4 数码管编码表

整型数	BCD 码	中间继电器	a	b	c	d	e	f	g
0	0000	M00010	1	1	1	1	1	1	0
1	0001	M00011	0	1	1	0	0	0	0
2	0010	M00012	1	1	0	1	1	0	1
3	0011	M00013	1	1	1	1	0	0	1
4	0100	M00014	0	1	1	0	0	1	1
5	0101	M00015	1	0	1	1	0	1	1
6	0110	M00016	1	0	1	1	1	1	1
7	0111	M00017	1	1	1	0	0	0	0
8	1000	M00018	1	1	1	1	1	1	1
9	1001	M00019	1	1	1	1	0	1	1

数码管显示子程序（LDBK1）如图 14-6 所示。

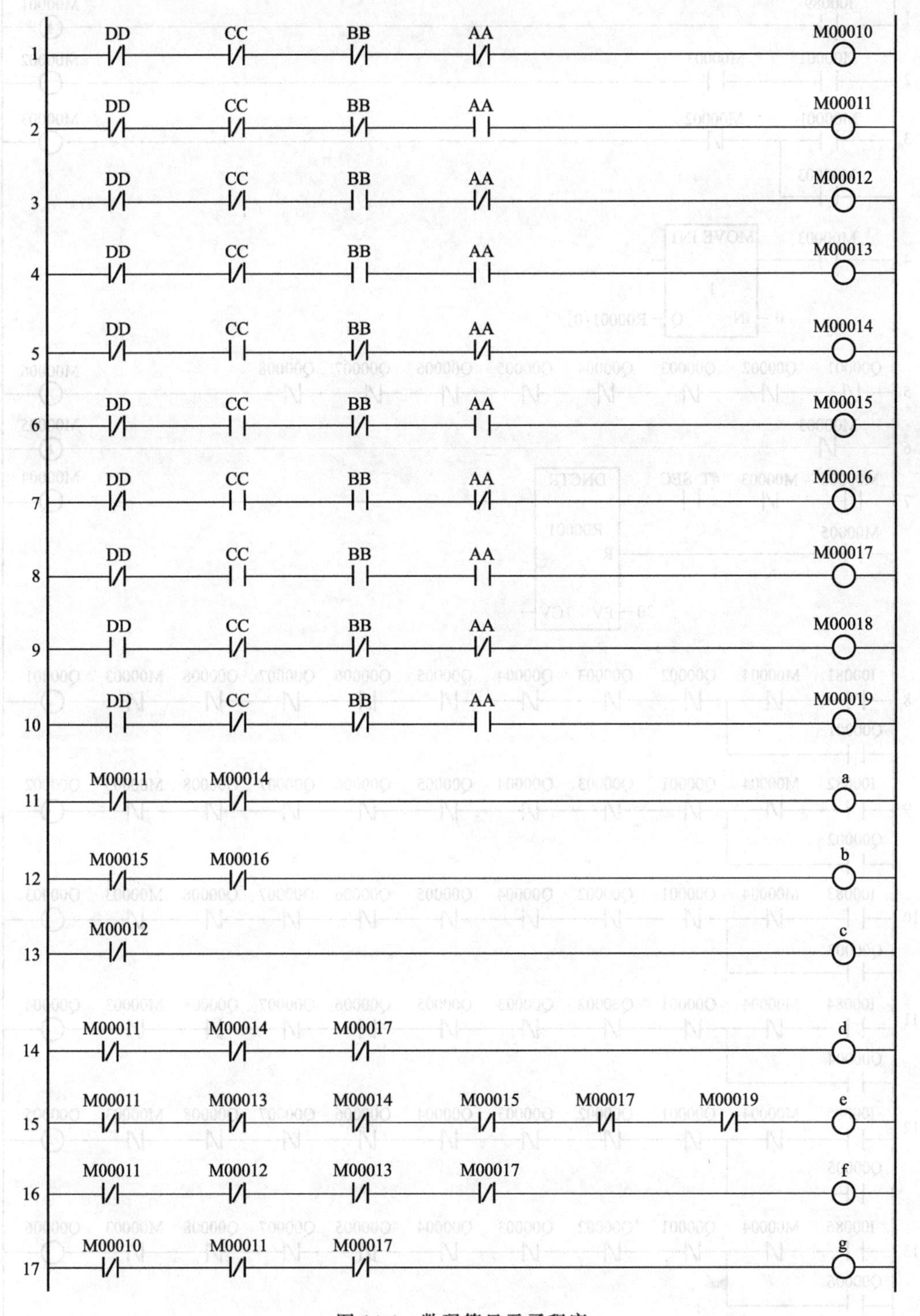

图 14-6　数码管显示子程序

倒计时部分主要通过计数器完成，每次主持人按下复位按钮将实现计数器的复位，将预置值置为 30，通过＃T _ SEC 指令完成 1s 的脉冲输入，从而实现倒计时 30s。

抢答器控制主程序如图 14-7 所示。

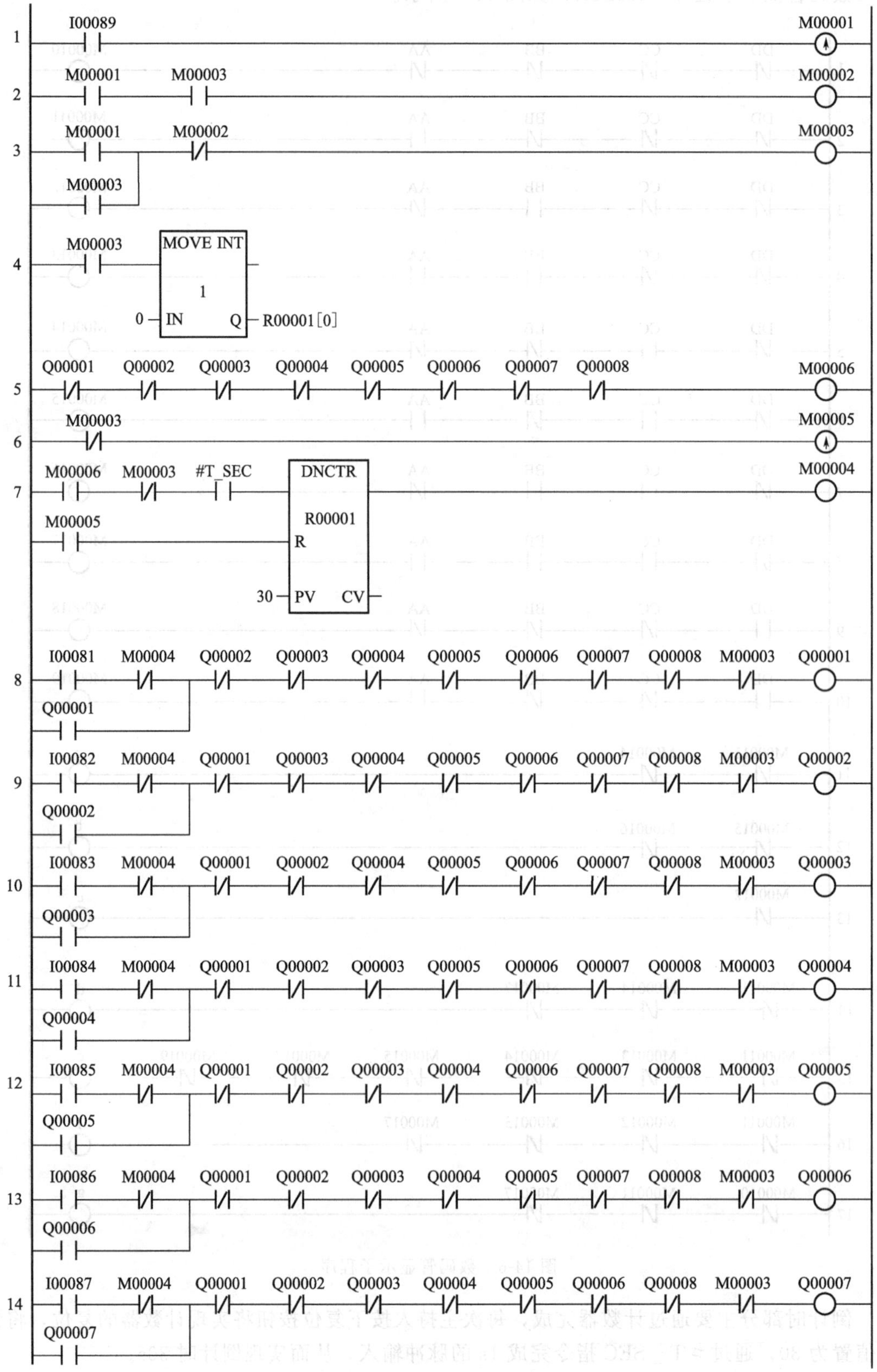

1 I00089 M00001

2 M00001 M00003 M00002

3 M00001 M00002 M00003
M00003

4 M00003 MOVE INT
1
0 IN Q R00001[0]

5 Q00001 Q00002 Q00003 Q00004 Q00005 Q00006 Q00007 Q00008 M00006

6 M00003 M00005

7 M00006 M00003 #T_SEC DNCTR M00004
M00005 R00001
R
30 PV CV

8 I00081 M00004 Q00002 Q00003 Q00004 Q00005 Q00006 Q00007 Q00008 M00003 Q00001
Q00001

9 I00082 M00004 Q00001 Q00003 Q00004 Q00005 Q00006 Q00007 Q00008 M00003 Q00002
Q00002

10 I00083 M00004 Q00001 Q00002 Q00004 Q00005 Q00006 Q00007 Q00008 M00003 Q00003
Q00003

11 I00084 M00004 Q00001 Q00002 Q00003 Q00005 Q00006 Q00007 Q00008 M00003 Q00004
Q00004

12 I00085 M00004 Q00001 Q00002 Q00003 Q00004 Q00006 Q00007 Q00008 M00003 Q00005
Q00005

13 I00086 M00004 Q00001 Q00002 Q00003 Q00004 Q00005 Q00007 Q00008 M00003 Q00006
Q00006

14 I00087 M00004 Q00001 Q00002 Q00003 Q00004 Q00005 Q00006 Q00008 M00003 Q00007
Q00007

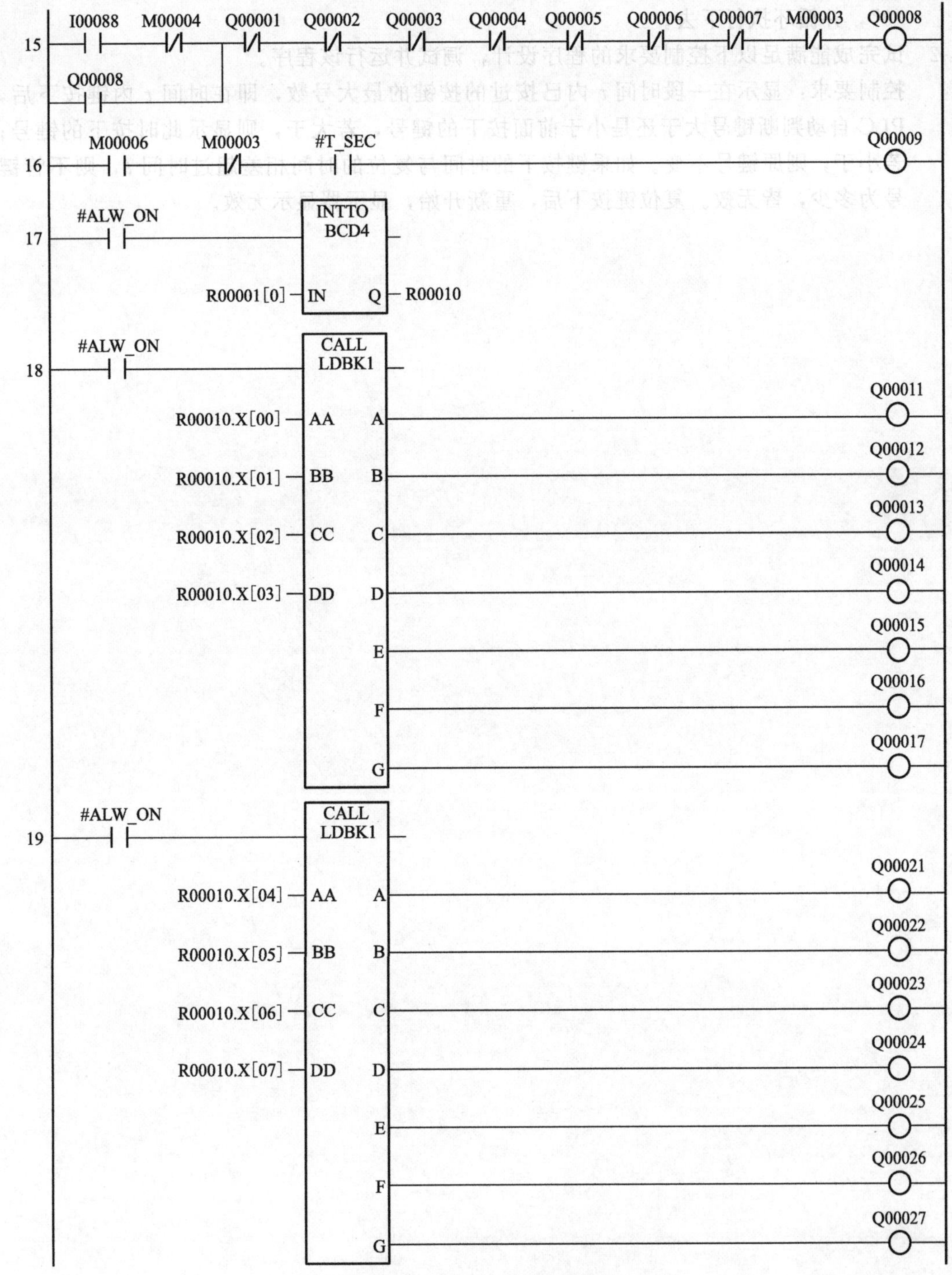

图 14-7　抢答器控制主程序

14.6 思考题与习题

14-1　编程实现 0～9 数字循环显示程序。

控制要求：使一个数码管以秒速度依次显示“0”、“1”…“9”、“9”、“8”…“1”、

"0"，并循环执行下去。

14-2 试完成能满足以下控制要求的程序设计，调试并运行该程序。

控制要求：显示在一段时间 t 内已按过的按键的最大号数，即在时间 t 内键按下后，PLC 自动判断键号大于还是小于前面按下的键号，若大于，则显示此时按下的键号；若小于，则原键号不变。如果键按下的时间与复位的时间相差超过时间 t，则不管键号为多少，皆无效。复位键按下后，重新开始，显示器显示无效。

*项目 15

LED数字电子钟的控制

15.1 项目目标

① 熟练掌握移位指令、数据移动指令和定时器指令的特点、功能及应用。
② 熟练掌握用 PLC 控制 LED 数码管和点阵的方法、步骤和编程技巧。
③ 掌握用 PLC 译码方式实现数码显示控制的步骤和方法。
④ 具备构建实际 PLC 控制系统的能力。

15.2 知识准备

LED 数字电子钟示意图如图 15-1 所示。LED 数字显示时钟可显示秒、分钟和小时，秒用发光二极管的闪烁来表示，即发光二极管每 1 秒闪烁一次，亮 0.5 秒，灭 0.5 秒。分钟（00～59）和小时（00～23）用 LED 数码管显示。分钟和小时的计数功能可采用移位指令实现。

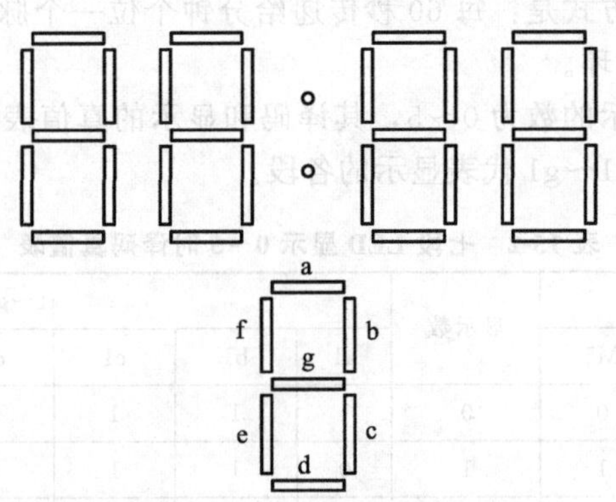

图 15-1　LED 数字电子钟示意图

对于分钟个位 0～9 的计数，其译码和显示的真值表如表 15-1 所示，M0～M4 代表移位寄存器的 5 位，a0～g0 代表显示的各段。

表 15-1　七段 LED 显示 0～9 时译码真值表

移位脉冲	M4～M0					显示数	a0～g0 七段						
	M4	M3	M2	M1	M0		a0	b0	c0	d0	e0	f0	g0
0	0	0	0	0	0	0	1	1	1	1	1	1	0
1	0	0	0	0	1	1	0	1	1	0	0	0	0

续表

移位脉冲	M4～M0					显示数	a0～g0 七段						
	M4	M3	M2	M1	M0		a0	b0	c0	d0	e0	f0	g0
2	0	0	0	1	1	2	1	1	0	1	1	0	1
3	0	0	1	1	1	3	1	1	1	1	0	0	1
4	0	1	1	1	1	4	0	1	1	0	0	1	1
5	1	1	1	1	1	5	1	0	1	1	0	1	1
6	1	1	1	1	0	6	1	0	1	1	1	1	1
7	1	1	1	0	0	7	1	1	1	0	0	0	0
8	1	1	0	0	0	8	1	1	1	1	1	1	1
9	1	0	0	0	0	9	1	1	1	1	0	1	1

a0～g0 各段的逻辑译码关系分别如下：

a0 段：$a0=(\overline{M0}+M1)\cdot(M4+\overline{M3})\cdot(M1+\overline{M0})$

b0 段：$b0=(\overline{M0}+\overline{M4})\cdot(\overline{M1}+M0)$

c0 段：$c0=M2+\overline{M1}$

d0 段：$d0=(M1+\overline{M0})\cdot(M4+\overline{M3})\cdot(\overline{M2}+M1)$

e0 段：$e0=\overline{M4}M0+\overline{M2}M1+M1\ \overline{M0}+M3\ \overline{M2}$

f0 段：$f0=\overline{M4}\ \overline{M0}+M3M1+M4\ \overline{M2}$

g0 段：$g0=M1+M4\ \overline{M2}$

显示器 a0～g0 七段分别用 PLC 输出端 Q25～Q31 控制，即可显示 0～9 数字。

秒向分钟个位的进位方式是：每 60 秒传递给分钟个位一个脉冲，分钟个位接收到此脉冲即移位，实现 0～9 的循环。

对于分钟十位，其显示的数为 0～5，其译码和显示的真值表如表 15-2 所示，M5～M7 代表移位寄存器的 3 位，a1～g1 代表显示的各段。

表 15-2　七段 LED 显示 0～5 时译码真值表

移位脉冲	M5～M7			显示数	a1～g1 七段						
	M7	M6	M5		a1	b1	c1	d1	e1	f1	g1
0	0	0	0	0	1	1	1	1	1	1	0
1	0	0	1	1	0	1	1	0	0	0	0
2	0	1	1	2	1	1	0	1	1	0	1
3	1	1	1	3	1	1	1	1	0	0	1
4	1	1	0	4	0	1	1	0	0	1	1
5	1	0	0	5	1	0	1	1	0	1	1

通过简化，我们可以得到下面的逻辑表达式：

a1 段：$a1=\overline{M7}\ \overline{M5}+M5M6+M7\ \overline{M6}$

b1 段：$b1=\overline{M7}+M6$

c1 段：$c1=M7+\overline{M6}$

d1 段：$d1=(M6+\overline{M5})+(\overline{M6}+M5)$

e1 段：$e1=\overline{M7}M6+\overline{M7}\ \overline{M5}$

f1 段：$f1=\overline{M5}$

g1 段：$g1=M7+M6$

显示器 a1～g1 七段分别用 PLC 输出端 Q18～Q24 来控制。

分钟个位向十位进位的方式为：当分钟个位到达 9 时，再过 60 秒传递给分钟十位一个脉冲，分钟十位接收到此脉冲即移位，实现 0～5 的循环。

对于小时个位显示，其显示的数字仍为 0～9，因此其译码与显示的真值表和逻辑关系与分个位相同。用 M8～M12 代表移位寄存器的 5 位，a2～g2 代表显示的各段。

显示器 a2～g2 七段分别用 PLC 输出端 Q9～Q15 来控制。

小时个位的进位方式为：当分钟到达 59 时，再过 60 秒传递给小时个位一个脉冲，小时个位接收到此脉冲即移位，实现 0～9 的循环。

对于小时十位显示，其显示的数字为 0～2，其译码和显示的真值表如表 15-3 所示。

表 15-3　七段 LED 显示 0～2 时译码真值表

移位脉冲	M13～M14		显示数	a3～g3 七段						
	M14	M13		a	b	c	d	e	f	g
0	0	0	0	1	1	1	1	1	1	0
1	0	1	1	0	1	1	0	0	0	0
2	1	0	2	1	1	0	1	1	0	1

通过简化，我们可以得到下面的逻辑表达式：

a3 段：$a3=\overline{M13}+M14$

b3 段：$b3=\overline{M13}+\overline{M14}$

c3 段：$c3=\overline{M14}+M13$

d3 段：$d3=\overline{M13}$

e3 段：$e3=\overline{M13}$

f3 段：$f3=\overline{M14}+\overline{M13}$

g3 段：$g3=M14$

显示器 a3～g3 七段分别用 PLC 输出端 Q2～Q8 来控制。

小时个位向小时十位进位的方式为：当小时个位到达 9 并且分钟为 59 时，再过 60 秒传递给小时十位一个脉冲，小时十位接收到此脉冲即移位，实现 0～2 的循环。

由于时钟显示范围为 00:00～23:59，因此当到达 23:59 时，再过 60 秒将小时和分钟各位复位到 0。

初始时间的设定可以是任意的，其值的变化可以通过对移位寄存器的 M0～M14 设置初值来实现。

15.3　项目训练——数字电子钟控制程序设计

15.3.1　训练目的

① 用 PLC 构成数字电子钟控制系统，通过数字电子钟程序设计，熟练掌握数码管显示

器的工作原理。

② 掌握用 PLC 译码方式实现数码显示控制的步骤和方法。

③ 具备构建实际 PLC 控制系统的能力。

15.3.2 训练器材

① PLC 训练装置： 1套

② 与 PLC 相连的上位机： 1台

③ 显示器模块： 1块

④ 导线： 若干

15.3.3 训练内容及操作步骤

① 控制要求分析。用两个 LED 数码管显示小时（00～23），再用两个 LED 数码管显示分钟（00～59），另外用一个发光二极管的闪烁来表示秒。可任意设定初始时间。

② I/O 分配与接线图。根据控制要求分析，确定输入/输出设备，并将 I/O 地址分配填入表 15-4。

表 15-4 数字电子钟控制 I/O 地址分配表

输入			输出		
I/O 名称	I/O 地址	功能说明	I/O 名称	I/O 地址	功能说明
I81	%I00081	启停控制开关 SA1	Q25～Q31	%Q00025～%Q00031	数码管 0 的 a0～g0，分钟个位
			Q18～Q24	%Q00018～%Q00024	数码管 1 的 a1～g1，分钟十位
			Q9～Q15	%Q00009～%Q00015	数码管 2 的 a2～g2，小时个位
			Q2～Q8	%Q00002～%Q00008	数码管 3 的 a3～g3，小时十位
			Q17	%Q00017	发光二极管，秒

数字电子钟控制 PLC 的 I/O 接线依 PLC 型号不同，其 I/O 接线方法也略有不同，特别应该注意的是输出点分组的不同，可自行绘制 I/O 接线图。

③ 编写满足控制要求的 LED 数字显示电子钟控制程序，参考程序如图 15-2 所示。

④ 输入 LED 数字显示电子钟控制程序并下载到 PLC。

⑤ 运行程序，根据控制功能要求操作相应输入设备，并观察 I/O 动作状态，是否实现了全部控制功能和保护功能。运行程序时，任意设定初始时间，观察时钟运行是否正常。

⑥ 训练技术文件整理（I/O 地址分配表、I/O 接线图、程序清单及注释等）。

15.3.4 注意事项

① 下载程序前，应确认 PLC 供电正常。

② 连线时，应先连 PLC 电源线，再连 I/O 接线。

③ 程序中的各输出点应与数码管对应端子接线完全对应，否则会显示错误。

④ 实验过程中，认真观察 PLC 的输入输出状态，以验证分析结果是否正确。

⑤ 训练结束后，应将 PLC 设备断电。

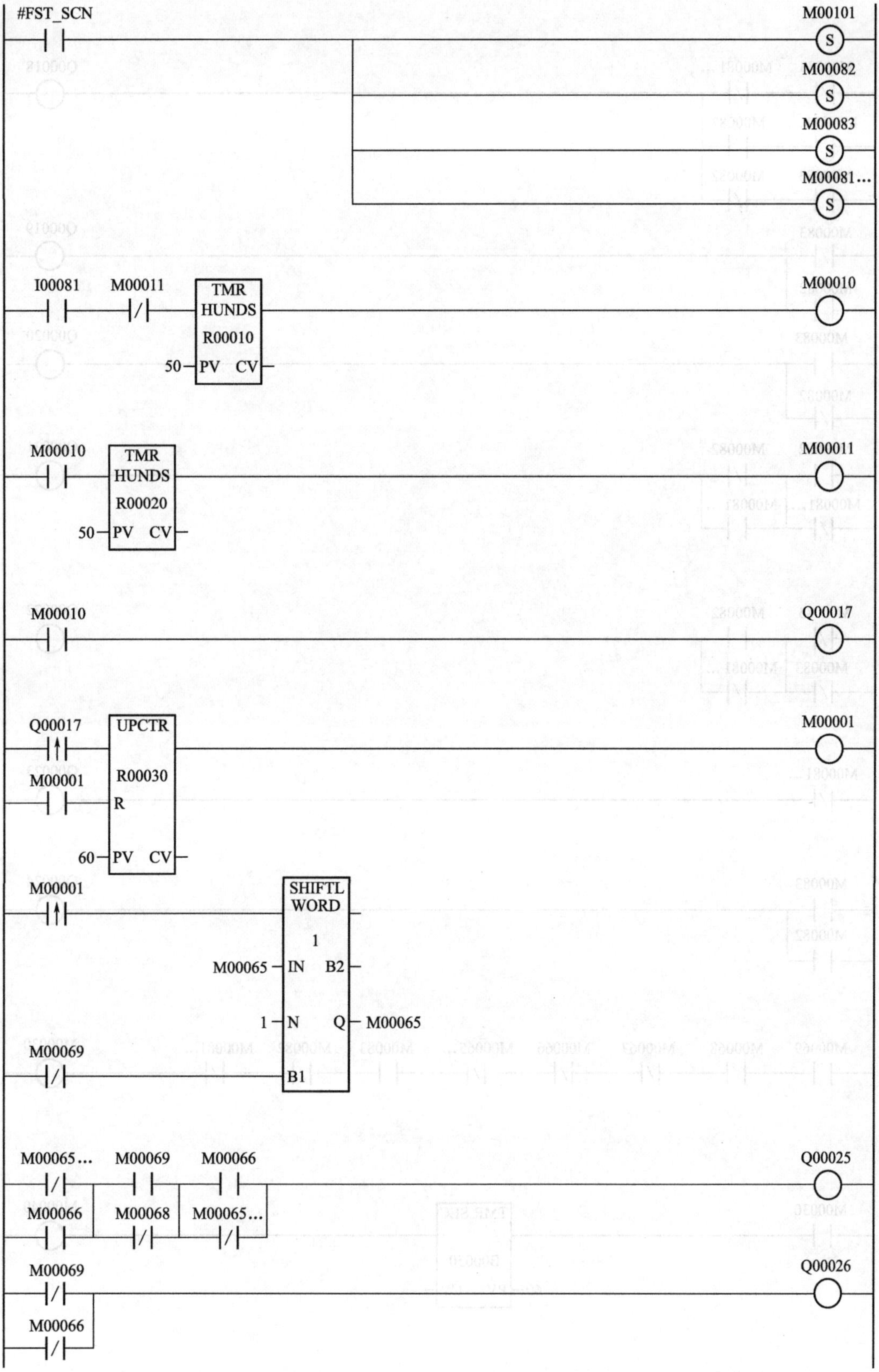

#FST_SCN
M00101
M00082
M00083
M00081...
I00081 M00011
TMR
HUNDS
R00010
50 PV CV
M00010
M00010
TMR
HUNDS
R00020
50 PV CV
M00011
M00010
Q00017
Q00017
UPCTR
M00001
R00030
R
60 PV CV
M00001
M00001
SHIFTL
WORD
1
M00065 IN B2
1 N Q M00065
M00069
B1
M00065... M00069 M00066
Q00025
M00066 M00068 M00065...
M00069
Q00026
M00066

图 15-2

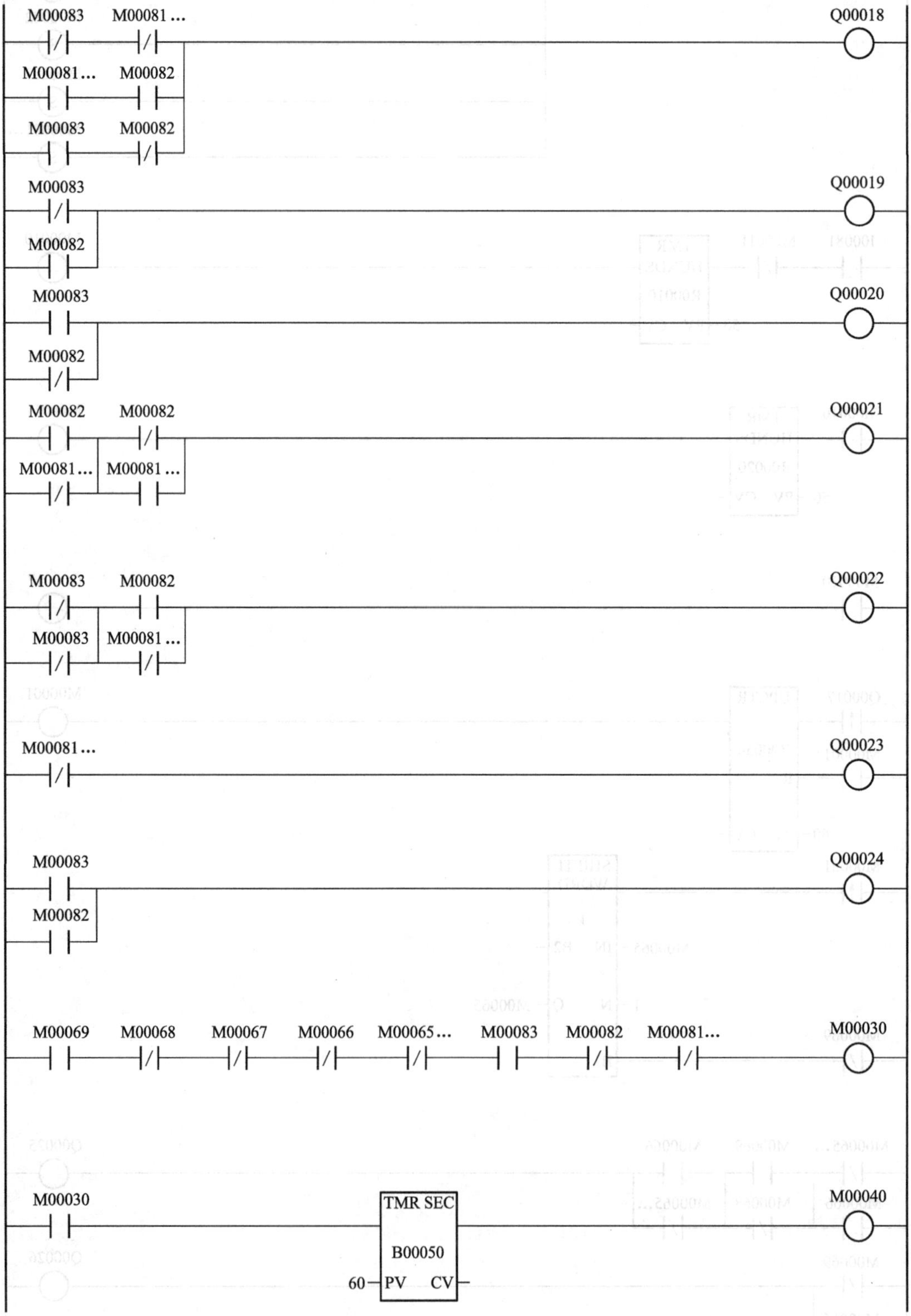

M00083 M00081… Q00018
M00081… M00082
M00083 M00082
M00083 Q00019
M00082
M00083 Q00020
M00082
M00082 M00082 Q00021
M00081… M00081…
M00083 M00082 Q00022
M00083 M00081…
M00081… Q00023
M00083 Q00024
M00082
M00069 M00068 M00067 M00066 M00065… M00083 M00082 M00081… M00030
M00030 TMR SEC B00050 60 PV CV M00040

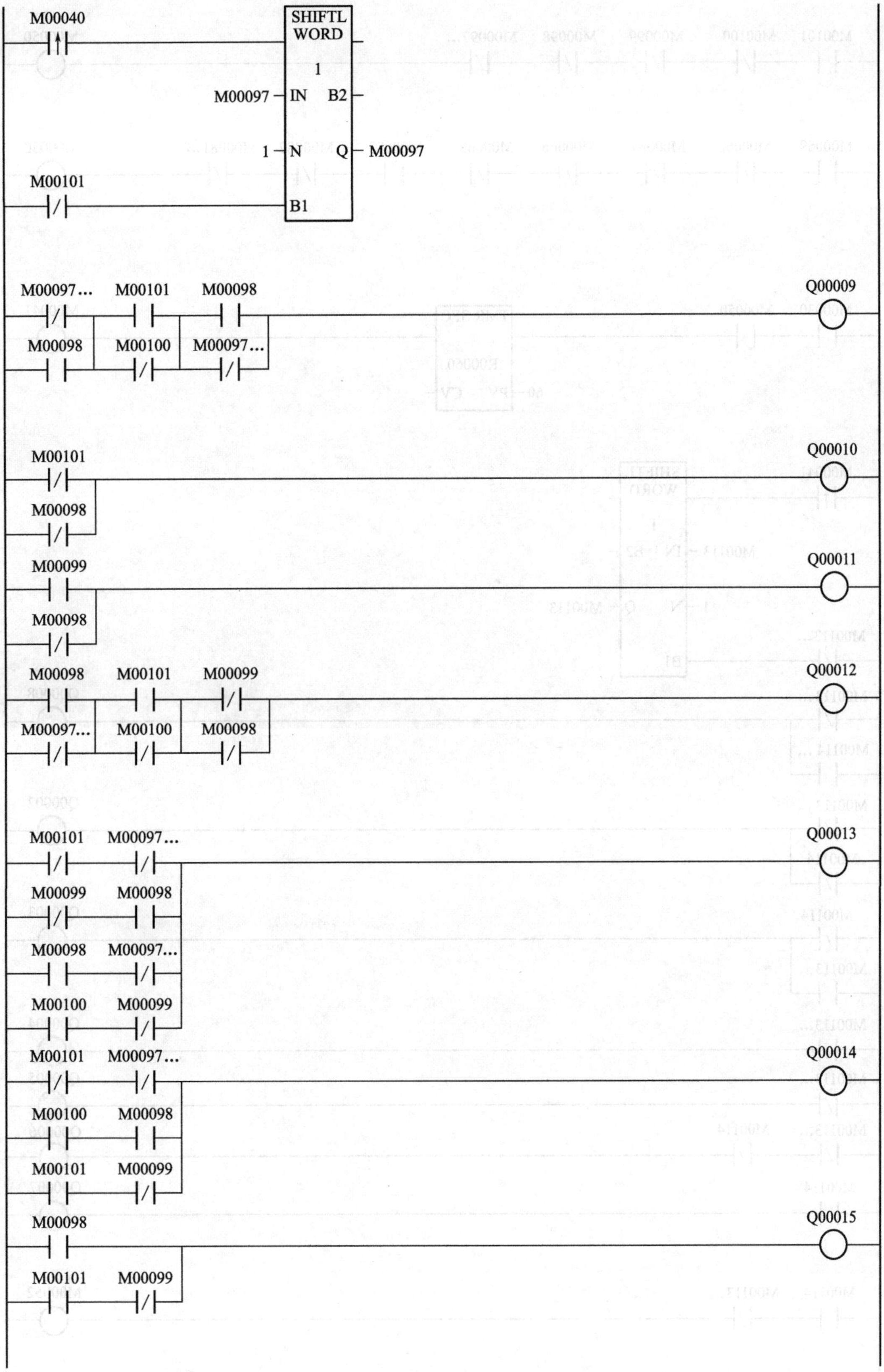

M00040
SHIFTL
WORD
1
M00097
IN
B2
1
N
Q
M00097
M00101
B1
M00097...
M00101
M00098
Q00009
M00098
M00100
M00097...
M00101
Q00010
M00098
M00099
Q00011
M00098
M00098
M00101
M00099
Q00012
M00097...
M00100
M00098
M00101
M00097...
Q00013
M00099
M00098
M00098
M00097...
M00100
M00099
M00101
M00097...
Q00014
M00100
M00098
M00101
M00099
M00098
Q00015
M00101
M00099

图 15-2

M00101 M00100 M00099 M00098 M00097… M00050

M00069 M00068 M00067 M00066 M00065… M00083 M00082 M00081… M00030

M00030 M00050 TMR SEC R00060 60 PV CV M00041

M00041 SHIFTL WORD 1 M00113 IN B2 1 N Q M00113

M00113… B1

M00113… M00114 … Q00008

M00113 … M00114 Q00002

M00114 M00113… Q00003

M00113… Q00004

M00113… Q00005

M00113… M00114 Q00006

M00114 Q00007

M00114 M00113… M00052

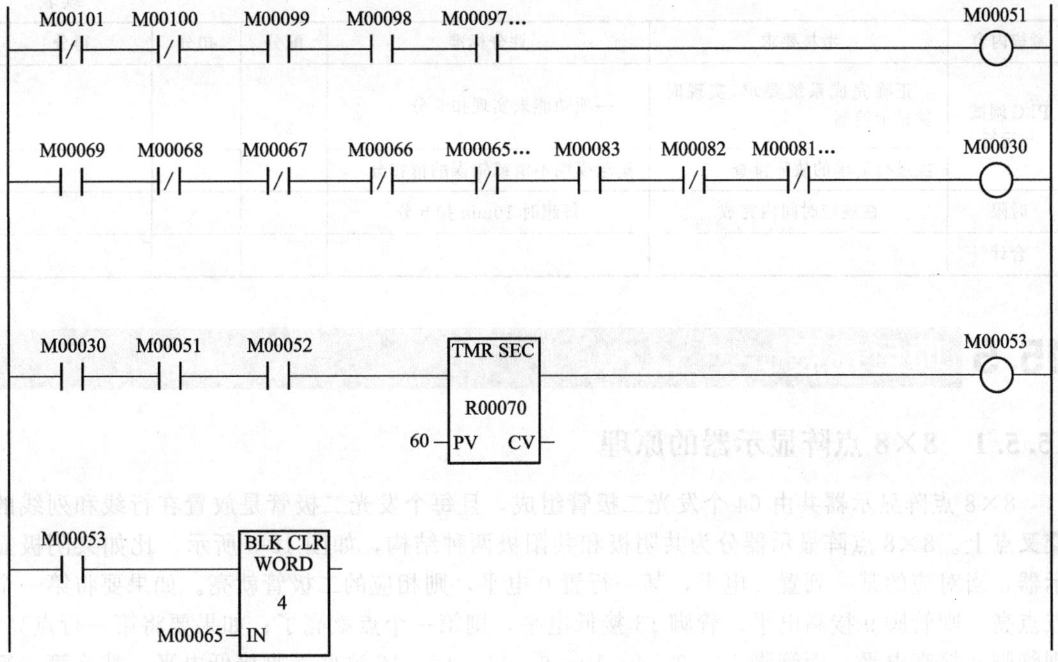

M00101 M00100 M00099 M00098 M00097… M00051

M00069 M00068 M00067 M00066 M00065… M00083 M00082 M00081… M00030

M00030 M00051 M00052 TMR SEC R00070 60 PV CV M00053

M00053 BLK CLR WORD 4 M00065 IN

图 15-2　LED 数字电子钟梯形图

15.3.5　思考和讨论

① 根据图 15-2 数字电子钟程序，如果加入启停控制应如何修改程序？

② 试指出该程序可优化的地方。

③ 试用循环扫描或其他方法实现数字电子钟控制功能。

15.4 项目考评

项目考核配分及评分标准如表 15-5 所示。

表 15-5　抢答器控制考核配分及评分标准

考核内容	考核要求	评分标准	配分	扣分	得分
控制功能分析	数字电子钟控制要求分析	概念模糊不清或错误扣 5～20 分	20		
	控制功能和保护功能分析				
PLC 硬件设计与接线	PLC 电源接线	PLC 状态错误扣 10 分	20		
	I/O 接线图的设计与布线	I/O 接线图绘制错误、连线错误一处扣 5 分，不按接线图布线扣 10～15 分			
	线路连接工艺	连接工艺差，如走线零乱、导线压接松动、绝缘层损伤或伤线芯等，每处扣 5 分			
PLC 程序设计	正确绘制梯形图	程序绘制错误酌情扣分	40		
	程序输入并下载运行	未输入完整或下载操作错误酌情扣分			
	安全文明操作	违反安全操作规程扣 10～40 分			

续表

考核内容	考核要求	评分标准	配分	扣分	得分
PLC 调试与运行	正确完成系统要求，实现时钟显示控制	一项功能未实现扣 5 分	20		
	能进行简单的故障排查	概念模糊不清或错误酌情扣分			
时限	在规定时间内完成	每超时 10min 扣 5 分			
合计					

15.5 项目拓展

15.5.1 8×8 点阵显示器的原理

8×8 点阵显示器共由 64 个发光二极管组成，且每个发光二极管是放置在行线和列线的交叉点上。8×8 点阵显示器分为共阴极和共阳极两种结构，如图 15-3 所示。比如共阴极显示器，当对应的某一列置 1 电平，某一行置 0 电平，则相应的二极管就亮。如果要将第一个点点亮，则管脚 9 接高电平，管脚 13 接低电平，则第一个点就亮了；如果要将第一行点亮，则管脚 9 接高电平，而管脚 13、3、4、10、6、11、15、16 这些管脚接低电平，那么第一行就会点亮；如果要将第一列点亮，则管脚 13 接低电平，而管脚 9、14、8、12、1、7、2、5 这些管脚接高电平，那么第一列就会点亮。

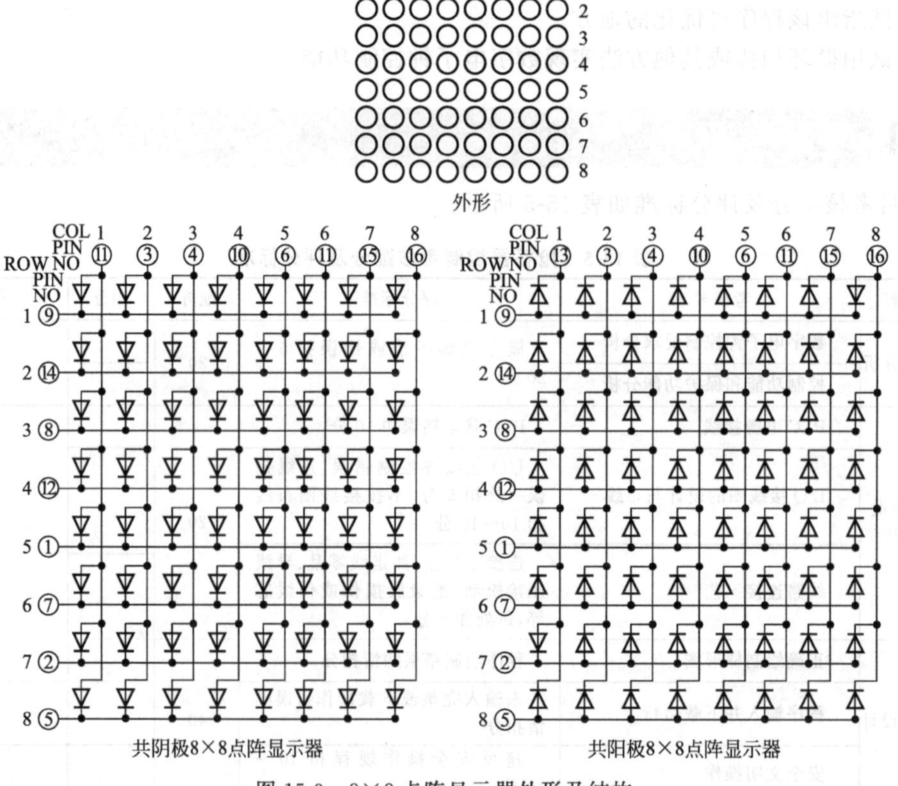

图 15-3　8×8 点阵显示器外形及结构

15.5.2 8×8点阵显示器控制

① 控制要求分析。8×8点阵显示器亮灭控制要求如时序图15-4所示。PLC控制系统运行后，全部点阵首先闪烁3次后，从第1列开始以秒速度依次切换至第8列，再从第1行依次切换至第8行，然后从第1列循环，直至PLC停止为止。

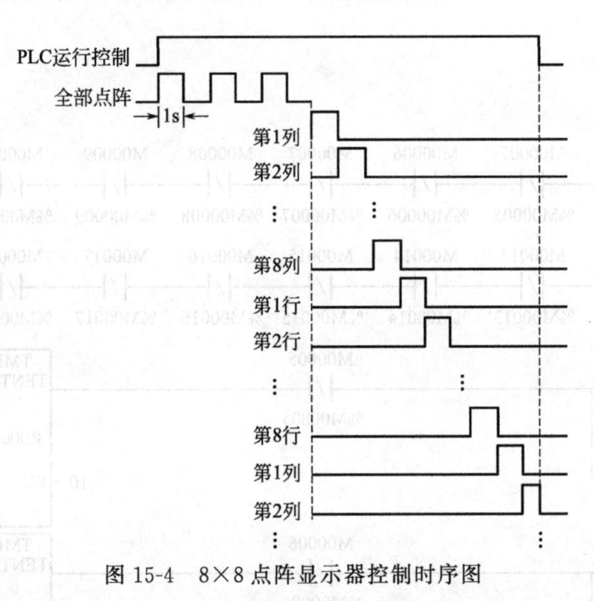

图15-4 8×8点阵显示器控制时序图

② I/O分配及接线图。根据控制要求分析确定该控制系统无输入控制设备，输出地址分配填入表15-5。

表15-5 数字电子钟控制I/O地址分配表

输出					
I/O名称	I/O地址	功能说明	I/O名称	I/O地址	功能说明
Q1	%Q00001	H1(第1行)	Q9	%Q00009	L1(第1列)
Q2	%Q00002	H2(第2行)	Q10	%Q00012	L2(第2列)
Q3	%Q00003	H3(第3行)	Q11	%Q00011	L3(第3列)
Q4	%Q00004	H4(第4行)	Q12	%Q00012	L4(第4列)
Q5	%Q00005	H5(第5行)	Q13	%Q00013	L5(第5列)
Q6	%Q00006	H6(第6行)	Q14	%Q00014	L6(第6列)
Q7	%Q00007	H7(第7行)	Q15	%Q00015	L7(第7列)
Q8	%Q00008	H8(第8行)	Q16	%Q00016	L8(第8列)

③ 用定时器指令编写满足控制要求的点阵显示器控制程序，参考程序如图15-5所示。

④ 输入点阵显示器控制程序并下载到PLC。

⑤ 运行程序，观察I/O动作状态，是否实现了全部控制功能和保护功能。

⑥ 训练技术文件整理（I/O地址分配表、I/O接线图、程序清单及注释等）。

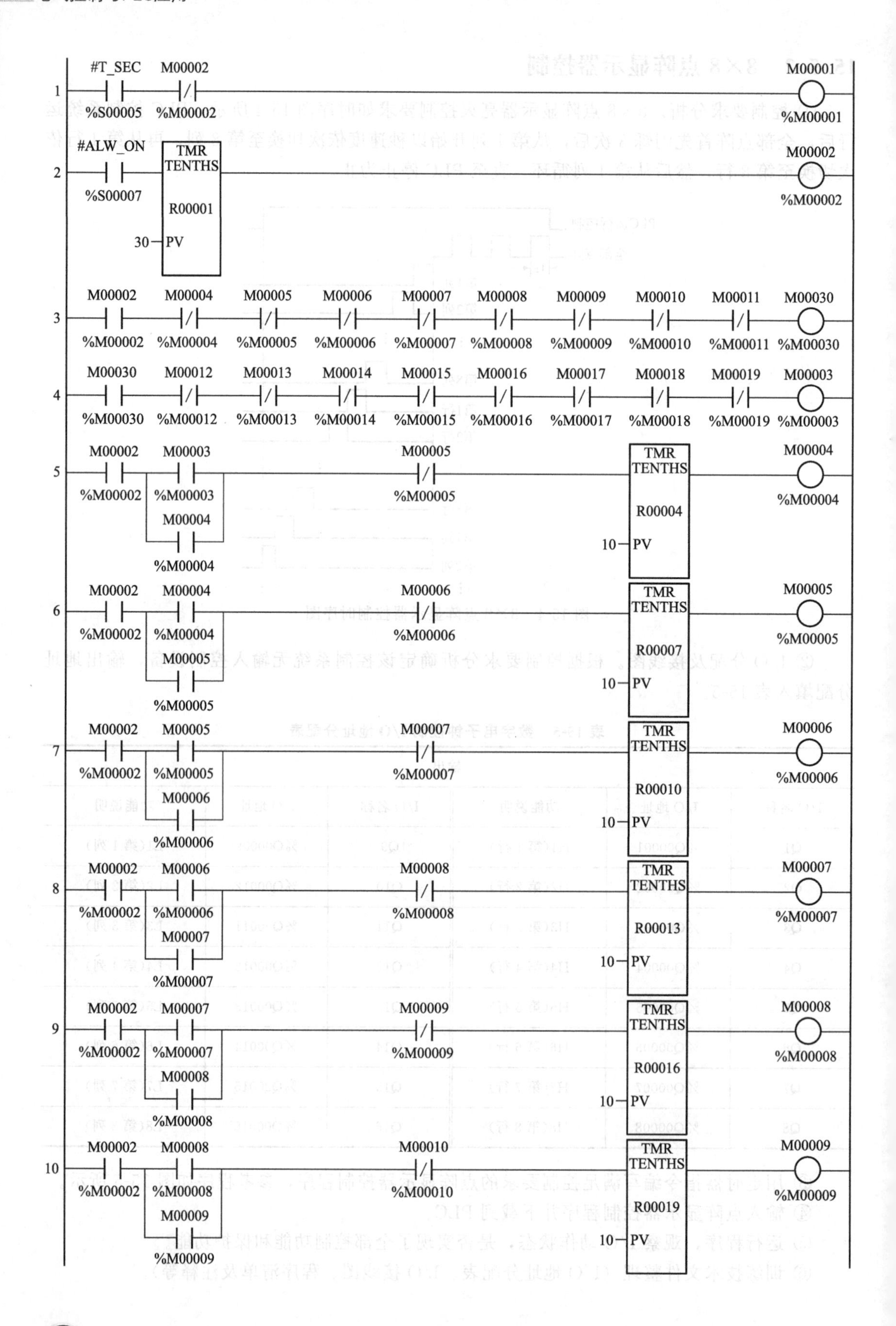
1
#T_SEC
%S00005
M00002
%M00002
M00001
%M00001
2
#ALW_ON
%S00007
TMR
TENTHS
R00001
30
PV
M00002
%M00002
3
M00002
%M00002
M00004
%M00004
M00005
%M00005
M00006
%M00006
M00007
%M00007
M00008
%M00008
M00009
%M00009
M00010
%M00010
M00011
%M00011
M00030
%M00030
4
M00030
%M00030
M00012
%M00012
M00013
%M00013
M00014
%M00014
M00015
%M00015
M00016
%M00016
M00017
%M00017
M00018
%M00018
M00019
%M00019
M00003
%M00003
5
M00002
%M00002
M00003
%M00003
M00004
%M00004
M00005
%M00005
TMR
TENTHS
R00004
10
PV
M00004
%M00004
6
M00002
%M00002
M00004
%M00004
M00005
%M00005
M00006
%M00006
TMR
TENTHS
R00007
10
PV
M00005
%M00005
7
M00002
%M00002
M00005
%M00005
M00006
%M00006
M00007
%M00007
TMR
TENTHS
R00010
10
PV
M00006
%M00006
8
M00002
%M00002
M00006
%M00006
M00007
%M00007
M00008
%M00008
TMR
TENTHS
R00013
10
PV
M00007
%M00007
9
M00002
%M00002
M00007
%M00007
M00008
%M00008
M00009
%M00009
TMR
TENTHS
R00016
10
PV
M00008
%M00008
10
M00002
%M00002
M00008
%M00008
M00009
%M00009
M00010
%M00010
TMR
TENTHS
R00019
10
PV
M00009
%M00009

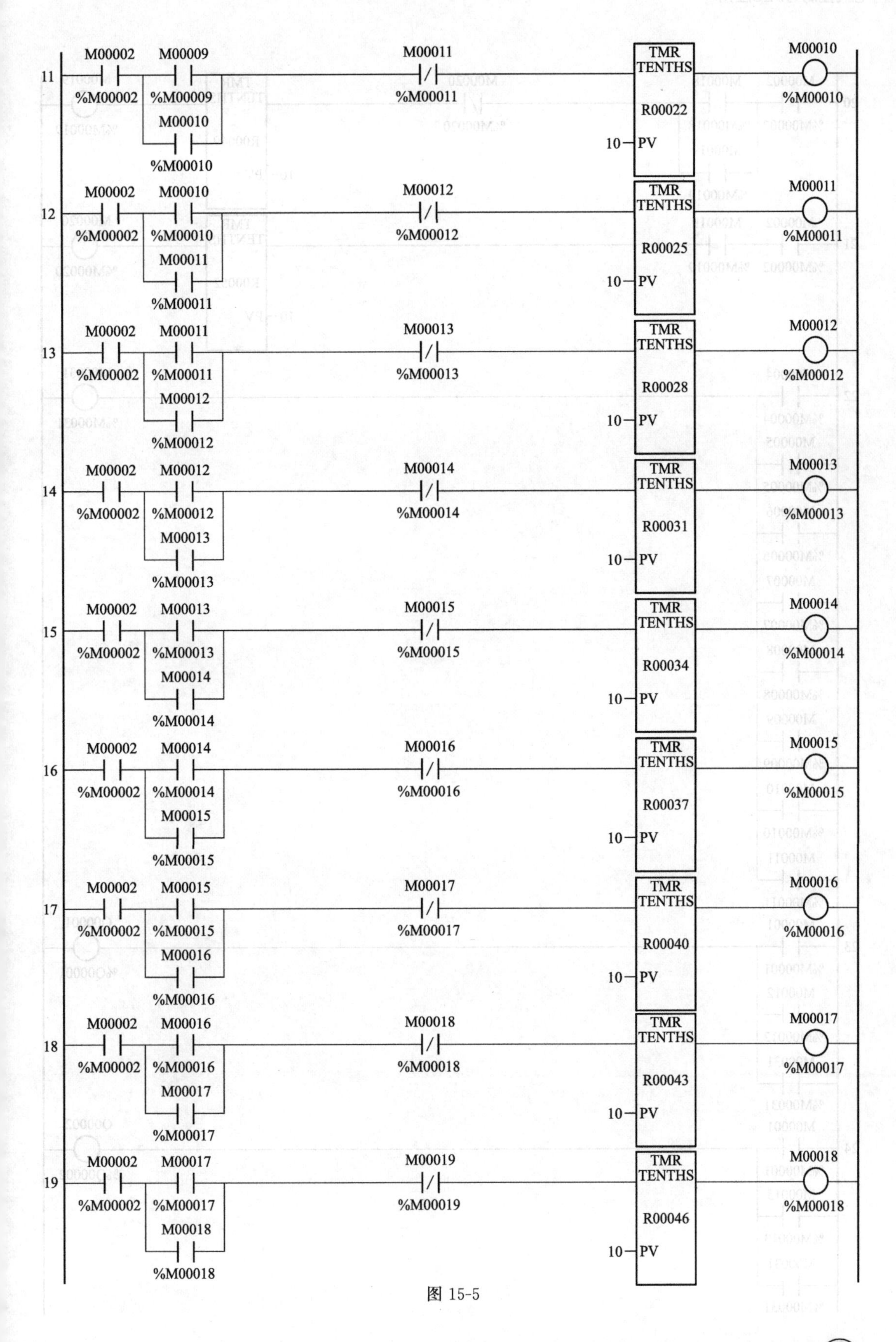

11
M00002
%M00002
M00009
%M00009
M00010
%M00010
M00011
%M00011
TMR
TENTHS
R00022
10
PV
M00010
%M00010
12
M00002
%M00002
M00010
%M00010
M00011
%M00011
M00012
%M00012
TMR
TENTHS
R00025
10
PV
M00011
%M00011
13
M00002
%M00002
M00011
%M00011
M00012
%M00012
M00013
%M00013
TMR
TENTHS
R00028
10
PV
M00012
%M00012
14
M00002
%M00002
M00012
%M00012
M00013
%M00013
M00014
%M00014
TMR
TENTHS
R00031
10
PV
M00013
%M00013
15
M00002
%M00002
M00013
%M00013
M00014
%M00014
M00015
%M00015
TMR
TENTHS
R00034
10
PV
M00014
%M00014
16
M00002
%M00002
M00014
%M00014
M00015
%M00015
M00016
%M00016
TMR
TENTHS
R00037
10
PV
M00015
%M00015
17
M00002
%M00002
M00015
%M00015
M00016
%M00016
M00017
%M00017
TMR
TENTHS
R00040
10
PV
M00016
%M00016
18
M00002
%M00002
M00016
%M00016
M00017
%M00017
M00018
%M00018
TMR
TENTHS
R00043
10
PV
M00017
%M00017
19
M00002
%M00002
M00017
%M00017
M00018
%M00018
M00019
%M00019
TMR
TENTHS
R00046
10
PV
M00018
%M00018

图 15-5

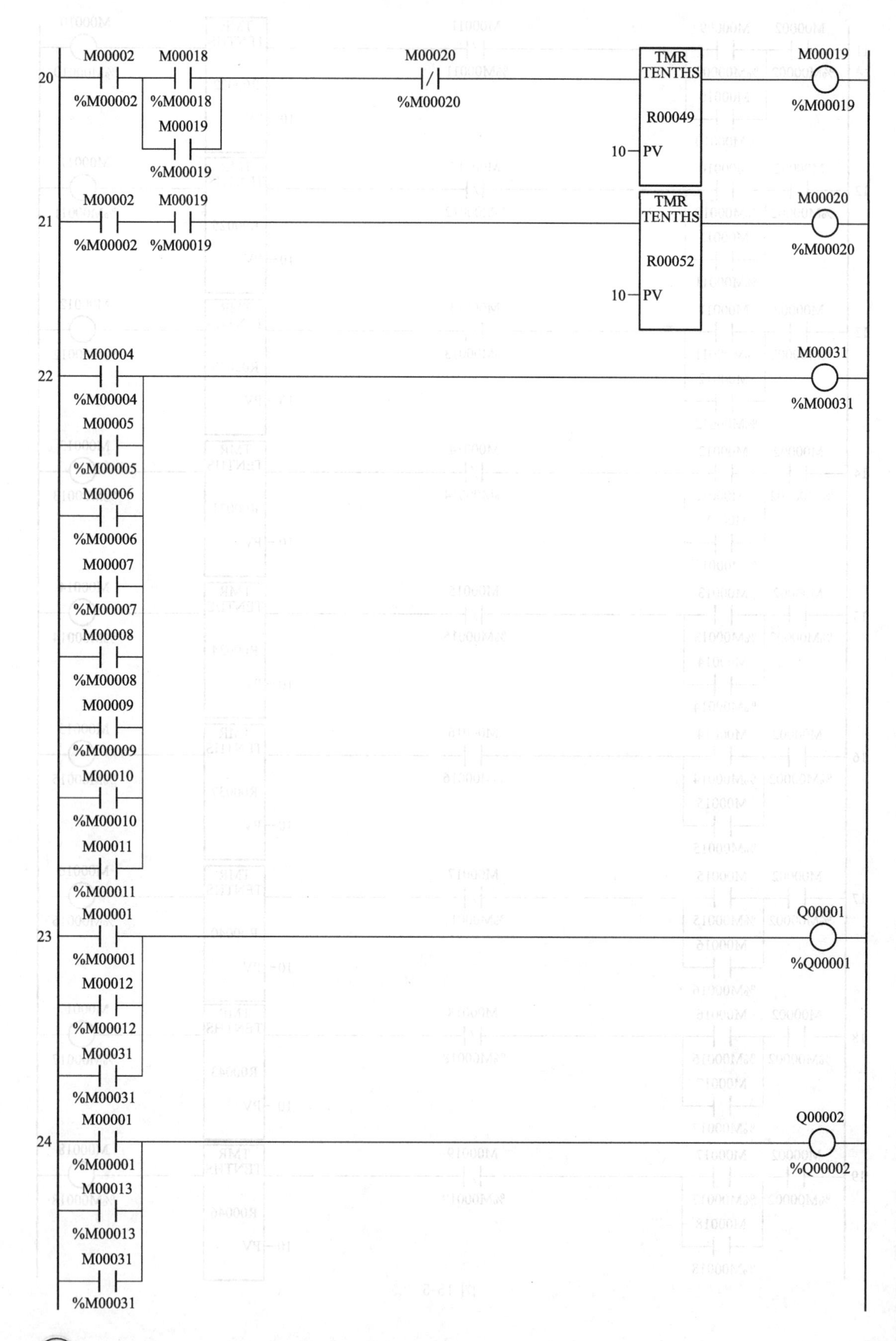
20
M00002
%M00002
M00018
%M00018
M00019
%M00019
M00020
%M00020
TMR
TENTHS
R00049
10
PV
M00019
%M00019
21
M00002
%M00002
M00019
%M00019
TMR
TENTHS
R00052
10
PV
M00020
%M00020
22
M00004
%M00004
M00005
%M00005
M00006
%M00006
M00007
%M00007
M00008
%M00008
M00009
%M00009
M00010
%M00010
M00011
%M00011
M00031
%M00031
23
M00001
%M00001
M00012
%M00012
M00031
%M00031
Q00001
%Q00001
24
M00001
%M00001
M00013
%M00013
M00031
%M00031
Q00002
%Q00002

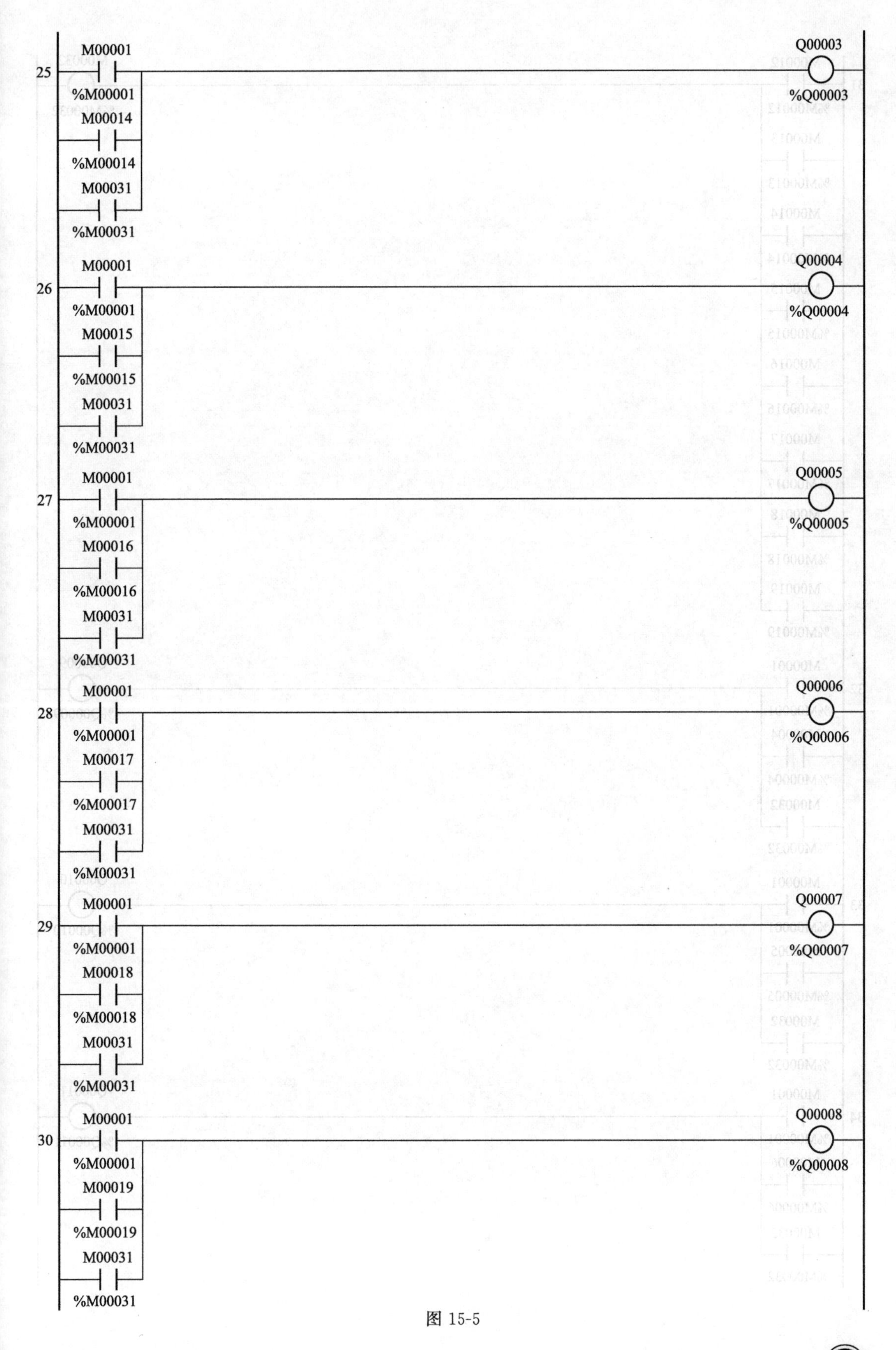

25
M00001
%M00001
M00014
%M00014
M00031
%M00031
Q00003
%Q00003
26
M00001
%M00001
M00015
%M00015
M00031
%M00031
Q00004
%Q00004
27
M00001
%M00001
M00016
%M00016
M00031
%M00031
Q00005
%Q00005
28
M00001
%M00001
M00017
%M00017
M00031
%M00031
Q00006
%Q00006
29
M00001
%M00001
M00018
%M00018
M00031
%M00031
Q00007
%Q00007
30
M00001
%M00001
M00019
%M00019
M00031
%M00031
Q00008
%Q00008

图 15-5

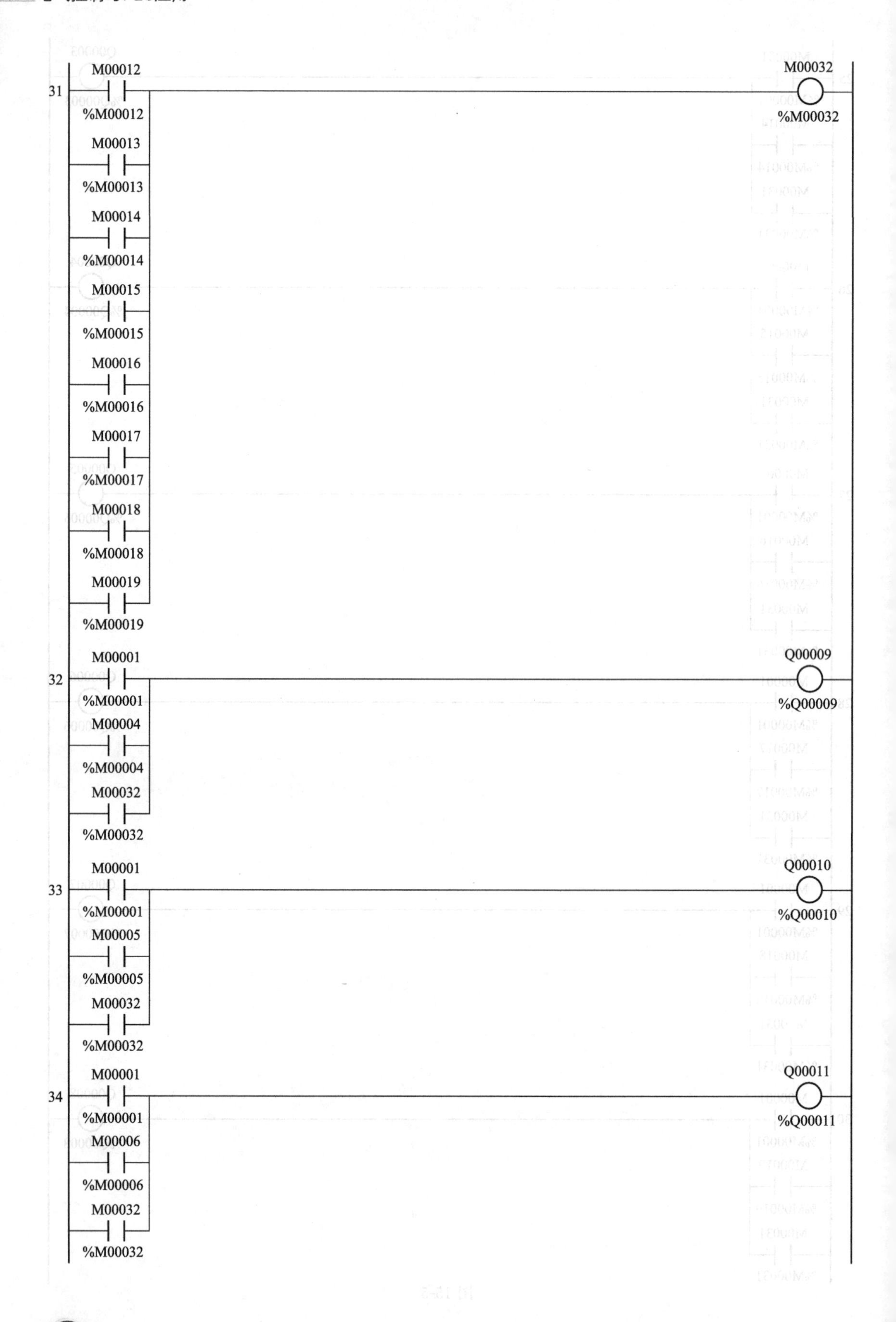
31
M00012
%M00012
M00013
%M00013
M00014
%M00014
M00015
%M00015
M00016
%M00016
M00017
%M00017
M00018
%M00018
M00019
%M00019
M00032
%M00032
32
M00001
%M00001
M00004
%M00004
M00032
%M00032
Q00009
%Q00009
33
M00001
%M00001
M00005
%M00005
M00032
%M00032
Q00010
%Q00010
34
M00001
%M00001
M00006
%M00006
M00032
%M00032
Q00011
%Q00011

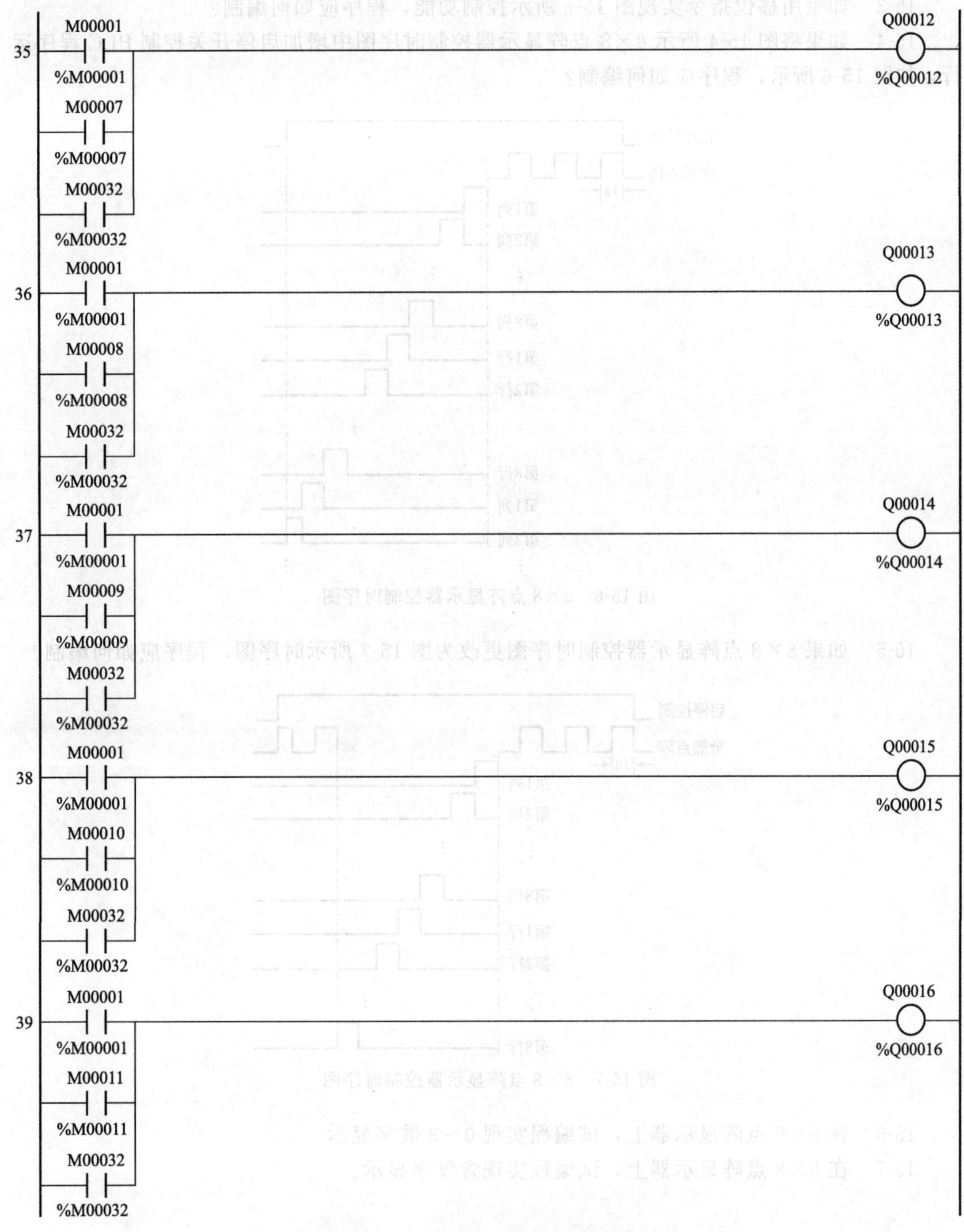

图 15-5　8×8 点阵显示器控制梯形图

15.6 思考题与习题

15-1　简述用 PLC 译码方式实现数码显示控制的步骤和方法。

15-2　如果用移位指令实现图 15-4 所示控制功能，程序应如何编制？

15-3　如果用移位指令实现图 15-5 所示控制功能，程序应如何编制？

15-4　如果将图 15-4 所示 8×8 点阵显示器控制时序图中增加启停开关控制 PLC 程序运行，如图 15-6 所示，程序应如何编制？

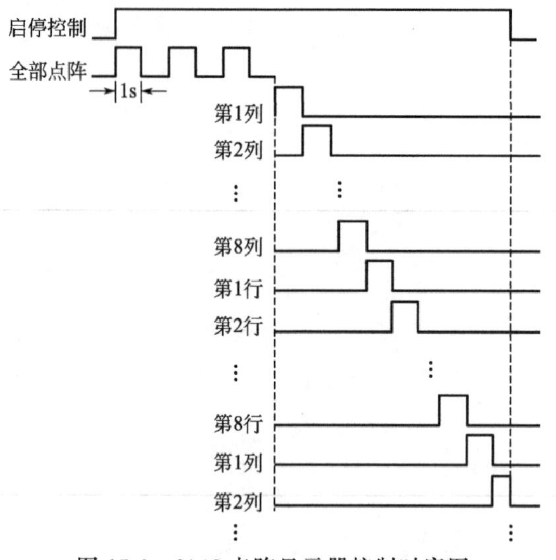

图 15-6　8×8 点阵显示器控制时序图

15-5　如果 8×8 点阵显示器控制时序图更改为图 15-7 所示时序图，程序应如何编制？

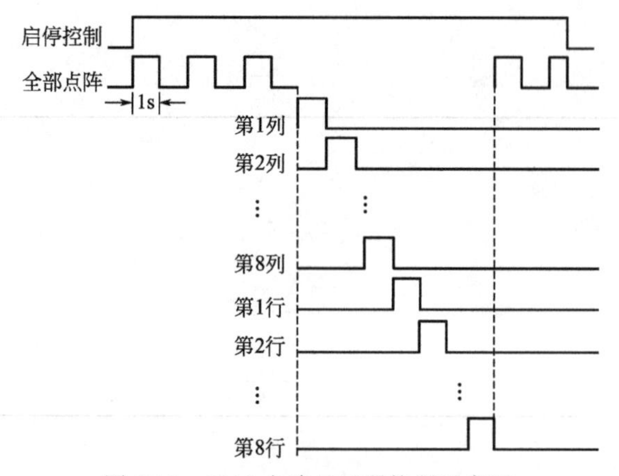

图 15-7　8×8 点阵显示器控制时序图

15-6　在 8×8 点阵显示器上，试编程实现 0～9 数字显示。

15-7　在 8×8 点阵显示器上，试编程实现含汉字显示。

*项目16

机械手控制

16.1 项目目标

① 熟练掌握定时器和计数器指令、子程序指令的特点、功能及应用。

② 熟练掌握机械手控制程序的编程方法、步骤和编程技巧。

③ 熟悉气动机械手在工业中的应用。

④ 掌握构建实际 PLC 控制系统的能力。

16.2 知识准备

工业机械手或机器人可采用气动控制，也可采用液压驱动，本项目机械手均采用气动控制。

(1) 液压和气动控制的不同

液压和气动采用的介质不同。一个用的是液压油，另一个用的是压缩空气。气压控制的动力来自于空压机，而液压控制的动力来自于油泵。

空气可以压缩，载重越轻，运动速度越快。因为气体可压缩性大，所以，液压控制比气动控制运行精度高。

二者的控制原理是相同的，控制对象和应用环境有所不同。液压压力高（一般在30MPa 以下），气动压力低（1MPa 左右）。因空气的流速非常快，气动常常用于更快速行动的场合，而液压的执行元件反应速度远低于气动，但液压传动系统能够提供较大的驱动力，并且运动传递平稳、均匀、可靠，主要用在需要高压而不要求太高的运动速度的场合。在一些工程机械上采用液压，吨级以上的重载荷多采用液压控制。而对于一些控制压力不高的阀门、缸多用气动控制。

(2) 气动控制系统的组成

气动回路是为了驱动用于各种不同目的的机械装置，其最重要的三个控制内容是：力的大小、力的方向和运动速度。与生产装置相连接的各种类型的气缸，靠压力控制阀、方向控制阀和流量控制阀分别实现对三个内容的控制，即：压力控制阀用于控制气动输出力的大小；方向控制阀用于控制气缸的运动方向；速度控制阀用于控制气缸的运动速度。

一个气动系统与液压系统一样，主要由四个部分组成：

① 动力装置（空压机）；

② 执行机构（气缸、气爪）；

③ 控制调节装置（压力阀、调速阀、换向阀等）；

④ 辅助装置（气罐、气管、消音器等）。

空压机为系统提供一定压力的气源，推动执行件气缸活塞移动或者转动，输出动力。控制调节装置中的压力阀和调速阀用于调定系统的压力和执行件的运动速度，方向阀用于控制气流的方向或接通、断开气路，控制执行件的运动方向和构成气动系统工作的不同状态，满足各种运动的要求。

气动系统工作时，压力阀和调速阀的工作状态是预先调定的不变值，只有方向阀根据工作循环的运动要求变换工作状态，形成各工步气动系统的工作状态，完成不同的运动输出。因此对气动系统工作自动循环的控制，就是对方向阀工作状态进行控制。

方向阀因其阀结构的不同而有不同的操作方式，可用机械、气动、液压和电动方式改变阀的工作状态，从而改变气流方向或接通、断开气路。电液控制中是采用电磁铁吸合推动阀芯移动，来改变阀工作状态的方式，实现控制。

(3) 电磁换向阀

利用电磁线圈通电时，静铁芯对动铁芯产生电磁吸力使阀切换以改变气流方向的阀，称为电磁控制换向阀，简称电磁阀。这种阀易于实现电-气联合控制，能实现远距离操作，故得到广泛应用。

电磁换向阀的图形符号如图 16-1 所示。从图 16-1(a) 可知两位阀的工作状态，当电磁阀线圈通电时，换向阀位于一种通气状态，线圈失电时，在弹簧力的作用下，换向阀复位位于另一种通气状态，电磁阀线圈的通断电控制了气路的切换。图 16-1(d) 为三位阀，阀上装有两个线圈，分别控制阀的两种通气状态，当两电磁阀线圈都不通电时，换向阀处于中间位的通气状态，需注意的是两个电磁阀线圈不能同时得电，以免阀的状态不确定。

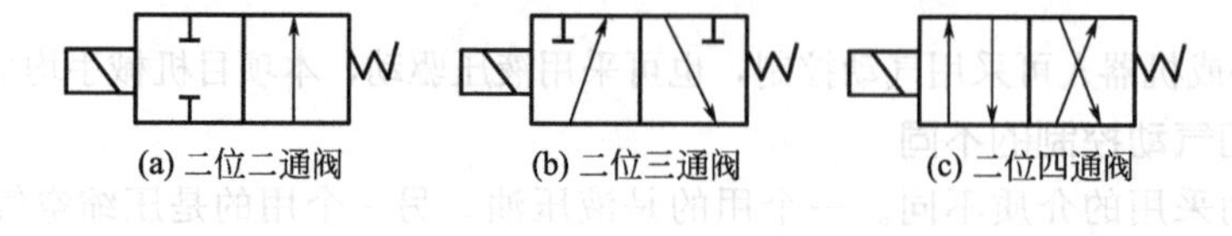

(a) 二位二通阀　　(b) 二位三通阀　　(c) 二位四通阀

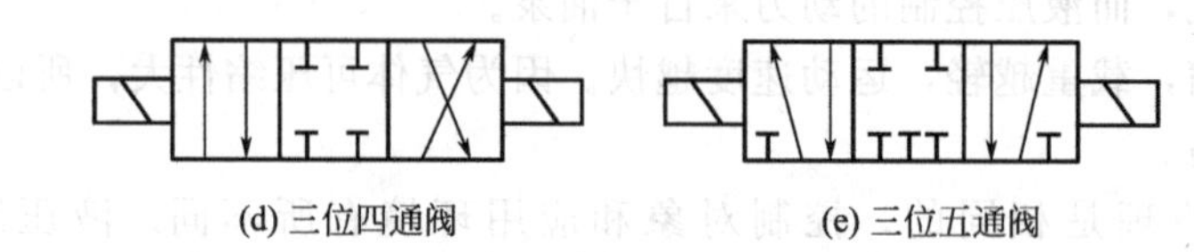

(d) 三位四通阀　　(e) 三位五通阀

图 16-1　电磁换向阀图形符号

电磁换向阀有两种，即交流电磁换向阀和直流电磁换向阀，由电磁阀线圈所用电源种类确定，实际使用中根据控制系统和设备需要而定。电-气控制系统中，控制电路根据气压系统工作要求控制电磁换向阀线圈的通断电来实现所需运动输出。

(4) 气缸

为了使气缸的动作平稳可靠，气缸的作用气口都安装了限出型气缸节流阀。气缸节流阀的作用是调节气缸的动作速度。节流阀上带有气管的快速接头，只要将合适外径的气管往快速接头上一插就可以将管连接好了，使用时十分方便。图 16-2 是安装了带快速接头的限出型气缸节流阀的气缸外观。

图 16-3 是一个双动气缸装有两个限出型气缸节流阀的连接和调节原理示意图，当调节节流阀 A 时，是调整气缸的伸出速度，而当调节节流阀 B 时，是调整气缸的缩回速度。

(5) 磁性开关

气缸两端分别有缩回限位和伸出限位两个极限位置，这两个极限位置都分别装有一个磁感应接近开关，如图 16-2 所示。磁感应接近开关的基本工作原理是：当磁性物质接近传感器时，

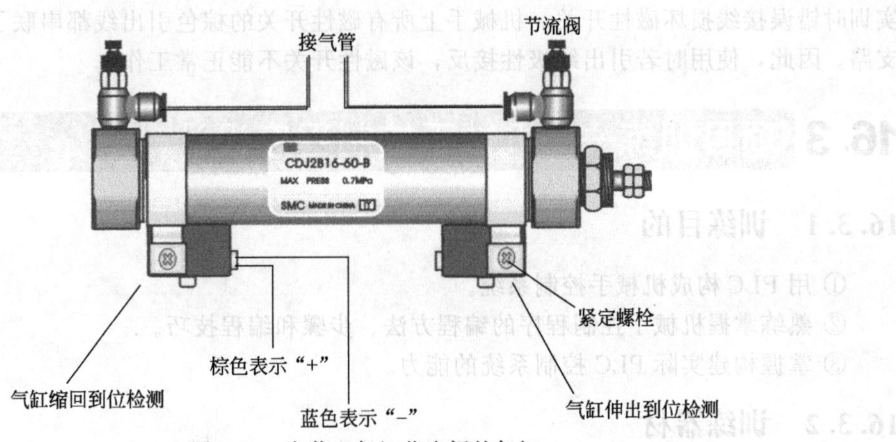

图 16-2　安装上气缸节流阀的气缸

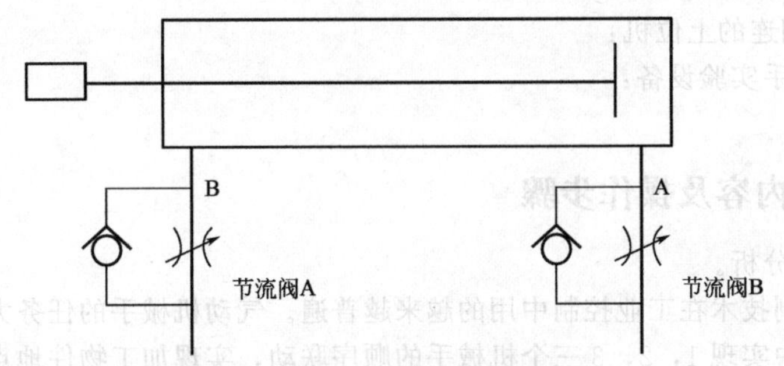

图 16-3　节流阀连接和调整原理示意

传感器便会动作，并输出传感器信号。若在气缸的活塞（或活塞杆）上安装上磁性物质，在气缸缸筒外面的两端位置各安装一个磁感应式接近开关，就可以用这两个传感器分别标识气缸运动的两个极限位置。当气缸的活塞杆运动到哪一端时，哪一端的磁感应式接近开关就动作并发出电信号。在PLC的自动控制中，可以利用该信号判断推料及顶料缸的运动状态或所处的位置，以确定工件是否被推出或气缸是否返回。在传感器上设置有LED显示用于显示传感器的信号状态，供调试时使用。传感器动作时，输出信号"1"，LED亮；传感器不动作时，输出信号"0"，LED不亮。传感器（也叫做磁性开关）的安装位置可以调整，调整方法是松开磁性开关的紧定螺栓，让磁性开关顺着气缸滑动，到达指定位置后，再旋紧紧定螺栓。

磁性开关有蓝色和棕色2根引出线，使用时蓝色引出线应连接到PLC输入公共端，棕色引出线应连接到PLC输入端子。磁性开关的内部电路如图16-4虚线框内所示，为了防止

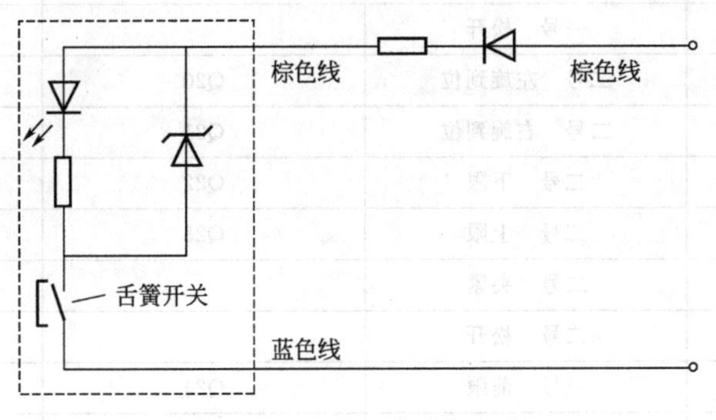

图 16-4　磁性开关内部电路

实训时错误接线损坏磁性开关，机械手上所有磁性开关的棕色引出线都串联了电阻和二极管支路。因此，使用时若引出线极性接反，该磁性开关不能正常工作。

16.3 项目训练——机械手控制程序设计

16.3.1 训练目的

① 用 PLC 构成机械手控制系统。

② 熟练掌握机械手控制程序的编程方法、步骤和编程技巧。

③ 掌握构建实际 PLC 控制系统的能力。

16.3.2 训练器材

① PLC 训练装置：1 套

② 与 PLC 相连的上位机：1 台

③ 气动机械手实验设备：1 台

④ 导线：若干

16.3.3 训练内容及操作步骤

① 控制要求分析。

目前气动控制技术在工业控制中用的越来越普遍。气动机械手的任务大多数是搬运物品或器件。本项目中实现 1，2，3 三个机械手的顺序联动，实现加工物件地点的转移和加工角度的变换。

气动机械手工作流程如图 16-5 所示。

② I/O 分配与接线图。

本系统的输入输出点数较多，18 个输入点，11 个输出点，采用 VersaMax Micro 64 型 PLC 控制。I/O 地址分配如表 16-1 所示。

表 16-1 I/O 地址表

输入		输出	
输入	功能说明	输出	功能说明
I185	一号 前限	Q17	一号 伸出
I186	一号 下限	Q18	一号 下降
I187	一号 夹紧	Q19	一号 夹紧
I188	一号 松开		
I189	二号 左旋到位	Q20	二号 左旋
I190	二号 右旋到位	Q21	二号 右旋
I191	二号 下限	Q22	二号 下降
I192	二号 上限	Q23	二号 夹紧
I193	二号 夹紧		
I194	二号 松开		
I195	三号 前限	Q24	三号 伸出
I196	三号 下限	Q25	三号 下降

续表

输入		输出	
输入	功能说明	输出	功能说明
I197	三号　旋转到位	Q26	三号　旋转
I198	三号　夹紧	Q27	三号　夹紧
I199	三号　松开		
I96	启动		
I95	停止		
I94	紧急停止		

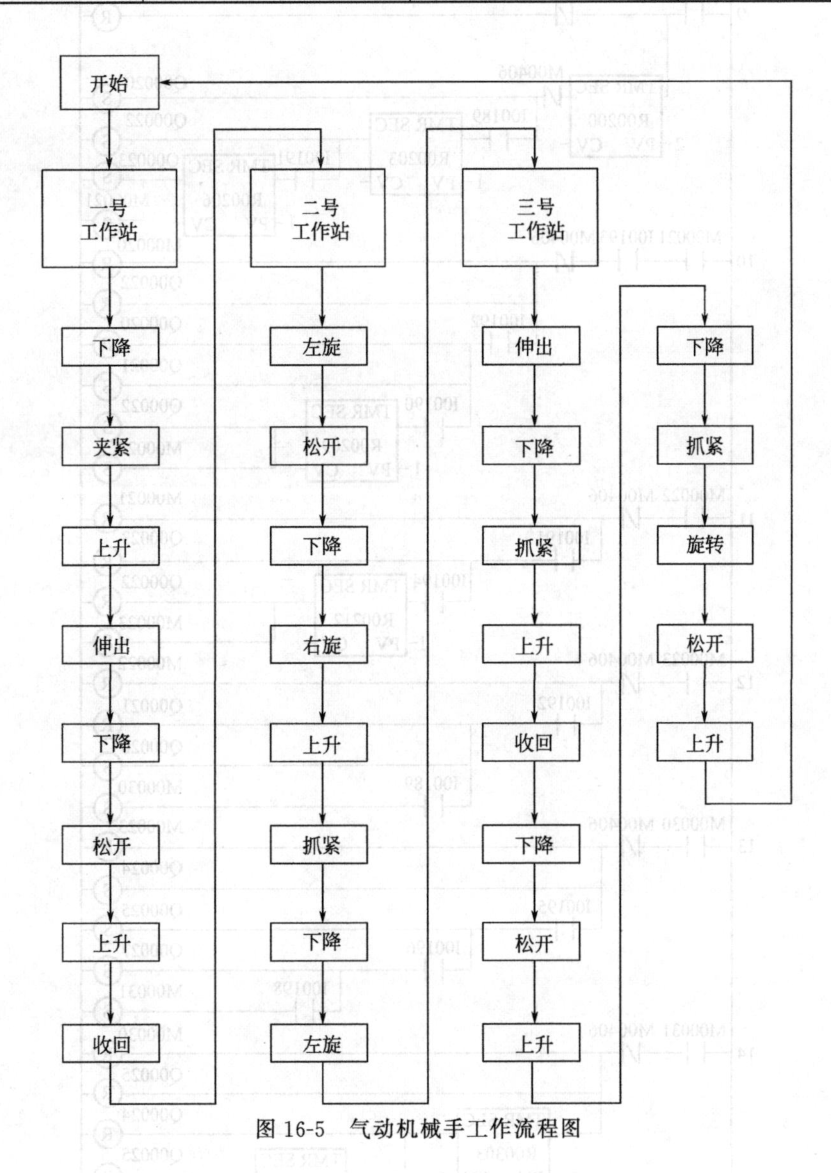

图 16-5　气动机械手工作流程图

③ 程序设计。

实现机械手自动控制可用步进顺控指令、定时器或计数器指令实现。根据工作流程图以及 I/O 地址分配，PLC 控制机械手参考程序（梯形图）如图 16-6 所示。

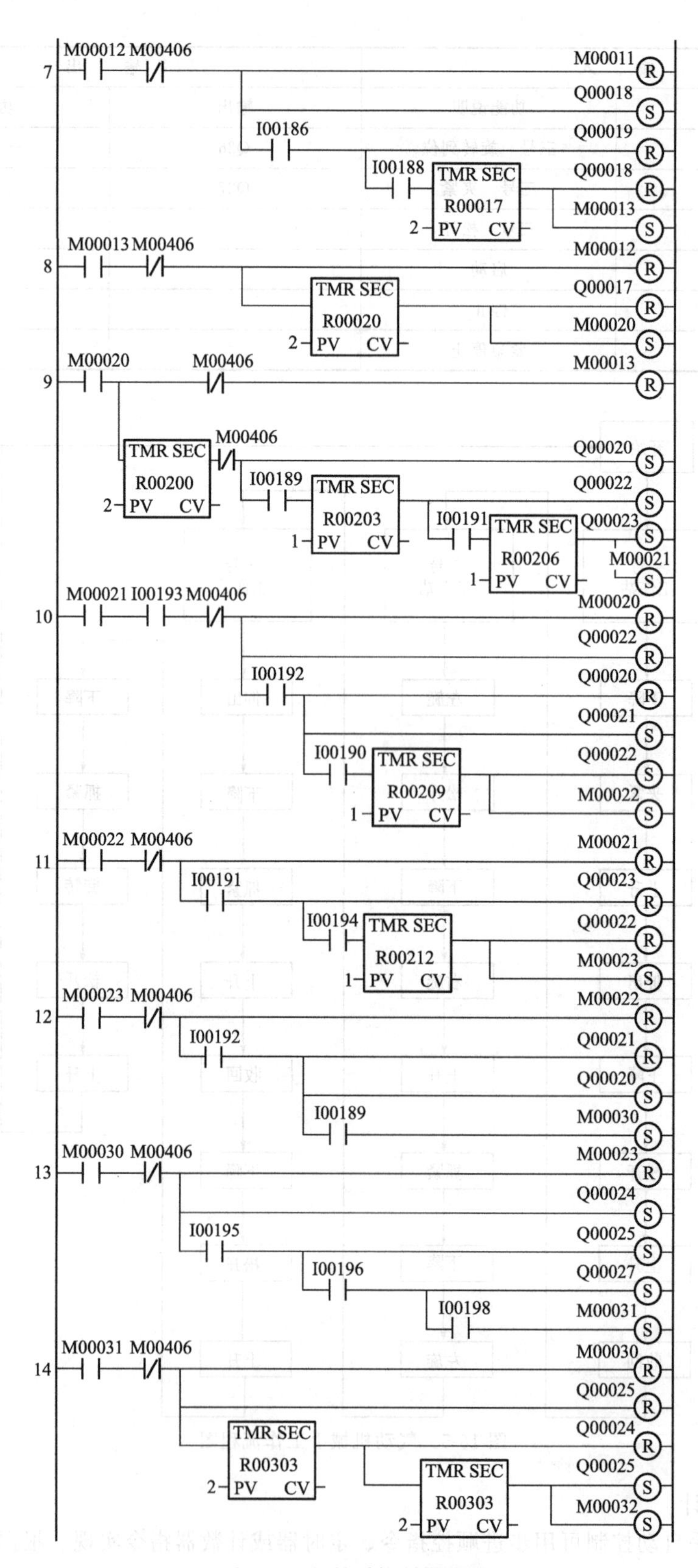

图 16-6 机械手控制梯形图

④ 输入机械手控制程序并下载到 PLC。

⑤ 运行程序，根据控制功能要求操作相应输入设备，并观察 I/O 动作状态，是否实现了全部控制功能和保护功能。

⑥ 训练技术文件整理（I/O 地址分配表、I/O 接线图、程序清单及注释等）。

16.3.4 注意事项

① 下载程序前，应确认 PLC 供电正常。

② 连线时，应先连 PLC 电源线，再连 I/O 接线。

③ I/O 点数的确定应满足控制功能的要求，经济而不浪费。程序中的各输入、输出点应与外部 I/O 的实际接线完全对应。

④ 编程前应充分熟悉各定时器、计数器指令、置位复位指令的功能、特点和应用。

⑤ 实验过程中，熟悉机械手的工作顺序及 I/O 地址分配，认真观察 PLC 的输入输出状态，以验证运行结果是否正确。

⑥ 训练结束后，应将 PLC 设备断电。

16.3.5 思考和讨论

① 试用其他方法，设计控制机械手的程序。

② 工业机械手或工业机器人还需要具备哪些控制功能？应如何实现？

16.4 项目考评

项目考核配分及评分标准如表 16-2 所示。

表 16-2 机械手控制考核配分及评分标准

考核内容	考核要求	评分标准	配分	扣分	得分
控制功能分析	机械手控制要求分析	概念模糊不清或错误扣 5～20 分	20		
	控制功能和保护功能分析				
PLC 硬件设计与接线	PLC 电源接线	PLC 状态错误扣 10 分	20		
	I/O 接线图的设计与布线	I/O 接线图绘制错误、连线错误一处扣 5 分，不按接线图布线扣 10～15 分			
	线路连接工艺	连接工艺差，如走线零乱、导线压接松动、绝缘层损伤或伤线芯等，每处扣 5 分			
PLC 程序设计	正确绘制梯形图	程序绘制错误酌情扣分	40		
	程序输入并下载运行	未输入完整或下载操作错误酌情扣分			
	安全文明操作	违反安全操作规程扣 10～40 分			
PLC 调试与运行	正确完成系统要求，实现机械手控制	一项功能未实现扣 5 分	20		
	能进行简单的故障排查	概念模糊不清或错误酌情扣分			
时限	在规定时间内完成	每超时 10min 扣 5 分			
合计			100		

16.5 项目拓展

工业机械手是近几十年发展起来的一种高科技自动生产设备，广泛应用于加工、汽车生产线、冶金等工业现场。工业机械手是工业机器人的一个重要分支，其特点是可以通过编程来完成各种预期的作业，在构造和性能上兼有人和机器的优点，尤其体现在人的智能性和适应性上。凭借其作业的准确性和工作环境的适应性及完成作业的能力，机械手在国民经济领域有着广泛的发展空间。

从控制方面来看，机械手是一种能自动控制并可重新编程以改变运行动作的多功能机器，它有多个自由度，可以在不同环境中完成搬运物体的工作。

本项目要求利用PLC强大的逻辑处理能力，设计一个二自由度的工业机械手控制程序，完成其工作过程。

(1) 控制要求分析

如图16-7所示为某生产车间中自动化搬运机械手，用于将左工作台上的工件搬运到右工作台上。机械手的动作由气缸和步进电机驱动。气缸由电磁阀控制，控制其上升/下降，即上升/下降电磁阀得电时机械手上升，电磁阀失电时机械手下降；左移/右移运动由步进电机控制，步进电机正转时左移，反之右移；其夹紧/放松运动由单线圈两位电磁阀控制，线圈得电时机械手夹紧，断电时机械手放松，由放松、夹紧传感器来检测机械手是否夹紧工件。

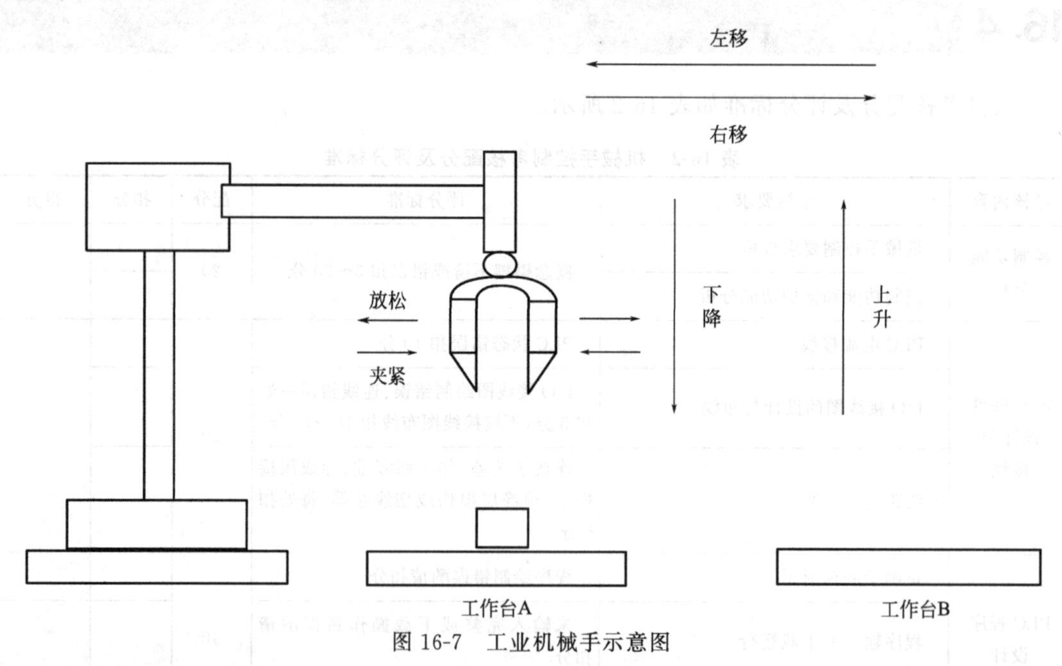

图16-7 工业机械手示意图

工业机械手动作要求如下：机械手初始化为左位、高位、放松状态。在原始状态下，当检测到左工作台上有工件时，机械手才下降，下降到位后夹紧工件，上升到位后，右移到右位，机械手下降到低位并且放松，将工件放在右工作台上，然后上升到高位，左移回到原位。

(2) I/O分配

I/O分配表如表16-3所示。

表 16-3 工业机械手 I/O 分配表

输入				输出	
输入	功能说明	输入	功能说明	输出	功能说明
%I00001	A 点传感器	%I00008	B 点传感器	%Q00001	手臂上升/下降电磁阀
%I00002	左限位开关	%I00009	供料台传感器	%Q00002	手指夹紧/放松电磁阀
%I00003	右限位开关	%I00010	B 点物料台传感器	%Q00003	脉冲输出
%I00004	上升限位开关	%I00011	启动	%Q00004	电机正/反转
%I00005	下降限位开关	%I00012	急停		
%I00006	夹紧传感器	%I00013	复位		
%I00007	放松传感器	%I00014	停止		

(3) 软件设计

① 本项目分为以下四个部分分别进行设计：工作台 A、工作台 B、从工作台 A 到 B、复位。

② 通电后先按下复位按钮，确保机械手的手臂在工作台 A 的上方，再按下开启按钮，机械手开始工作。

③ 当检测到工作台 A 上有工件时，手臂下降，下限位指示灯亮时，物品进入手指范围时，手指抓紧物品，当检测到工件被夹紧后，手臂上升。

④ 机械手臂在上限位指示灯亮后右移，到达工作台 B 的上方时，右限位开关亮，机械手开始下降。

⑤ 手臂运动到下限位时，下限位指示灯亮，此时机械手放松，工件被放到工作台 B 上。

⑥ 检测到机械手放松后，机械手臂上升，左移回归到原位。

主程序参考程序如图 16-8 所示。

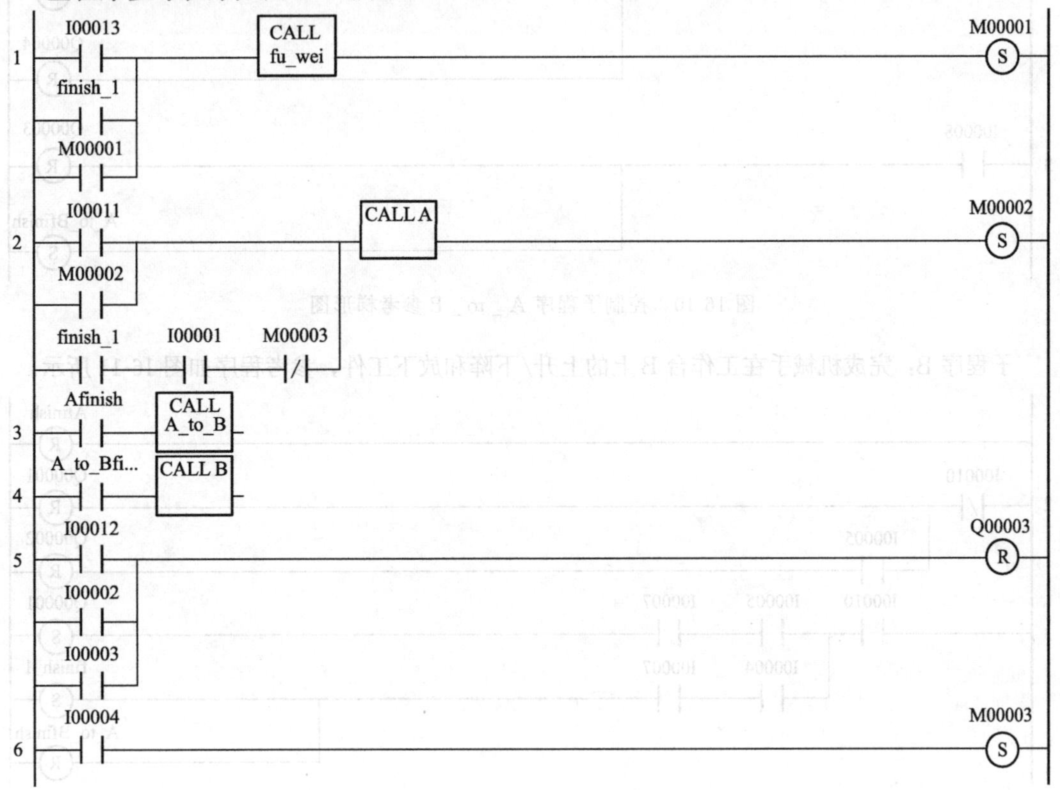

图 16-8 控制主程序参考梯形图

子程序 A：完成机械手在工作台 A 上的上升/下降和夹紧工件，参考程序如图 16-9 所示。

图 16-9　控制子程序 A 参考梯形图

子程序 A _ to _ B：完成机械手从工作台 A 到工作台 B 的移动，参考程序如图 16-10 所示。

图 16-10　控制子程序 A _ to _ B 参考梯形图

子程序 B：完成机械手在工作台 B 上的上升/下降和放下工件，参考程序如图 16-11 所示。

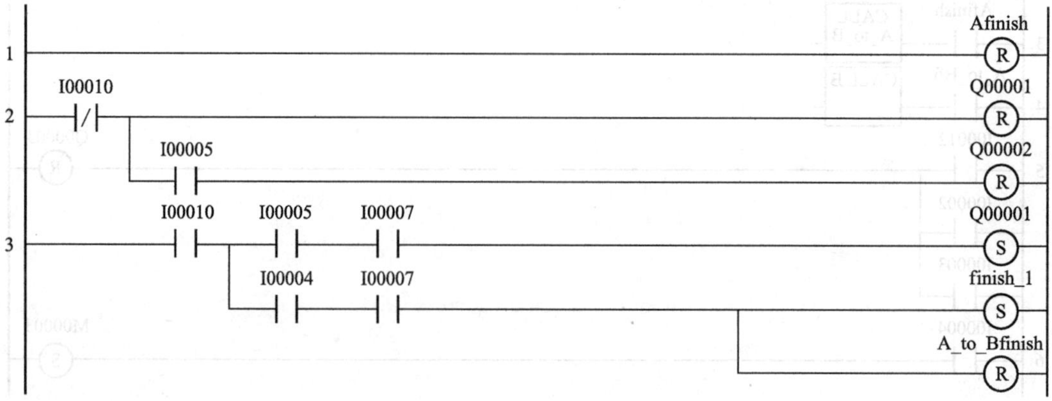

图 16-11　控制子程序 B 参考梯形图

子程序 fu _ wei：将程序复位，机械手恢复到初始位置，参考程序如图 16-12 所示。

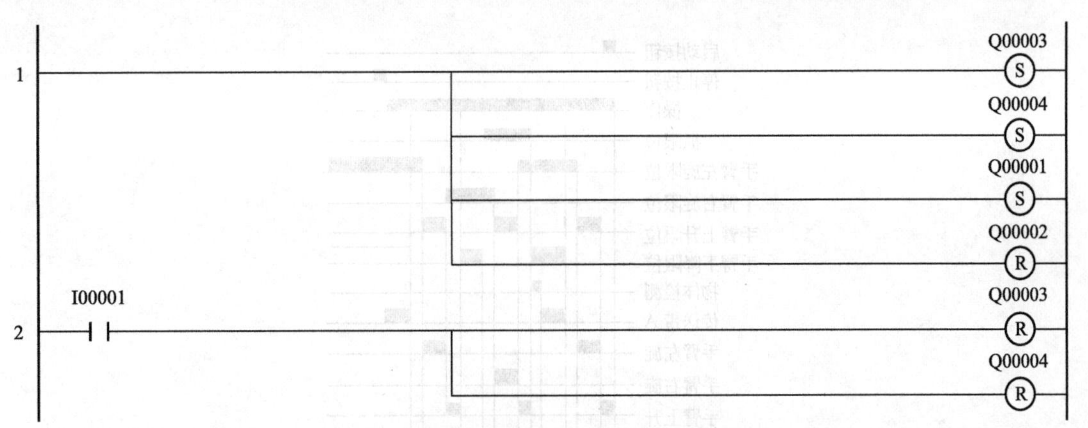

图 16-12　控制子程序 fu _ wei 参考梯形图

16.6 思考题与习题

16-1　完成既有手动控制，又有自动控制的一段程序，采用手动控制时，每一步都需要按下相应的按钮。

16-2　完成三自由度的机械手控制系统程序。

16-3　根据以下机械手控制要求，试编写控制程序。

（1）动作要求

图 16-13 是机械手工作示意图。

图 16-14 是机械手动作时序图。

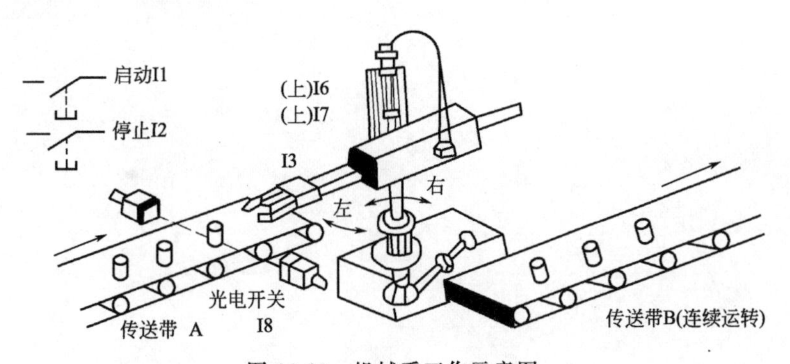

图 16-13　机械手工作示意图

（2）I/O 分配

I1	启动开关	Q1	传送带 A 运行
I2	停止开关	Q2	驱动手臂左旋
I3	抓动作限位行程开关	Q3	驱动手臂右旋
I4	左旋限位行程开关	Q4	驱动手臂上升
I5	右旋限位行程开关	Q5	驱动手臂下降
I6	上升限位行程开关	Q6	驱动机械手抓动作
I7	下降限位行程开关	Q7	驱动机械手放动作

I8　　物品检测开关（光电开关）

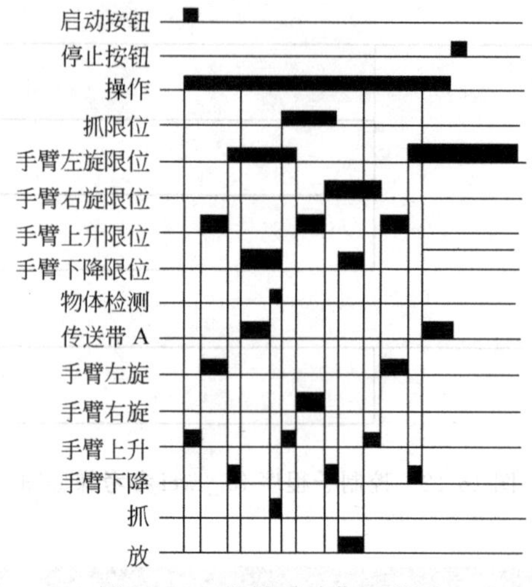

图 16-14　机械手动作时序图

附　录

附录A　电气技术用文字符号与电气图用图形符号

表A-1　电气技术用文字符号

文字符号	名　　称
A[1]	激光器，分离元件放大器，调节器
AD[2]	晶体管放大器
AJ	集成电路放大器
AM	磁放大器
AP	印制电路板
AT	抽屉柜
AV	电子管放大器
B	光电池，测功计，石英转换器，扩音器(话筒)，拾音器，扬声器，旋转变压器
BP	压力变换器
BQ	位置变换器
BR	转速变换器(测速发电机)
BT	温度变换器
BV	速度变换器
C	电容器
D	数字集成电路和器件：延迟线，双稳态元件，单稳态元件，寄存器，磁芯存储器，磁带或磁盘记录器
E	其他元器件
EH	发热器件
EL	照明灯
EV	空气调节器
F	保护器件，过电压放电器件，避雷器
FA	瞬时动作限流保护器件
FR	延时动作限流保护器件
FS	延时和瞬时动作限流保护器件
FU	熔断器
FV	限电压保护器件
G	旋转发电机，振荡器
GB	蓄电池
GF	旋转或静止变频器
GS	电源装置
H	信号器件
HA	音响信号器件
HL	光信号器件、指示灯
K	继电器
KA	瞬时接触继电器，瞬时通断继电器
KL	锁扣接触器式继电器，双稳态继电器
KM	接触器
KP	极化继电器
KR	舌簧继电器
KT	延时通断继电器
L	电感器，电抗器
M	电动机
MG	可作发电机或电动机用的电机
MS	同步电动机
MT	力矩电动机
N	模拟器件，运算放大器，模拟/数字混合器件
P	测量设备，试验设备信号发生器电报译码器
PA	安培表
PC	脉冲计数器
PE	保护接地
PJ	电度表
PS	记录仪
PT	时钟、操作时间表
PV	电压表
Q	动力电路的机械开关器件
QF	断路器
QM	电动机的保护开关
QS	隔离开关
R	固定或可调电阻器
RP	电位器
RS	测量分流表
RT	热敏电阻
RV	压敏电阻
S	控制、监视、信号电路开关器件
SA	选择开关或控制开关
SB	按钮
SL	液体标高传感器
SP	压力传感器
SQ	位置传感器(包括接近传感器)
SR	转数传感器
ST	温度传感器
T	变压器
TA	电流互感器
TC	控制电路电源变压器
TM	动力变压器
TS	磁稳压器
TV	电压互感器
U	鉴频器，解调器，变频器，编码器，交换器，逆变器，整流器，译码器
V	电子管，气体放电管，二极管，晶体管，可控硅整流器
VC	控制电路电源的整流桥
W	导线，电缆，汇流条，波导管方向耦合器，偶极天线，抛物型天线
X	接线座、插头、插座
XB	连接片
XJ	试验插孔
XP	插头
XS	插座
XT	接线端子板
Y	电动器件
YA	电磁铁
YB	电磁制动器
YC	电磁离合器
YH	电磁卡盘，电磁吸盘
YV	电磁阀
Z	电缆平衡网络，压伸器，晶体滤波器，(补偿器)，(限制器)，(终端装置)，(混合变压器)

① 单字母表示电气设备、装置和元器件的大类，共23大类。

② 双字母为表示大类的字母与另一个进一步分类说明的字母组合表示具体的器件。

表 A-2　电气图用图形符号

符号名称及说明	图形符号
直流	—
交流	～
正极	+
负极	—
中性(中性线)	N
中间线	M
正脉冲	
负脉冲	
交流脉冲	
正阶跃函数	
负阶跃函数	
脉冲宽度 2μs、频率 10kHz 的正脉冲	2μs 10kHz
锯齿波	
热效应	
电磁效应	
磁场效应或磁场相关性	×
延时，延时动作	
延时动作(从圆弧向圆心移动的方向为延时动作)	形式 1　形式 2
自动复位	
非自动复位，定位	
脱离定位	
进入定位	
两个器件间的机械联锁	
机械联轴器或离合器	
脱开的机械联轴器	
连接的机械联轴器	
单向旋转联轴器	
制动器	
已被制动器制动的电动机	
带制动器未制动的电动机	
齿轮啮合	
光电二极管	
整流二极管通用符号	
连通的连接片	
温度控制(θ 可用 $t°$ 代替)	θ
压力控制	p
液位控制	
计数控制	
转速控制	n
线速度控制	v
流体控制	
接近效应操作	
接触效应操作	

续表

符号名称及说明	图形符号	符号名称及说明	图形符号	符号名称及说明	图形符号
一般情况下的手动控制	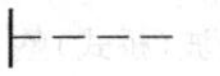	过电流保护的电磁操作	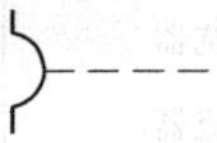	变换器一般符号 转换器一般符号	
受限制的手动操作	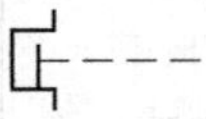	电磁执行器的操作	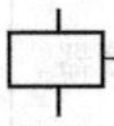	电流隔离器	 X Y
拉拔操作		热执行器操作（如热继电器等）	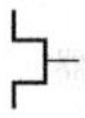	导线、导线束、电缆、线路、电路例：三根导线	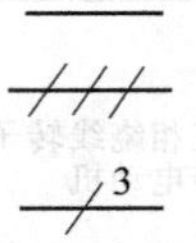 3
旋转操作	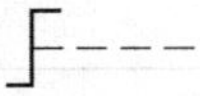	电动机操作	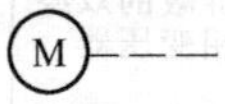 M	柔软导线	
推动操作	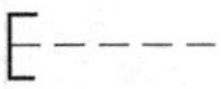	电钟操作	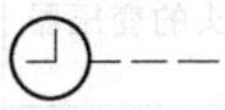	屏蔽导线	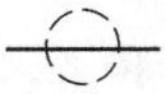
紧急开关（蘑菇头安全按钮）	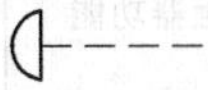	接地一般符号	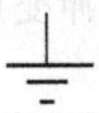	屏蔽接地导线	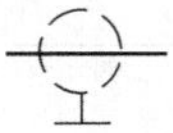
手轮操作	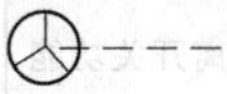	无噪声接地（抗干扰接地）		导线的连接	
脚踏操作	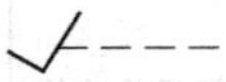	保护接地		端子	
杠杆操作	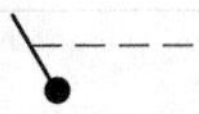	接机壳，接底板	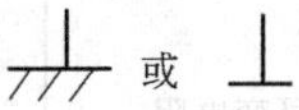 或	端子板	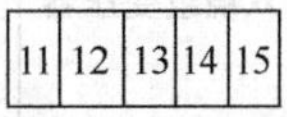 11 12 13 14 15
滚轮（滚柱）操作	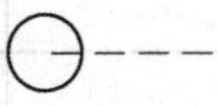	等电位		导线的连接	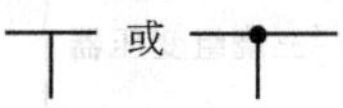 或
凸轮操作	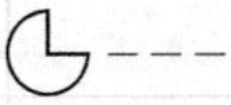	滑动触点或动触点		导线的交叉连接	
气动或液动的单向控制操作	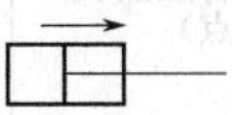	测试点指示符号			
气动或液动的双向控制操作	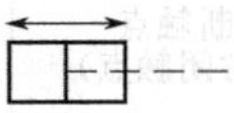	测试点指示电路测试点	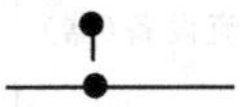		

续表

符号名称及说明	图形符号
单相、笼型、有分相抽头的异步电动机	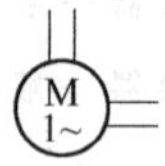 M 1~
三相、笼型、绕组三角三相笼型异步电动机联接的电动机	 M 3~
三相绕线转子异步电动机	 M 3~
三相星形联结、转子中有自动启动器的异步电动机	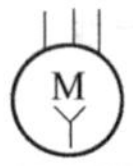 M
交流测速发电机	 TG ~
两相伺服电动机	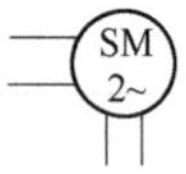 SM 2~
步进电动机的一般符号	 M
双绕组变压器	
三绕组变压器	
自耦变压器	

符号名称及说明	图形符号
电抗器 扼流器	 或
电流互感器、脉冲变压器	
铁芯变压器	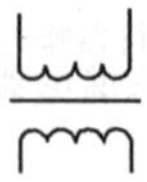
有屏蔽的双绕组单相变压器	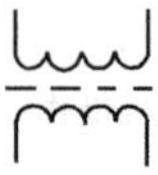
一个绕组有中间抽头的变压器	
单铁芯、双二次绕组的电流互感器（脉冲变压器）	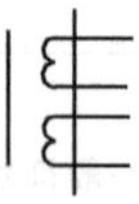
双铁芯、双二次绕组的电流互感器（脉冲变压器）	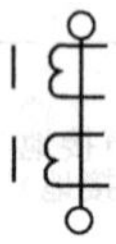
电阻通用符号	
可变电阻	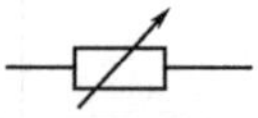
带滑动触头的电阻	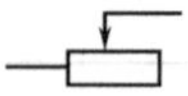
直流变流器	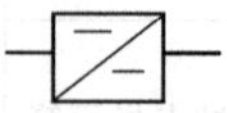
整流设备（器）	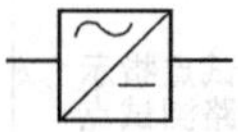

符号名称及说明	图形符号
全波（桥式）整流器	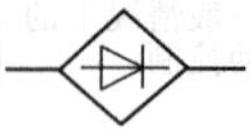
逆变器	
整流器/逆变器	
原电池或蓄电池	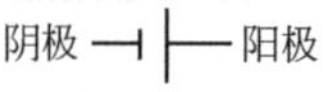 阴极 阳极
接触器功能	
隔离开关功能	
负荷开关功能	
自动释放功能	
限制开关功能，位置开关功能	
动合触点（常开触点）	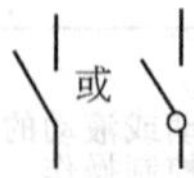 或
动断触点（常闭触点）	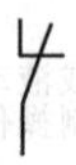

续表

符号名称及说明	图形符号	符号名称及说明	图形符号	符号名称及说明	图形符号
先断后合转换触点	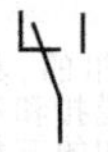	吸合时延时闭合及释放时延时断开的动合触点	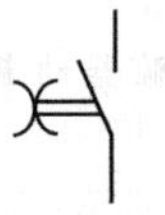	凸轮动作开关	
中间断开的双向触点	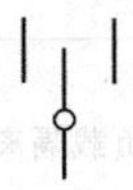	手动开关的一般符号	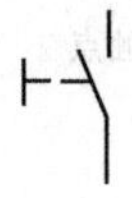	惯性开关	
先合后断转换触点		按钮开关（不闭锁）	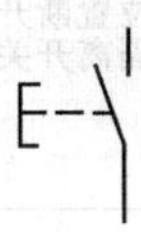	位置开关的动合触点，限制开关的动合触点	
双动合触头		拉拔开关（不闭锁）	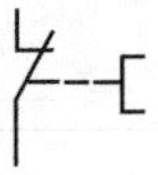	位置开关的动断触点，限制开关的动断触点	
双动断触头	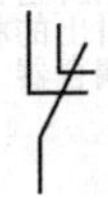	旋钮开关 旋转开关		对两个独立电路做双向机械操作的位置或限制开关	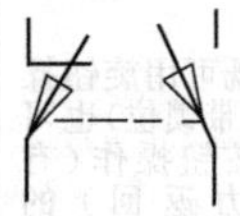
操作器件被释放时延时闭合的动断触点	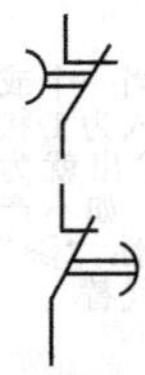	脚踏开关	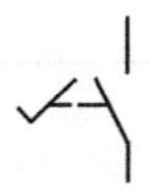	热敏开关动合触点	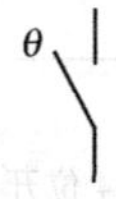 θ
操作器件被释放时延时断开的动合触点		压力开关	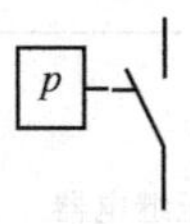 p	热敏开关动断触点	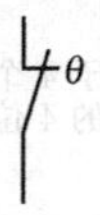 θ
操作器件被吸合时延时断开的动断触点	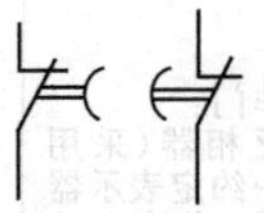	液面开关	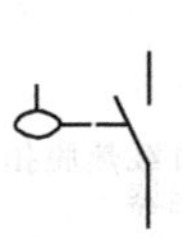	热敏断路器动断触点	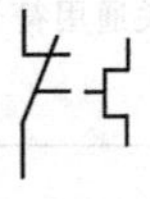
操作器件被吸合时延时闭合的动合触点	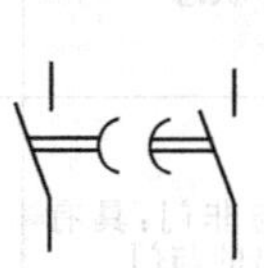			具有发热元件的气体放电管（日光灯的启动器）	

续表

符号名称及说明	图形符号	符号名称及说明	图形符号	符号名称及说明	图形符号
杠杆操作的三位置开关 上边位置定位 下面位置自动复位		接触器动断触点		带锁扣的、具有电磁脱扣和过载热脱扣的三相断路器	
		开关触点		三相负载隔离开关	
一组触点由推动按钮(自动复位)操作，而另一组触点由旋转按钮(定位)操作，(推旋)按钮开关 括号表示只有一个操作器		中间位置断开的双向隔离开关		三相隔离开关	
		负荷隔离开关触头		NPN型、基极连接引出光电晶体管光耦合器	
既可用旋钮操作(带锁位)也可用按钮操作(有弹力返回)的开关		带自动脱扣的负荷隔离开关触点		NPN型、基极连接未引出的林顿型光耦合器	
单极4位开关		热继电器的驱动器件		或门 只有当一个或几个输入为1状态时，输出就为1状态。如不产生多义性，“≥”可用1代替	≥1
适用于4个独立电路的4位手动开关		过电流继电器	$I>$ 或	与门： 只有当所有输入为1状态时，输出为1状态	&
开关通用符号		零压继电器	U=0	非门： 反相器(采用单一约定表示器件时)当输入为1状态时，输出为0状态	1
接触器的动合触点		带过载热脱扣的接触器		与非门：具有输出的与门	&
带自动脱扣器的接触器					

续表

符号名称及说明	图形符号	符号名称及说明	图形符号	符号名称及说明	图形符号
高增益差分放大器		接触器和继电器线圈通用符号		缓吸合和缓释放的继电器线圈	
		缓释放继电器的线圈		快动作继电器线圈	
放大系数为1的反相放大器		缓吸合继电器的线圈		交流继电器线圈	

注：本表摘自 GB 4728.1～4728.13—(84.85)。

附录B　变量表

表 B-1　常用位变量一览表

类型	描述
%I	代表输入变量。%I 变量位于输入状态表中，输入状态表中存储了最后一次扫描过程中输入模块传来的数据。用编程软件为离散输入模块指定输入地址。地址指定之前，无法读取输入数据。%I 寄存器是保持型的
%Q	代表自身的输出变量。线圈检查功能核对线圈是否在延时线圈和函数输出上多处使用。可以选择线圈检查的等级(Single、Warn Multiple 或 Multiple)。%Q 变量位于输出状态表中，输出状态表中存储了应用程序对最后一次设定的输出变量值。输出变量表中的值会在本次扫描完成后传送给输出模块。用编程软件为离散输出模块指定变量地址。地址指定之前，无法向模块输出数据。%Q 变量可能是保持型的，也可能是非保持型的
%M	代表内部变量。线圈检查功能核对线圈是否在延时线圈和函数输出上多处使用。%M 变量可能是保持型的，也可能是非保持型的
%T	代表临时变量。线圈检查功能不会核对线圈是否多处使用，因而即使使用了线圈检查功能，也可以多次使用%T 变量线圈。当然我们建议不要这样使用，因为这样做会更难查错。在使用剪切/粘贴功能以及文件写入/包含功能时，%T 的使用会避免产生线圈冲突。因为这个存储器倾向于临时使用，所以在停止-运行转换时会将%T 数据清除掉，所以%T 变量不能用作保持型线圈
%S %SA %SB %SC	代表系统状态变量。这些变量用于访问特殊的 CPU 数据(比如说定时器)、扫描信息和故障信息。%SC0012 用于检查 CPU 故障表状态。一旦这一位被错误设为 ON，在本次扫描完成之前，不会将其复位。 • %S、%SA、%SB 和%SC 可以用于任何结点。 • %SA、%SB 和%SC 可以用于保持型线圈-(M)-。 注意：尽管编程软件强制逻辑在保持型线圈上使用%SA、%SB 和%SC 变量，但大部分变量不会在有电池做后备电源的掉电/上电过程后保持原来的数据。 %S 可以作为字或者位串输入到函数或函数块。 %SA、%SB 和%SC 可以作为字或者位串输入，或从函数和函数块输出
%G	代表全局数据变量。这些变量用于几个系统之间的共享数据的访问

表 B-2　系统状态变量一览表

变量地址	变量名称	说明
%S0001	#FST_SCN	只在第一个扫描周期闭合，从第二个扫描周期开始断开并保持
%S0002	#LST_SCN	在 CPU 转换到运行模式时设置，在 CPU 执行最后一次扫描时清除。CPU 将这一位置 0 后，再运行一个扫描周期，之后进入停止或故障停止模式。如果最后的扫描次数设为 0，CPU 停止后将%S0002 置 0，从程序中看不到%S0002 已被清零

续表

变量地址	变量名称	说　明
%S0003	#T_10MS	0.01(1/100)秒时钟触点
%S0004	#T_100MS	0.1s时钟触点
%S0005	#T_SEC	1s时钟触点
%S0006	#T_MIN	1min时钟触点
%S0007	#ALW_ON	总为ON
%S0008	#ALW_OFF	总为OFF
%S0009	#SY_FULL	当PLC故障表已填满时转变成ON(故障表默认记录16个故障,可配置)。当PLC故障表中去除一个输入项以及PLC故障表被清除时,转变成OFF
%S0010	#IO_FULL	当IO故障表已填满时转变成ON(故障表默认记录32个故障,可配置)。当IO故障表已清空时转变成OFF
%S0011	#OVR_PRE	当在%I、%Q、%M或%G或布尔型的符号变量存储器发生覆盖时转变成ON
%S0012	#FRC_PRE	Genius点被强制时置1
%S0013	#PRG_CHK	当后台程序检查激活时转变成ON
%S0014	#PLC_BAT	版本4或以上的CPU中电池失效时转变成ON。每次扫描,触点的参考变量被刷新一次
%SA0001	#PB_SUM	当按新应用程序所计算出的校验和与参考校验和不相符时转变成ON。如果是由于临时故障引起的错误,可以通过再次把程序下载到CPU清除这个布尔位。如果错误是由于RAM硬件故障造成的,则必须更换CPU
%SA0002	#OV_SWP	当CPU检测到前一次扫描已经超过用户设定的时间时转变成ON。清除PLC故障表或将CPU重新上电后,该位清0。CPU设为固定扫描时间模式时才有效
%SA0003	#APL_FLT	当应用程序出现故障时转变成ON。清除PLC故障表或将CPU重新上电后,该位清0
%SA0009	#CFG_MM	在系统加电时或配置下载期间检测到配置不相符,转变为ON。清除PLC故障表或将CPU重新上电后,该位清0
%SA0010	#HRD_CPU	当自诊断检测到一个CPU硬件故障时转变成ON。置换CPU模块后转变成OFF
%SA0011	#LOW_BAT	当电池不足时转变成ON。更换电池,确保PLC在电池充足条件下加电,则转变成OFF
%SA0012	#LOS_RCK	当有一个扩展机架停止与CPU通信时转变成ON
%SA0013	#LOS_IOC	总线控制器停止与CPU通信时转变为ON
%SA0014	#LOS_IOM	当I/O(输入/输出)模块停止与CPU通信时转变成ON。替换模块和对主机架电源重新上电后转变成OFF
%SA0015	#LOS_SIO	当可选模块停止与CPU通信时转变成ON。置换模块和在主机架中电源周期性通断时转变成OFF
%SA0017	#ADD_RCK	当在系统中添加一个扩展机架时转变成ON
%SA0018	#ADD_IOC	当在系统中添加一个总线控制器时转变成ON
%SA0019	#ADD_IOM	当在机架中添加一个I/O模块时转变成ON。当主机架电源经过重新上电及下载后配置与硬件相符时,转变为OFF

续表

变量地址	变量名称	说　明
%SA0020	#ADD_SIO	当在机架中添加一个可选模块时转变成ON。当主机架电源经过重新上电及下载后配置与硬件相符时，转变为OFF
%SA0022	#IOC_FLT	总线控制器报告总线故障、全局存储器故障或者IOC硬件故障时，该位转变成ON
%SA0023	#IOM_FLT	I/O模块报告回路故障或模块故障时，该位转变成ON
%SA0027	#HRD_SIO	当检测到一个可选模块存在硬件故障时转变成ON，替换模块和电源重新上电后转变成OFF
%SA0029	#SFT_IOC	I/O控制器发生软件故障时，该位转变成ON
%SA0031	#SFT_SIO	可选模块检测到内部软件错误时，该位转变成ON
%SA0032	#SBUS_ER VME	总线背板发生总线错误时，该位转变成ON
%SA0081～%SA0112		PLC故障表记录了用户自定义故障时，该位转变成ON
%SB0001	#WIND_ER	固定扫描时间模式下，如果没有足够的时间启动编程器窗口，该位转变成ON
%SB0009	#NO_PROG	存储器保存的情况下，CPU上电，如果没有用户程序，该位转变成ON
%SB0010	#BAD_RAM	当CPU加电时检测到RAM存储区遭到破坏，转变成ON。当CPU加电时检测到RAM存储器有效，转变成OFF
%SB0011	#BAD_PWD	当读取口令出错时转变成ON。当PLC故障表被清除时转变成OFF
%SB0012	#NUL_CFG	在没有配置数据的情况下，令CPU进入运行模式时，该位转变成ON
%SB0013	#SFT_CPU	CPU检测到操作系统软件中的不可校正的错误时转变成ON。清除PLC故障表之后转变成OFF
%SB0014	#STOR_ER	当前编程器下载操作时出现错误，转变成ON。当下载成功完成后，转变成OFF
%SB0016	#MAX_IOC	系统配置的IOC超过32个时，该位转变成ON
%SB0017	#SBUS_FL	CPU无法访问总线时，该位转变成ON
%SC0009	#ANY_FLT	有任何故障登入CPU或I/O故障表时转变成ON。当两个故障表都无输入项或将CPU重新上电后转变成OFF
%SC0010	#SY_FLT	有任何故障登入PLC故障表时转变成ON。当PLC故障表中没有输入项时，转变成OFF
%SC0011	#IO_FLT	有任何故障登入IO故障表时转变成ON。当IO故障表中无输入项时转变成OFF
%SC0012	#SY_PRES	只要PLC故障表中有故障，转变成ON。当PLC故障表中没有输入项时，转变成OFF
%SC0013	#IO_PRES	只要IO故障表中有故障，转变成ON。当IO故障表中没有输入项时，转变成OFF
%SC0014	#HRD_FLT	硬件出现故障时转变成ON。当两个故障表都无输入项时转变成OFF
%SC0015	#SFT_FLT	当出现软件故障时转变成ON。当两个故障表都没有输入项时转变成OFF

注：表B-2中的%S位是只读位；不要向这些位中写入数据，但是可以写到%SA、%SB、和%SC位。表B-2列出可供使用的系统变量，可以在任何梯形图程序中引用它们。另外，表中所列的系统触点只能做触点用，不能做线圈用。

附录 C GE PLC 指令一览表

以下指令列表中标记“*”的指令，GE VesaMax Micro 64 型 PLC 不支持。

表 C-1 触点类型一览表

触点类型	梯形图符号	助记符	触点向右传递能流的条件	操作数
常开触点	—| |—	NOCON	当参考变量为 ON	在 I、Q、M、T、S、SA、SB、SC 和 G 存储器中的离散变量。在任意非离散存储器中的符号离散变量
常闭触点	—|/|—	NCCON	当参考变量为 OFF	
延续触点	—|+|—	CONTCON	如果前面的延续线圈为 ON	无
错误标志触点	—|F|—	FAULT *	当参考变量有错误时	在 I、Q、AI 和 AQ 存储器中的变量，以及预先确定的故障定位基准地址
无错误标志触点	—|NF|—	NOFLT *	当参考变量无错误时	
高警报标志触点	—|HA|—	HIALR *	当参考变量超出高报警设置时	在 AI 和 AQ 存储器中的变量
低警报标志触点	—|LA|—	LOALR *	当参考变量超出低报警设置时	
跳变触点	—|↑|—	POSCON *	（正跳变触点）当参考变量从 OFF 跳变为 ON	在 I、Q、M、T、S、SA、SB、SC 和 G 存储器中的变量、符号离散变量
	—|↓|—	NEGCON *	（负跳变触点）当参考变量从 ON 跳变为 OFF	

表 C-2 线圈类型一览表

线圈类型	梯形图符号	助记符	说　明	操作数
常开线圈	—( )—	Coil	参考变量的逻辑值与线圈状态相同	
常闭线圈	—(/)—	NCCOIL	参考变量的逻辑值与线圈状态相反	
置位线圈	—(S)—	SETCOIL	当线圈状态为 ON 时，设置参考变量为 ON，直至用复位线圈将其复位为 OFF；当线圈状态为 OFF 时，参考变量状态不变	
复位线圈	—(R)—	RESETCOIL	当线圈状态为 ON 时，设置参考变量为 OFF，直至用置位线圈将其置位为 ON；当线圈状态为 OFF 时，参考变量状态不变	Q、M、T、SA～SC 和 G；符号离散型变量；字导向存储器（%AI 除外）中字里的位基准
正跳变线圈	—(↑)—	POSCOIL	当线圈状态从 ON 到 OFF 切换时，如果参考变量为 OFF，把它设置成一个扫描周期为 ON	
负跳变线圈	—(↓)—	NEGCOIL	当线圈状态从 ON 到 OFF 切换时，如果参考变量为 OFF，把它设置成一个扫描周期为 ON	
延续线圈	—(+)—	CONTCOIL	设置下一个延续触点与线圈状态相同	无

表 C-3 定时器指令一览表

功 能	助记符	计时单位(分辨率)	说 明
接通延时定时器	TMR_SEC *	1s	一般接通延时定时器。当接收到使能信号时计时，当使能信号停止时，则重置为零
	TMR_TENTHS	0.1s	
	TMR_HUNDS	0.01s	
	TMR_THOUS	0.001s	
保持型接通延时定时器	ONDTR_SEC *	1s	当接收到使能信号时计时，在使能信号停止时保持其值
	ONDTR_TENTHS	0.1s	
	ONDTR_HUNDS	0.01s	
	ONDTR_THOUS	0.001s	
断开延时定时器	OFDT_SEC *	1s	当使能信号为 ON 时，CV(定时器的当前值)被置零；当使能信号为 OFF 时，CV 增加；当 CV=PV(预置值)，能流信号不再向右端传递直到使能信号再次为 ON
	OFDT_TENTHS	0.1s	
	OFDT_HUNDS	0.01s	
	OFDT_THOUS	0.001s	

表 C-4 计数器指令一览表

功 能	助 记 符	说 明
减法计数器	DNCTR	从预置值递减。当前值小于等于 0，输出为"ON"
加法计数器	UPCTR	递增到一个设定的值。当前值大于等于预置值时，输出为"ON"

表 C-5 数据转换指令一览表

功 能	助 记	说 明
角度类型转换	DEG_TO_RAD	把角度转换为弧度
	RAD_TO_DEG	把弧度转换为角度
BCD4 转换为 INT	BCD4_TO_INT	把 BCD4(4 位二-十进制代码)转换为 INT(16 位有符号整型)
BCD4 转换为 REAL	BCD4_TO_REAL	把 BCD4 转换为 REAL(32 位有符号实型或浮点类型)
BCD4 转换为 UINT	BCD4_TO_UINT *	把 BCD4 转换为 UINT(16 位无符号整型)
BCD8 转换为 DINT	BCD8_TO_DINT *	把 BCD8(8 位二-十进制代码)转换为 DINT(32 位有符号整型)
BCD8 转换为 REAL	BCD8_TO_REAL *	把 BCD8 转换为 REAL
DINT 转换为 BCD8	DINT_TO_BCD8 *	把 DINT 转换为 BCD8
DINT 转换为 INT	DINT_TO_INT *	把 DINT 转换为 INT
DINT 转换为 REAL	DINT_TO_REAL	把 DINT 转换为 REAL
DINT 转换为 UINT	DINT_TO_UINT *	把 DINT 转换为 UINT
INT 转换为 BCD4	INT_TO_BCD4	把 INT 转换为 BCD4
INT 转换为 DINT	INT_TO_DINT *	把 INT 转换为 DINT
INT 转换为 REAL	INT_TO_REAL	把 INT 转换为 REAL
INT 转换为 UINT	INT_TO_UINT *	把 INT 转换为 UINT

续表

功　能	助　记	说　明
REAL 转换为 DINT	REAL_TO_DINT	把 REAL 转换为 DINT
REAL 转换为 INT	REAL_TO_INT	把 REAL 转换为 INT
REAL 转换为 UINT	REAL_TO_UINT *	把 REAL 转换为 UINT
REAL 转换为 WORD	REAL_TO_WORD	把 REAL 转换为 WORD
UINT 转换为 BCD4	UINT_TO_BCD4 *	把 UINT 转换为 BCD4
UINT 转换为 DINT	UINT_TO_DINT *	把 UINT 转换为 DINT
UINT 转换为 INT	UINT_TO_INT *	把 UINT 转换为 INT
UINT 转换为 REAL	UINT_TO_REAL *	把 UINT 转换为 REAL
WORD 转换为 REAL	WORD_TO_REAL	把 WORD 转换为 REAL
取整	TRUNC_DINT	把一个 REAL 型数值通过小数部分直接舍去，保留整数部分后转换为 DINT 型数值
	TRUNC_INT	把一个 REAL 型数值通过小数部分直接舍去，保留整数部分后转换为 INT 型数值

表 C-6　数据传送指令一览表

功　能	助 记 符	说　明
数据块清除	BLK_CLR_WORD	将数据块的所有内容用零代替，可用来清零一个字的区域或模拟存储器
数据块传送	BLKMOV_DINT BLKMOV_DWORD BLKMOV_INT BLKMOV_REAL BLKMOV_UINT * BLKMOV_WORD	复制一个包含七个常数的数据块到一个指定的存储单元。这些常数作为传送功能的输入部分
总线读取	BUS_RD_BYTE * BUS_RD_DWORD * BUS_RD_WORD *	从背板总线读取数据
总线读取修改写入	BUS_RMW_BYTE * BUS_RMW_DWORD * BUS_RMW_WORD *	通过读取/修改/写入循环来更新总线上的数据元素
总线测试和设置	BUS_TS_BYTE * BUS_TS_WORD *	操作总线上的信号
总线写入	BUS_WRT_BYTE * BUS_WRT_DWORD * BUS_WRT_WORD *	向总线写数据
通讯请求	COMM_REQ	允许程序和其他智能模块通信，如 Genius 总线控制器或高速计数器
数据初始化	DATA_INIT_DINT * DATA_INIT_DWORD * DATA_INIT_INT * DATA_INIT_REAL * DATA_INIT_UINT * DATA_INIT_WORD *	复制一个常数数据块到一个给定范围。数据类型由助记符指定

续表

功　能	助记符	说　明
ASCII 数据初始化	DATA_INIT_ASCII *	复制一个 ASCII 码文本块到一个给定范围
数据通讯请求初始化	DATA_INIT_COMM	用一个常数块初始化 COMMREQ 功能块。数据长度应当等于 COMMREQ 功能块中整个命令块的大小
DLAN 数据初始化	DATA_INIT_DLAN *	与 DLAN 接口模块一起使用
传送数据	MOVE_BOOL MOVE_DINT MOVE_DWORD MOVE_INT MOVE_REAL MOVE_UINT * MOVE_WORD	数据以单独的位来进行复制时，新的区域不必是相同的数据类型。数据不用先进行转换，可以在移动过程中变为不同的数据类型
移位寄存器	SHFR_BIT SHFR_DWORD * SHFR_WORD	从一个参考地址将一个或多个位数据，WORD 数据或 DWORD 数据移到一个指定的存储区。此区域已有的数据将被移出
交换	SWAP_DWORD * SWAP_WORD *	交换一个 WORD 型数据的两个字节或一个 DWORD 型数据的两个字

表 C-7　数据表功能指令一览表

功　能	助记符	说　明
数组传送	ARRAY_MOVE_BOOL ARRAY_MOVE_BYTE ARRAY_MOVE_DINT ARRAY_MOVE_INT ARRAY_MOVE_WORD	从源存储器块中复制一个指定数目的数据元素到目的存储器块中 注意：存储块不需要定义为数组，必须提供一个起始地址和用于传送的相邻寄存器数目
数组范围	ARRAY_RANGE_DINT * ARRAY_RANGE_DWORD * ARRAY_RANGE_INT * ARRAY_RANGE_UINT * ARRAY_RANGE_WORD *	决定一个值是否在两个表所指定的范围内
FIFO 读取	FIFO_RD_DINT * FIFO_RD_DWORD * FIFO_RD_INT * FIFO_RD_UINT * FIFO_RD_WORD *	把位于 FIFO(先入先出)表底部的数据移走，并且指针值减 1
FIFO 写入	FIFO_WRT_DINT * FIFO_WRT_DWORD * FIFO_WRT_INT * FIFO_WRT_UINT * FIFO_WRT_WORD *	指针值增 1，并且向 FIFO 表的底部写数据
LIFO 读取	LIFO_RD_DINT * LIFO_RD_DWORD * LIFO_RD_INT * LIFO_RD_UINT * LIFO_RD_WORD *	把 LIFO(后入先出)表指针所指的数据移走，并且指针值减 1

续表

功　能	助 记 符	说　明
LIFO 写入	LIFO_WRT_DINT * LIFO_WRT_DWORD * LIFO_WRT_INT * LIFO_WRT_UINT * LIFO_WRT_WORD *	LIFO 表的指针值增 1,并且向表中写数据
查找	SEARCH_EQ_BYTE SEARCH_EQ_DINT SEARCH_EQ_DWORD * SEARCH_EQ_INT SEARCH_EQ_UINT * SEARCH_EQ_WORD	查找与给定值相等的所有的数组值
	SEARCH_GE_BYTE SEARCH_GE_DINT SEARCH_GE_DWORD * SEARCH_GE_INT SEARCH_GE_UINT * SEARCH_GE_WORD	查找大于等于给定值的所有的数组值
	SEARCH_GT_BYTE SEARCH_GT_DINT SEARCH_GT_DWORD * SEARCH_GT_INT SEARCH_GT_UINT * SEARCH_GT_WORD	查找大于给定值的所有的数组值
	SEARCH_LE_BYTE SEARCH_LE_DINT SEARCH_LE_DWORD * SEARCH_LE_INT SEARCH_LE_UINT * SEARCH_LE_WORD	查找小于等于给定值的所有的数组值
	SEARCH_LT_BYTE SEARCH_LT_DINT SEARCH_LT_DWORD * SEARCH_LT_INT SEARCH_LT_UINT * SEARCH_LT_WORD	查找小于给定值的所有的数组值
	SEARCH_NE_BYTE SEARCH_NE_DINT SEARCH_NE_DWORD * SEARCH_NE_INT SEARCH_NE_UINT *	查找与给定值不相等的所有的数组值
分类	SORT_INT SORT_UINT SORT_WORD	按升序对储存块进行分类

表 C-8 位操作功能指令一览表

功 能	助 记 符	说 明
Bit Position 位定位	BIT_POS_DWORD * BIT_POS_WORD	在一个位串中定位被置为1的一位的位置
Bit Sequencer 位定序器	BIT_SEQ	将一个起始于ST的位串定序。在一个位数组里执行有顺序的移位。最大长度为256个字
Bit Set 位置位	BIT_SET_DWORD * BIT_SET_WORD	将位串中的某一位设置为1
Bit Clear 位清零	BIT_CLR_DWORD * BIT_CLR_WORD	将位串中的某一位设置为0
Bit Test 位测试	BIT_TEST_DWORD * BIT_TEST_WORD	检测位串中的某一位当前是1或是0
Logical AND 逻辑与	AND_DWORD * AND_WORD	比较位串IN1和IN2的每一位，当相应位置上的值都为1时，在输出位串Q的相应位置为1。否则Q的相应位置为0
Logical NOT 逻辑非	NOT_DWORD * NOT_WORD	输出位串Q的每一位都是输入位串IN1相应位置上的值的取反
Logical OR 逻辑或	OR_DWORD * OR_WORD	比较位串IN1和IN2的每一位，当相应位置上的值都为0时，在输出位串Q的相应位置则为用0。否则Q的相应位置为1
Logical XOR 逻辑异或	XOR_DWORD * XOR_WORD	比较位串IN1和IN2的每一位，当相应位置上的值不同时，输出位串Q的相应位置为1。当相应位置上的值相同时，输出的相应位置为0
Masked Compare 掩码比较	MASK_COMP_DWORD MASK_COMP_WORD	比较两个独立位串的内容，用掩码的方法选择位
Rotate Bits 位循环	ROL_DWORD * ROL_WORD	左循环。将位串中的所有位以指定位数循环左移
	ROR_DWORD * ROR_WORD	右循环。将位串中的所有位以指定位数循环右移
Shift Bits 移位	SHIFTL_DWORD * SHIFTL_WORD	左移位。根据指定移动的位数，将一个字或字串中的所有位向左移
	SHIFTR_DWORD * SHIFTR_WORD	右移位。根据指定移动的位数，将一个字或字串中的所有位向右移

表 C-9 控制功能指令一览表

功 能	助 记 符	说 明
立即读写指令	DO_IO	对于一个扫描，立即执行一个指定输入或输出行。(如果模板上有任何参考位置包括在DOI/O函数中，则那块模板上所有输入或输出都被执行，部分I/O模板更新不执行)。I/O扫描结果放在内存比放在实际的输入点上好
暂停读写指令	SUS_IO *	暂停一次扫描中所有正常的I/O刷新，DO I/O指令指定的除外
转鼓指令	DRUM	按照机械转鼓排序的式样，给一组16位离散输出提供预先确定的ON/OFF模式
循环指令	FOR_LOOP * EXIT_FOR * END_FOR *	在FOR_LOOP指令和END_FOR指令之间的逻辑程序重复执行了指定次数后，或遇到EXIT_FOR指令时结束循环

续表

功　能	助 记 符	说　明
比例积分微分控制指令	PID_ISA PID_IND	提供2个PID(比例/积分/微分)闭环控制运算: PID_ISA:标准ISA PID运算 PID_IND:无关联、独立的PID运算
服务请求	SVC_REQ	请求一个特定的PLC服务
开关位置	SWITCH_POS*	允许读取Run/Stop转换开关位置和转换开关配置的模式

表 C-10　程序流程功能指令一览表

功　能	助 记 符	说　明
子程序调用	CALL	调用子程序
注释	COMMENT	在程序中放置一段文本说明
主控继电器	MCRN	嵌套主控继电器。在没有使能信号时,执行在MCRN和后面ENDMCRN之间的梯级。最多可以有8个MCRN/ENDMCRN对互相嵌套
结束主控继电器	ENDMCRN	嵌套式终止主控继电器。表示在该继电器后面的程序可以在正常使能信号下执行
逻辑结束	END	无条件的逻辑结束。程序从第一行执行到最后一行或者执行到END指令,无论先遇到哪个,程序都结束
跳转	JUMPN	嵌套跳跃。引起程序执行跳转到指定的区域(由LABELN指定),JUMPN/LABELN可以相互嵌套。多个JUMPN可以共享同样的LABELN
标签	LABELN	嵌套标签。指定JUMPN指令中的目标区域
连接线	H_WIRE	为了完成能流信号传递,水平连接LD程序的一行元素
	V_WIRE	为了完成能流信号传递,垂直连接LD程序的给一列元素

表 C-11　基本关系功能指令一览表

功　能	助 记 符	说　明
比较	CMP_DINT* CMP_INT* CMP_REAL* CMP_UINT*	比较IN1和IN2,数据类型由助记符指定 如果IN1<IN2,则LT为ON 如果IN1=IN2,则EQ为ON 如果IN1>IN2,则GT为ON
等于	EQ_DINT EQ_INT EQ_REAL EQ_UINT*	测试两个数是否相等
大于等于	GE_DINT GE_INT GE_REAL GE_UINT*	测试一个数是否大于等于另一个数
大于	GT_DINT GT_INT GT_REAL GT_UINT*	测试一个数是否大于另一个数

续表

功　能	助记符	说　明
小于等于	LE_DINT LE_INT LE_REAL LE_UINT *	测试一个数是否小于等于另一个数
小于	LT_DINT LT_INT LT_REAL LT_UINT *	测试一个数是否小于另一个数
不等于	NE_DINT NE_INT NE_REAL NE_UINT *	测试两个数是否不等
范围	RANGE_DINT RANGE_DWORD * RANGE_INT RANGE_UINT * RANGE_WORD	测试一个数是否在另两个数给定的范围内

表 C-12　数学运算指令一览表

功　能	助记符	说　明
加	ADD_INT ADD_DINT ADD_REAL ADD_UINT *	将两个数相加 Q=IN1+IN2
减	SUB_INT SUB_DINT SUB_REAL SUB_UINT *	一个数减去另一个数 Q=IN1−IN2
乘	MUL_INT MUL_DINT MUL_REAL MUL_UINT *	两个数相乘 Q=IN1 * IN2
	MUL_MIXED *	Q(32bit)=IN1(16bit) * IN2(16bit)
除	DIV_INT DIV_DINT DIV_REAL DIV_UINT *	一个数除以另一个数结果取商。 Q=IN1/IN2
	DIV_MIXED *	Q(16bit)=IN1(32bit)/IN2(32bit)
取模	MOD_DINT MOD_INT MOD_UINT *	一个数除以另一个数结果取余数。
绝对值	ABS_DINT * ABS_INT * ABS_REAL *	求一个 DINT 型、INT 型或 REAL 型值的绝对值。助记符指明了数值的数据类型。
比例	SCALE_DINT * SCALE_INT SCALE_UINT * SCALE_WORD	把输入参数按比例放大或缩小，结果放在输出单元中。

表 C-13 高等数学函数指令一览表

功　能	助 记 符	说　明
指数函数	EXP	计算 e^{IN}的值,IN 为操作数
	EXPT	计算 $IN1^{IN2}$的值
反三角函数	ACOS	计算 IN 的反余弦,并将结果用弧度数表示
	ASIN	计算 IN 的反正弦,并将结果用弧度数表示
	ATAN	计算 IN 的反正切,并将结果用弧度数表示
对数函数	LN	计算以 e 为底的 IN 的自然对数
	LOG	计算以 10 为底的 IN 的对数
平方根	SQRT _DINT	计算 IN 的平方根,数值类型为双精度整数,结果的双精度整数部分存储到 Q 地址中
	SQRT _INT	计算 IN 的平方根,数值类型为单精度整数,结果的单精度整数部分存储到 Q 地址中
	SQRT _REAL	计算 IN 的平方根,数值类型为实数,结果存储到 Q 地址中
三角函数	COS	计算 IN 的余弦,IN 以弧度表示
	SIN	计算 IN 的正弦,IN 以弧度表示
	TAN	计算 IN 的正切,IN 以弧度表示

表 C-14 服务请求（SVCREQ）功能模块一览表

功能号	功能说明	功能号	功能说明
SVC_REQ 1	改变/读取恒定的扫描时间	SVC_REQ 11	读取 PLC ID
SVC_REQ 2	读取视窗模式及其计时器值	SVC_REQ 13	停止 PLC
SVC_REQ 3	改变编程通信窗体模式和时钟值	SVC_REQ 14	清除故障表
SVC_REQ 4	改变系统通信窗体模式和时钟值	SVC_REQ 15	读取最后记录入故障表的条目
SVC_REQ 6	改变/读取校验和的字的个数	SVC_REQ 16	读取时钟流逝时间
SVC_REQ 7	读取或改变日期时间	SVC_REQ 18	读取 I/O 强制状态
SVC_REQ 8	重置看门狗时钟	SVC_REQ 23	读取主校验和
SVC_REQ 9	读取扫描时间	SVC_REQ 26 or 30	检查 I/O
SVC_REQ 10	读取文件夹名称	SVC_REQ 29	读取断电后的时间

参 考 文 献

[1] 张桂香主编．电气控制与PLC应用．第2版．北京：化学工业出版社，2006.

[2] 郁汉奇，王华主编．可编程自动化控制器（PAC）技术及应用（基础篇）．北京：机械工业出版社，2011.

[3] 原菊梅，叶树江，王华主编．可编程自动化控制器（PAC）技术及应用（提高篇）．北京：机械工业出版社，2011.

[4] 殷培峰主编．电气控制与机床电路检修技术．北京：化学工业出版社，2011.

[5] 李俊秀主编．电气控制与PLC应用技术．北京：化学工业出版社，2010.

[6] 胡晓林，廖世海主编．电气控制与PLC应用技术．北京：北京理工大学出版社，2010.

[7] 于晓云，许边阁编著．可编程控制技术应用——项目化教程．北京：化学工业出版社，2011.

[8] GE PLC指令培训手册．